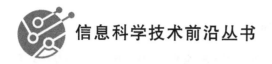

信息科学技术前沿丛书

康复机器人设计、规划与交互控制

张延恒　著

北京邮电大学出版社
www.buptpress.com

内 容 简 介

本书共分为 10 章,内容涉及一种集辅助站立、牵引式下肢康复、坐躺及轮椅助行于一体的移动式下肢康复机器人的设计及其下肢康复机构人机系统耦合运动学及动力学建模、牵引式下肢康复最优轨迹规划及运动控制、三自由度辅助站立机构人机耦合运动分析与建模、基于柔性软驱动机构的康复机械手设计及康复运动虚拟交互系统等内容。

本书可作为从事康复机器人研究人员的参考书或硕博士研究生的选读书籍。

图书在版编目(CIP)数据

康复机器人设计、规划与交互控制 / 张延恒著.

北京 : 北京邮电大学出版社,2024. -- ISBN 978 - 7 - 5635 - 7302 - 8

Ⅰ. TP242.3

中国国家版本馆 CIP 数据核字第 20245AA857 号

策划编辑:姚 顺　　**责任编辑:**满志文　　**责任校对:**张会良　　**封面设计:**七星博纳

出版发行:北京邮电大学出版社
社　　址:北京市海淀区西土城路 10 号
邮政编码:100876
发 行 部:电话:010-62282185　传真:010-62283578
E-mail:publish@bupt.edu.cn
经　　销:各地新华书店
印　　刷:保定市中画美凯印刷有限公司
开　　本:787 mm×1 092 mm　1/16
印　　张:14.5
字　　数:349 千字
版　　次:2024 年 8 月第 1 版
印　　次:2024 年 8 月第 1 次印刷

ISBN 978-7-5635-7302-8　　　　　　　　　　　　　　　　定　价:68.00 元

· 如有印装质量问题,请与北京邮电大学出版社发行部联系 ·

前　言

当前,我国已经进入老龄化社会,且未来老龄化趋势仍然不断发展。人口老龄化,意味着脑血管病人群体扩大。脑卒中存活人群因病致残,丧失肢体运动能力,这不仅极大影响中风幸存者的生活质量,增加中风患者的经济负担,同时也使其承受极大的心理创伤。积极进行康复训练是肢体运动功能恢复的有效方法。由康复治疗师辅助进行的传统康复训练是一项动作重复性高、劳动强度大的工作,康复成本也非常高昂。更具挑战的是,在当前人口老龄化趋势影响下,康复治疗师的数量有限,肢体失能人群往往无法得到及时和持续有效的康复训练。康复机器人可以辅助或代替康复治疗师完成肢体残疾患者的康复训练,且已被证明具有良好的康复效果,是机器人研究的一个重要方向。

康复机器人是用于辅助人体功能障碍或失能人员进行康复评估、康复训练,以实现人体功能恢复、重建、增强等的机器人。近年来随着机器人技术深入发展,机器人在康复医疗领域的应用备受重视,商业化的康复机器人已经开始在康复医疗机构应用,取得了良好的效果。同时,也有部分康复机器人开始走入社区、家庭,使失能人员更便捷地享受康复医疗服务成为可能。

通常对于下肢失能者而言,辅助站立、下肢康复、生活助行是其主要康复需求,尤其是在当前人口老龄化的背景下,康复机器人或将成为应对我国康复医师短缺情况的关键,而低成本、高效率、智能化与多功能的康复机器人则将成为未来机器人技术发展的必然趋势。因此开发对患者友好且兼具上述三种能力的康复机器人,无疑具有巨大的应用前景。

本书面向多功能助行康复机器人需求,以轮椅为移动载体,提出了集辅助站立、牵引式下肢康复、坐躺及轮椅助行于一体的移动式下肢康复机器人的设计,并在柔性软驱动机构研究基础上设计了一种柔性外骨骼机械手。本书共分为 10 章,内容涉及多功能移动式下肢康复机器人设计、下肢康复机构人机系统耦合运动学及动力学建模、牵引式下肢康复最优轨迹规划及运动控制、三自由度辅助站立机构人机耦合运动分析与建模、基于柔性软驱动机构的康复机械手设计及康复运动虚拟交互系统设计。

本书内容是实验室多年研究成果的总结,感谢为本书做出贡献的在实验室工作和学习过的研究生及在本书出版过程中给予指导的北京邮电大学出版社。本书中所提出的康复机器人是一种新颖的康复机器人,关于其优化结构、建模和人机协同运动控制方法仍在不断探索研究中。希望本书研究成果能为从事康复机器人研究的学者和研究人员提供一个全新的研究角度,为康复机器人走向家庭、服务大众提供新的方法和研究思路。书中内容涉及康复机器人设计、规划、控制与虚拟交互,相关技术发展迅速,加之作者水平和时间有限,书中的不妥之处在所难免,殷切期望专家、学者和所有读者批评指正。

作　者

2024 年 3 月

目　　录

第 1 章
绪　论

1.1　引　言

当前,我国已经进入老龄化社会,且未来老龄化趋势仍然不断发展。人口老龄化,意味着脑血管病人群体扩大。脑卒中存活人群因病致残,丧失肢体运动能力,这不仅极大影响中风幸存者的生活质量,增加中风患者经济负担,同时也使中风患者承受极大的心理创伤。此外每年因意外事故导致的肢体功能损伤的患者也日益增多,运动能力的丧失不仅增加了患者及其家庭的生活和经济负担,也增加了社会成本。临床研究表明,中风后积极进行康复训练可以刺激中枢神经系统,促进受损神经组织功能代偿或重组,进而重新建立肢体与神经之间的联系,促进肢体康复,从而降低中风/神经损伤后的致残率。传统的康复训练依赖于康复医师,肢体失能患者需在康复医师的辅助下进行大量重复性肢体运动训练,训练过程不仅耗时费力、成本高昂,且康复训练效果依赖于康复医师技能水平和康复经验。更具挑战的是,在当前人口老龄化趋势的影响下,康复医师的数量有限,而患者众多,肢体失能患者往往无法得到及时和持续有效的康复训练。康复机器人可以辅助或代替康复治疗师完成肢体残疾患者的康复训练,且已被证明具有良好的康复效果,是机器人研究的一个重要方向。

迄今为止,科技工作者已经开发了多种类型的康复机器人,许多商业化、专业化的康复机器人已经开始在医院使用,为失能患者的康复治疗做出了巨大贡献。同时康复机器人也开始进入家庭,为失能患者的居家康复提供专业化康复的解决方案。但由于人体肢体复杂的解剖结构及灵活的运动能力,康复机器人在模拟肢体动作更好地服务于康复训练方面仍存在巨大的研究空间,尤其在机器人机构与结构、规划与控制、人机交互、康复效果评价等方面仍是具有挑战性的研究课题,康复机器人的研究仍然需要广大科技工作者和医疗康复医师戮力创新,最终实现机器人服务于人的美好愿景。

1.2 国内外康复机器人研究

康复机器人是机器人研究的一个重要领域,随着科技进步和人口老龄化的持续发展,其应用需求愈发强烈。康复机器人可以辅助或代替康复医师帮助肢体失能患者完成简单乃至复杂的肢体运动训练,使康复医师从长时间的协助康复训练运动的重复劳动中解放出来,不仅有效减小劳动强度,还可以使医师专注于制定和评估康复治疗方案,提高患者进行康复训练的效果。康复机器人研究主要可分为下肢康复机器人及上肢康复机器人。

1.2.1 下肢康复机器人

双腿是人体重要的支撑器官,是人体的第二心脏。腿部失能将极大影响患者的活动能力,动起来、站立来、走起来是下肢失能患者的最大愿望,下肢康复机器人应运而生。下肢康复机器人的种类众多,依据其辅助康复的方式,可分为辅助站立机器人和下肢运动康复机器人。其中下肢运动康复机器人又可细分为外骨骼式康复机器人、悬吊减重式康复机器人以及坐/卧式康复机器人。

1. 辅助站立机器人

在所有的下肢运动中,坐立(Sit-To-Stand,STS)转换是日常生活中最基本的动作之一,是完成诸多活动的基础,对于人的生活独立和日常活动有着极大的影响。由坐到站的过程需要上身与下肢协同运动,并提供足够的下肢力量和平衡能力,对于肢体运动功能障碍人群而言,在没有外力辅助时,STS转换相比行走运动更难。有研究表明老年人完成STS转换运动需要调动下肢高达97%的可用肌肉力量。为此,研究人员开发了各种不同结构类型的辅助站立设备或外骨骼机构用于辅助患者完成STS转换。这些辅助站立机构中,一种较为常见的辅助站立设备可称为支撑臂式辅助站立设备,该类设备模仿了人搀扶下肢无力人员的辅助站立过程。通常该类设备由移动底座和上下移动的支撑臂组成,使用时需要配合座椅使用,通过在使用者腋下提供支撑实现站立过程。站立时,使用者上身通过安全带与设备固定,上肢放置在设备的支撑臂上,通过支撑臂的向上移动带动躯干提升实现站立过程,如华中科技大学黄健[1]等研制的低成本、单驱动智能辅助助行器(图1-1),该助行器主要由交互模块、坐站支撑机构和移动平台组成,其中交互模块安装有薄膜压力传感器用于检测患者站立意图,坐站支撑机构采用平行四边形机构以线性驱动器驱动,具有一个自由度。通过线性驱动器的驱动可以为坐站转换提供向上助力。此外翻转座椅也是辅助站立设备常采用的结构形式,其通过座椅翻转对臀部提供支撑实现站立辅助,在站立过程中身体各部分保持自然状态,无须额外辅助设备,这类设备的安全性高。座椅翻转式辅助站立机构通常还具有轮椅助行功能,在需要辅助站立时由座椅翻转从而实现辅助站立,这也是当前众多商业化应用的辅助站立机构中较多采用的结构形式。如日本大阪大学 Myoungjae Jun 等[2]研制的九连杆翻转座椅式辅助站立机构(图 1-2)，为了实现同时调整座椅高度和座椅倾角的目的，九连杆构分为提升座椅高度的五连杆和负责旋转座椅的四连杆机构，两个两杆机构共用一个驱动器驱动，具有一个自由度。

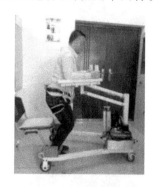

图 1-1　智能辅助助行器

图 1-2　翻转座椅式

对于单自由度驱动的辅助站立机构，由于辅助站立过程中机构运动轨迹无法改变，因此对于模仿人站立过程中的人机协调运动能力不足，而 MATJAČIĆ Z 等[3]指出这类辅助站立机构，通常由于其辅助站立运动不符合人体站立运动规律，当采用这类辅助站立机构时，人体的肌电信号与正常站立时的肌电信号存在很大不同，在康复医疗机构中，康复师对这类辅助站立机构对站立康复训练能达成的效果也存在疑虑。由此其提出了一种仿人(Normal Like)单自由度辅助站立设备(图 1-3)，该设备采用翻转座椅式结构，翻转座椅的三个组成部分在驱动过程中受到躯干导向臂的约束，其运动呈现出类似人站立过程中的小腿、大腿、躯干的协同运动特征，而且由于其在控制系统中设置了弯腰检测，只有检测到翻转座椅的躯干部分由竖直状态顺时针转动规定角度(模拟人弯腰动作)后，才可以启动辅助站立过程，因此其可以实现仿照人体坐站转换开始前的弯腰、站立过程中屈膝及髋膝协同站立动作，即仿人(Normal Like)站立。在国内，天津科技大学李晋等[4]也针对不同人群辅助站立运动轨迹适应性问题，提出了一种三自由度辅助站立机器人的设计，通过采用髋部柔性支撑方式提高设备辅助站立过程中的人机柔性。三自由度的设计，使该辅助站立设备在使用时可以根据不同受试者辅助站立需求调节合适的辅助站立轨迹，能够极大还原人体自燃状态下的坐站转换动作。

从仿生角度，最佳辅助站立设备是外骨骼式机器人，因为人体站立过程不仅是一个由坐姿到站姿的点到点转换，更是一个下肢与上肢协调运动的过程，在下肢伸展和上身协调运动过程中，身体质心由相对稳定的位置变为稳定性较差的位置。显然外骨骼式机器人具有仿生人体站立过程所需要的关节自由度和关节运动协调控制能力。但由于人体站立过程需要腿部关节旋转提升人体大部分重力，这对外骨骼机器人关节驱动器而言，显然具有极大的挑战。因此目前为止，大部分外骨骼式机器人均是针对辅助行走助力开发，只有很少的下肢外骨骼具有无外力辅助状态下实现辅助站立的功能[5]。且受限于结构尺寸及驱动力限制，这类可实现辅助站立的外骨骼也仅对下肢具有一定肌肉力量的患者使用，且外骨骼机器人辅助站立中的平衡控制也是需要解决的问题。为了解决这一问题，J.H.Hernndez[6] 等采用全线性驱动器设计了单侧两自由度固定式外骨骼型辅助站立机构(图1-4),该外骨骼机构安装在移动平台上,只为实现坐站转换使用,可以为体重120 kg的人提供无外部助力辅助站立康复训练,两自由度的单侧外骨骼设计可以实时控制辅助站立轨迹,使用时人体臀部和腿与外骨骼通过绑带固定,不仅可以帮助患者实现坐立转换运动,还可以利用移动平台实现位置转移。

图1-3　仿人站立训练器　　　　　　图1-4　固定式外骨骼

2. 下肢运动康复机器人

下肢运动康复机器人中,最受关注的是外骨骼式康复机器人,这类机器人可以穿戴在失能人员身上,通过模仿人体下肢运动步态为失能人员下肢提供助力和辅助行走。目前外骨骼式机器人多为串联关节式结构,以旋转电动机驱动机器人关节运动来模仿下肢在人体矢状面内的运动步态,也有采用气动人工肌肉、钢丝绳等方式驱动的外骨骼机器人。由于电动机驱动技术成熟稳定,基于电动机驱动是外骨骼机器人研究的主要形式。近年来,外骨骼机器人研究持续升温,各种不同结构类型的外骨骼机器人被开发出来,如在美国首个获得FDA认证的用于个人使用的下肢康复机器人ReWalk[7](图1-5),其专门针对胸椎及以下部位瘫痪患者使用,机器人自重约30 kg,整机外形尺寸大小可调,以适应不同穿戴者的体型。在助行过程中,其控制系统通过检测穿戴者重心变化和上身运动来判断运动意图,并启动机器人通过主动控制外骨骼髋关节和膝关节的屈伸运动,可以实现辅助坐立、助行及上下楼梯等功能。但为了保持平衡,穿戴者仍然需要使用拐杖辅助,其步行速度可以达到0.7 m/s。在国内,北京大艾机器人开发的下肢外骨骼系统[8]则是首个获得CFDA二类创新医疗器械、国家食品药品监督管理总局外骨骼机器人医疗器械注册证的外骨骼机器人(图1-6),该机器人自重20 kg,可为体重小于100 kg的患者提供辅助起坐、助行功能。其他类似的外骨骼机器人如美国佛罗里达州人机认知研究所开发的采用线性驱动装置驱动的Mina系列外骨骼机器人[9]、Parker Hannifin公司开发的嵌入足踝矫形器及电刺激功能的下肢外骨骼机器人Indego[10]、日本的Cyberdyne公司研制的具备表面肌电信号控制能力下肢康复外骨骼机器人HAL[11]等。此外,哈尔滨工业大学、上海交通大学、苏州大学、清华大学、华中科技大学等也针对穿戴式下肢康复应用需求,开发了各自的创新型外骨骼机器人。

尽管外骨骼机器人具有很好的仿生设计,可以为下肢失能患者提供良好的康复训练方案和身体支持,但由于人体下肢的自然步态行走是一个复杂的有规律的运动,需要主观意识、神经、骨骼肌肉间的协调,下肢外骨骼机器人模拟或跟随人体下肢运动,仍然需要解决安全性、柔顺性、鲁棒性等关键技术问题。在康复实践中,这种类型的机器人通常需要辅助设施来确保平衡,患者很难在没有焦虑或紧张感的情况下使用。可替代的一种方式是悬吊减重式机器人,这种机器人通常与身体支撑机构相结合使用,对患者友好,并且可以像穿戴式机器人一样提供康复功能而不会摔倒。典型的如瑞士 Hocoma 公司开发的Lokomat[12]机器人(图 1-7),该机器人由两自由度下肢外骨骼、体重支撑系统及跑步机组成,可实现预定义的步态轨迹跟踪被动康复训练,或实现基于人机交互力矩反馈的主动康复训练,其体重支撑系可随步态康复训练中人体重心运动而上下浮动,使步态康复更为自然。在国内,上海璟和技创机器人有限公司也开发商业化的基于悬吊减重方式的多体位智能康复机器人 FlexBot(图 1-8),该机器人系统的下肢外骨骼具有 6 个主动驱动自由度,能够实现平躺、斜躺以及站立下的多体位的步态训练功能,并提供了虚拟人机交互界面,以提高康复的积极性和主动性。这类悬吊减重式康复机器人进行下肢康复时,下肢康复机构穿戴于失能患者下肢,而其上身则通过绑带与悬吊机构连接,由悬吊机构为下肢提供减重支持,具有防摔倒能力。由于其安全性以及具有穿戴式康复机器人同样的仿生特性,因而是目前康复医疗机构中技术较为成熟的仿生下肢康复设备。其他具有代表性的悬吊减重式机器人如荷兰特文特大学开发的具有 8 个主动驱动自由度、可实现对髋关节、膝关节及骨盆训练的 LOPES[13]、德国的 LokoHelp[14]、HapticWalker[15]、美国特拉华大学的 ALEX[16]、上海交通大学开发的基于外骨骼的悬吊式机器人[17]以及广州一家康医疗设备实业有限公司开发的步态训练与评估系统器 A3-2[18]等。

 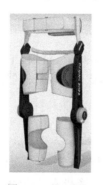  

图 1-5　Rewalk　　　图 1-6　Aiwalker　　　图 1-7　Lokomat　　　图 1-8　FlexBot

　　坐/卧式下肢康复机器人是近年来下肢康复机器人研究的一个新分支,由于其可以提供早期在床康复而逐渐成为关注热点。坐/卧式康复机器人通常分为两种,一种为多关节穿戴式下肢康复机器人,其特征为穿戴式下肢康复机器人与座椅的结合,由于该类机器人无须解决站立平衡问题,因而其应用难度大大地降低,对肢残患者的支持更为友好,典型的如瑞士 SEORTEC 公司研发的 MotionMaker[19](图 1-9),该机器人具有 6 个自由度,每条机械腿都可实现髋、膝、踝三个关节的转动。利用该机器人进行下肢康复时,下肢失能人员只需坐卧在座椅上,而下肢与康复机器人绑定,康复时由机器人带动下肢进行单关节训练、多关节协调运动训练或步态训练。康复过程中患者可以任意调整上身姿态以获取最佳舒适度,而且设计了功能性电刺激附加功能,提供多种差异性训练模式满足患者个性化需求。此外,加拿大卡尔顿大学则研发了8自由度的下肢康复机器人 ViGRR[20],所研发机器人结合虚拟现实技术可以实现仿步态运动、压腿、爬楼梯等康复运动。在国内,燕山大学开发了可调节机械腿长和两腿间宽度的坐/卧式下肢康复机器人 LLR-Ro[21](图1-10),该机器人特点是机械腿的长度和两腿之间的宽度可进行调节以适应不同身高和体型的患者,并已经入临床应用。类似的中科院自动化所也开展了坐/卧式下肢康复机器人 iLeg[22]的研究工作。另外一种为末端牵引式坐/卧下肢康复机器人,如日本安川电机公司开发的下肢康复机器人 LR2(图1-11),其采用三自由度串联机械臂牵引康复人员足部进行平面运动从而实现对下肢的康复训练,在国内,哈尔滨工程大学则开发了具有踝关节两自由度运动的坐/卧式牵引康复机器人。

图 1-9 　MotionMaker 　　　　图 1-10 　LLR-Ro 　　　　图 1-11 　LR2

1.2.2　上肢康复机器人

与下肢的康复治疗相比,上肢的康复治疗更加复杂、精细,中风后上肢功能的恢复一般也较下肢差,相应的上肢康复机器人的结构也较下肢康复机器人结构复杂。通常上肢康复机器人还包括手部康复机器人。

1. 上肢康复机器人

针对上肢康复训练系统,早在1991年,美国麻省理工学院就研制了国际上第一台上肢康复机器人 MIT-MANUS[23](图1-12(a)),该机器人采用末端牵引式结构,具有两个平面自由度,使用时患者手部握紧机器人末端手柄,由机器人牵引实现肩关节和肘关节运动。该机器人设计有计算机人机互动界面进行康复引导,提高康复效果。在此基础上又将所开发的两自由度腕关节康复机构集成到 MIT-MANUS,构成了具有腕关节康复能力的四自由度上肢康复机器人(图1-12(b)),目前 MIT-MANUS 已经商业化应用。

图1-13所示为英国雷丁大学开发的 Gentle/S 康复机器人[24],与 Manus 不同,它由一个触觉操作臂和平衡架组成,其中操作臂具有3个主动自由度,平衡架安装于操作臂末端,具有3个被动自由度,主要用于容许前臂的旋内/旋外和腕关节弯曲运动。Gentle/S 康复机器人采用末端牵引方式实现对人体上肢的康复运动,配以吊丝悬挂对上肢进行重力补偿,并通过临床实验对机器人康复治疗的有效性进行了验证。牵引式上肢康复机

人具有结构简单、易于使用的特点,因此应用较为广泛,在国内,清华大学较早地开展了上肢康复机器人的研究,其开发的上肢复合运动康复机器人[25](图 1-14)由两连杆机械臂、腕部托架及上肢支架组成,并配备有人机反馈系统用于互动康复。

(a) 两自由度 Manus　　　　(b) 四自由度 Manus

图 1-12　MIT-Manus 康复训练系统

图 1-13　Gentle/S　　　　　　图 1-14　清华大学康复机器人

　　相比于牵引式上肢康复机器人,外骨骼式上肢康复机器人可以模拟人体上肢动作,当需要对患者上肢关节进行规定轨迹的运动时,其具有无可比拟的优势。与下肢外骨骼机器人类似,上肢外骨骼康复机器人在使用时需要与上肢绑定,但由于人体上肢运动灵活度远大于下肢,因此上肢外骨骼康复机器人机构和控制较下肢外骨骼康复机器人复杂。其中上肢外骨骼三自由度复合肩关节的结构成为上肢外骨骼研究的一个重点。图 1-15 所示为瑞士 Hocoma 公司推出的 Power Armeo 穿戴式外骨骼康复机器人,该机器人前身为苏黎世联邦理工学院开发的 ARMin[26] 系列外骨骼机器人,具有 4 个主动自由度用于驱动上臂和前臂运动,两个被动自由度用于容许腕关节屈曲伸展和前臂旋转,特殊设计的肩关节中心适应机构可以适应康复运动中上肢肩关节中心变动。由于人体上肢负重能力较低,而电动机直驱的外骨骼通常较重,为实现外骨骼轻量化设计,美国华盛顿大学采用了绳索和滑轮的方式对外骨骼关节直接驱动,电动机等驱动装置则安装在固定支架上,由此设计了具有 7 个自由度的外骨骼机器人 CADEN-7[27],并将两个 CADEN-7 进行组合研制了双臂康复机器人 EXO-UL7[28](图 1-16)。

　　在国内,哈尔滨工业大学设计了一种可根据患者康复训练需求来选择单关节或多关节康复训练的模块化外骨骼[29](图 1-17),针对外骨骼机器人减重问题,其设计了弹簧和连杆辅助的外骨骼重力平衡机构来平衡外骨骼重力,降低了康复训练时人体上肢负担。此外上海交通大学研发了一款全被动六自由度上肢康复训练外骨骼[30](图 1-18)用于具备运动能力的患者进行上肢主动康复训练。该机器人的 6 个旋转关节处安装了角位移传感器来捕捉关节运动,并在肩关节和肘关节之间设置了弹簧用于调整主动训练时患者上肢所负载的重量。该系统通过基于虚拟环境的人机交互,从而增加了患者康复训练的沉浸感并且提高了康复训练的效率。

图 1-15　Power Armeo

图 1-16　EXO-UL7

图 1-17　模块化康复机器人

图 1-18　上肢训练器

2. 康复机械手

手是人体最重要的器官之一,结构小巧,功能复杂,手部损伤会严重影响日常生活,削弱生活质量,而对功能受损的手进行持续的伸展辅助可以提高手指运动的准确性及扩展手部工作空间。为此,科研人员开发了许多辅助手部康复运动和治疗设备。其中康复机械手由于其具有很好的仿生及可穿戴特征,是康复机械手研究的热门方向。现有的康复机械手虽然在结构和机械性能上有很大不同,但都有辅助手指伸展的功能,其按照结构的材料特性可分为即刚性结构康复手和柔性结构康复手。刚性康复机械手主要采用连杆、齿轮齿条等机构,以电动机进行驱动。如 Iqbal.J 等设计的连杆式轻便型外骨骼康复手[31],该康复手具有 4 个工作手指(图 1-19),每个手指均由一个直线电动机驱动,可以独立工作。采用串联式的连杆组成欠驱动机构作为最终的执行机构。通过调节连杆的长度能够最大限度地适应不同人分手部尺寸。康复手为提高控制系统稳定性加入了力传感器与位置传感器达到了闭环控制的效果。四指手指可以施加 8 N 的指尖力,整个装置为便携式结构(460 g),提高了装置的应用场景。

图 1-20 为哈尔滨工业大学张福海等设计的基于齿轮传动和鲍登线驱动的外骨骼式康复机械手[32],其每个手指设置有 3 个关节,由一个电动机通过鲍登线驱动,每个关节均采用了一种由齿轮齿条组成的平行滑动机构作为执行机构(图 1-20),平行滑动机构保证

了外骨骼和人手指之间的接触力始终垂直于手指骨,并且机构的旋转中心和人手指关节的旋转中心较为重合,这样可尽量减少机器造成的二次损伤。另外通过采用鲍登线的方法将驱动和控制系统放在人的前臂上从而减少手部的重量,保证安全性。

图 1-19　四指轻量手部外骨骼　　　　图 1-20　平行滑动机构外骨骼手

通常刚性外骨骼能够在不同的接触点施加更高和更精确的力,但缺乏对不同手尺寸的适应,这会妨碍设备佩戴的舒适型,从而影响其可用性。而且刚性的外骨骼机械手外形尺寸和重量较大,佩戴时手部负担较重便携性不佳。随着新材料及柔性执行器的发展,便携式柔性手部外骨骼领域是近些年的热门研究方向,国内外许多科研工作者进行了深入的研究。如苏黎世联邦理工学院 NYCZ.C.J 等推出的便携式外骨骼式康复机械手[33](图 1-21),柔性手指采用了一种新型的三层滑动弹簧机构,通过直线电动机来驱动三层滑动弹簧结构产生大变形。该机构为单自由度机构,作为欠驱动机构,通过将直线电动机的线性运动通过三层滑动弹簧机构分布到手指关节的旋转运动,进而带动人手指的屈曲和伸展运动。通过采用鲍登线使得直线电动机的力传输到执行机构,该机构手部外骨骼重量仅为 113 g。此外采用柔性材料的气动驱动手部外骨骼也随着软体机器人技术的发展,在近年来得到了广泛关注,由于其制造便捷、人机柔顺性好的特点已经有商业化产品。其基本原理是通过特殊设计的气腔结构,使得柔性手指在通入高压空气后产生单向弯曲,从而带动手指实现弯曲动作。通过分段设计气腔结构还可以实现对手指 3 个关节的转动角度控制。典型的如上海交通大学费燕琼[18]团队提出的可分段弯曲的软体气动手套,该手套带由 5 个由弹性体制成的分段式气动弯曲致动器组成(图 1-22),其重量小于 300 g。每个分段式弯曲致动器包括 3 个柔性节段,分别对应手指的掌指关节(MCP)、近端指间关节(PIP)和远端指间关节(DIP),以及 4 个非柔性节段,分别对应手指的掌骨(MC)、近端指骨、中间指骨(IP)和远端指骨(DP)。在每个柔性节段内设置有充气腔,使用时通过通入高压空气驱动柔性节段膨胀从而实现气动手套的弯曲运动,多节段的设计还使得该软体手套穿戴在手部时能够更贴合手指。

图 1-21　便携外骨骼手　　　　　　　图 1-22　分段弯曲外骨骼手

1.3 康复机器人人机系统建模与规划控制国内外研究

1.3.1 康复机器人人机系统建模研究现状

康复机器人研究的一个重要内容是建立精确的人机系统模型。这有赖于对人或机器人几何参数和动力学参数的识别。近年来,随着技术手段和相关理论的不断发展以及不同构型康复机器人系统的不断涌现,人机参数识别方法也在传统的最小方差方法的基础上不断发展。如哈尔滨工业大学的查富生[34]等针对传统采用最小方差方法识别下肢外骨骼动力系统参数时存在的实验过程复杂、识别精度低等问题,提出了一种基于粒子群方法(PSO)的参数识别方法,该方法通过采用递归最小方差定义PSO的搜索空间,不仅避免了识别参数落入局部最优点,且提高了识别精度。Chen Jing[35]等针对所建立的包含摩擦扭矩及肌肉收缩扭矩的人机系统动力学模型参数识别问题,建立了由辨识观矩阵条件数及关节运动约束在内的目标函数,并采用粒子群算法对系统参数进行了辨识。Li Yinbo[36]等将人体关节弹性力矩引入人机系统动力学模型,通过对关节驱动器及下肢外骨骼机器人动力学模型参数的辨识,最终完成了对人机耦合系统动力学参数的辨识。Wang Weiqun[37]等则针对以往关节摩擦建模时没有考虑关节间耦合问题,采用了Palmgren经验公式和多项式拟合方法建立了含有关节耦合因子的关节摩擦模型,并设计了递归优化方法来减小观测矩阵条件数,以实现最优动力学参数识别。H Beomsoo[38]等则以实时关节扭矩为输入,通过膝关节、髋关节的独立运动设计对人机系统动力学方程进行解耦,从而实现对人机系统几何和惯性参数的识别。在人体下肢关节阻抗识别方面,K Bram[39]基于多输入多输出系统辨识技术,通过LOPES机器人对人体下肢施加连续扰动力矩实现对人体下肢关节刚度和阻抗的估计。

1.3.2 康复机器人人机系统运动规划与控制国内外研究

针对不同受训者康复训练需求,设定相应的康复运动轨迹由机器人辅助或带动受训者肢体完成康复运动是康复机器人的主要功能。康复机器人轨迹规划与常规机器人轨迹规划方法类似,如多项式轨迹规划方法、贝塞尔曲线方法及样条曲线方法等,所不同之处在于康复机器人轨迹规划的优化目标及约束条件不同。康复轨迹规划较为便捷的方法是通过示教方式,即通过康复师以手动方式驱动机器人末端完成空间运动轨迹,机器人控制器记录机器人各关节运动轨迹并复现,该方法灵活度高,简便实用,康复医师可依据不同肢体失能状态的受训者定制个性化康复训练动作。在固定运动轨迹方面,康复机器人需要带动受训者肢体完成平面或空间运动,在康复的不同阶段对轨迹运行时间、康复运动速度、关节力扰动等有不同的要求。如有研究关节以肢体目标位置的加速度为零及提高关节在目标角度的停留时间为目标,以双四次多项式插值方法规划被动训练轨迹。也有研究认为人体运动不仅速度连续、加速度也连续且符合关节力波动最小,以此为目标,有研究采用基于贝塞尔多项式插值方法,对给定的目标位姿序列,在机器人操作空间或构型空间生成无急动度轨迹。减小轨迹运行时间或提高康复运动速度可增加康复训练强度,提高康复效果,以此为目标,有研究以三次 B 样条结合遗传算法开展轨迹规划研究[40]。在下肢康复运动规划中,康复步态规划是当前康复机器人研究中较为热点的研究方向之一,其多用于卒中后期患者的行走康复,研究集中于正常步态数据获取、行走步态规划、自适应步态调整及辅助安全等方面。在步态数据获取与规划方面 Raj[41]等通过设定 Mina 机器人为随动模式,由正常人穿戴 Mina 进行正常步态行走进而采集各关节角度数据来构建步态数据库,以此为基础规划 Mina 辅助行走时的各关节步态轨迹。Wang Xiaonan[42]等则通过双目视觉采集健康人在不同行走速度下的步态数据,并以此数据为基础对影响步态模式的参数——行走步长与行走速度进行规划,以此来实现对机器人行走步态的规划。为了使下肢康复机器人在行走过程中具有自主平衡能力,Kagawa[43]等采用倒立摆模型构建人机系统稳定性判据用于指导构建稳定行走时的髋关节与踝关节关键位置点,并采用五阶多项式函数对关键点进行拟合,生成平滑步态轨迹。类似的 Ma Yue[44]等构建了一个有限状态机模型对行走过程进行控制,通过构建倒立摆模型来确保在采用拐杖辅助行走中重心稳定转移,并采用最小扰动算法在线计算关节运动轨迹,最后通过粒子群算法对存在机械电气约束的外骨骼机器人步态进行了优化。Dong Tan[45]等则采用离散动态基元法(DMP)来学习正常人的膝关节运动轨迹,而采用控制障碍函数来维持人体下肢支撑点与拐杖支点之间的距离,以确保重心转移安全从而提高下肢外骨骼运动的柔性和安全性。在使用下肢康复机器人进行康复训练时,面向患者使用舒适性和柔顺性的个性化步态规划与协同控制也是研究的一个重要内容。如 M.Sharifi[46]等提出了一个自适应的步态轨迹规划方法,该方法通过定义一系列中心模式生成器(CPG)扩展机器人使用时的安全性与舒适性,在使用康复机器人进行康复训练时,这些 CPG 可以在不同关节之间实现同步,并能够依据患者的物理行为在线实时更新。Zou Chaobin[47]等针对下肢康复机器人在斜面上的自适应步态规划问题,基于下肢康复机器人传感器数据构建了一个斜面梯度预测器(SGE),并将 SGE 与捕捉点理论和 DMP 相结合构建了一个自适应的斜面步态规划方法,在通过学习正常人斜面行走步态后,该方法可以在线生成自适应步态轨迹以适应斜坡情况。Javad K. M.[48]等提出了一种新的四自由度体段模型来扩展离散运动分量(DCM)分析,该模型可以实现对运动步态的个性化控制,即人可以在自治范围内调整行走的步幅与频率,而机器人则可以在自治范围内调整躯干位置确保行走稳定性。

下肢康复训练中,下肢康复机器人与人体下肢协同运动,下肢运动与机器人相互耦合,如何实现人机之间的柔顺与协调控制是实现人机系统高效康复的关键问题。基于物理信息-生物信号的交互控制是人机系统协同控制中是较为常见的方法。其控制模型中通常将物理信息-生物信号等交互信息引入人机系统控制回路实现人机协同控制,从而使机器人与人之间建立感知与协同通道。如为实现外部环境接触力影响下的人机协同控制,UGURLU.B 等[49]将环境接触力引入人机协同控制中,其在虚拟导纳控制器中计算与环境接触力偏差对应的下肢关节角度偏差并反馈给底层 PD 控制器,实现在环境接触力扰动状态下人机系统协同控制。更多的下肢康复人机系统控制则关注基于人机交互力的协同控制，YANG.T 等[50]采用张力传感器检测人机间的支撑力和异步力来估计患者的运动能力，并建立非线性前馈，根据康复过程中的个人运动意图，自动调整所需的控制参数来实现人机协同控制。WANG.Y.L 等[51]则基于足底压力传感器，提出了一种基于安全评价与监督的模糊滑模变导纳（FSMVA）控制器，FSMVA 控制器由内环模糊滑模控制器、外环变导纳控制器和安全评估与监控模块组成。其外环导纳控制模块用于建立作用力与跟踪轨迹调整量之间的协调关系，其特征是导纳控制器的导纳参数可根据人机系统的安全性要求不同及康复训练需求实时调整导纳控制器参数，从而提高患者参与度与积极性。ZHOU.J 等[52]将轨迹变形（TD）方法与导纳控制（AM）方法相结合，提出了一种低级位置控制器和高级轨迹规划器结合的人机协同控制策略。其高级规划器采用轨迹变形和导纳控制器分别生成期望轨迹，并以 PD 控制器作为低级位置控制器实现轨迹跟踪，所提出的方法比单纯采用导纳控制方法控制稳定性提高。

以上控制策略可以提供人机系统在参考轨迹上的人机系统协同控制，但缺少对运动轨迹上速度协同的考虑。为了实现人机协同时速度（时间柔顺）协同控制，即允许使用者自由调整运动时间，A.MARTNEZ[53]通过建立基于下肢关节速度差的黏性流场控制率，从而使得人机协同运动中，由所建立的流场控制率形状实现对人机协同运动的引导。即当下肢运动与预定轨迹同步时，流场控制率不起作用，而当需要人机协同时，黏性流场控制率依据人机速度差实现人机协同。更进一步，H.J.ASL[54]提出了一种基于速度域阻抗控制器的人机协同控制方法，该方法通过在速度域中定义路径跟随任务，并在路径周围构造期望的速度场，通过监测速度域中的跟踪误差来调节机器人的期望阻抗模型从而实现速度协同控制。为了兼顾运动速度和位移的协同性，ZHOU.J[55]则提出一种时空协同控制策略，其通过将步态速度自适应调节器和轨迹变形算法集成到时空顺应性控制策略中，即由轨迹变形算法实现人机交互在空间中的顺应性，而步态速度自适应调节器则依据平均轨迹偏差自适应修改步态速度，从而使得人机协同控制以同时满足速度与位置的顺应性。

基于物理信号的人机协同技术较为成熟且应用广泛，但是康复训练时，基于物理交互信息通常会滞后于人体运动意图。随着信号检测技术快速发展，生物电信号也被用于人机协同控制中。如 ZHUANG.Y[56]针对力矩传感器检测人的意图时，人的主动力矩与机器人的辅助力矩之间的延迟会影响人机同步的问题，提出了一种基于肌电图的导纳控制器（EAC），该控制器以肌电驱动肌肉骨骼模型估计关节扭矩作为导纳控制器输入，从而估计使用者预期运动，实现人机同步稳定交互控制。

ZHU.Y 等[57]利用表面肌电信号通过肌肉骨骼模型估计关节扭矩和准刚度，依据关节扭矩大小为下肢关节提供辅助，实现人机协同，由于其设计了可变刚度的机器人关节，依据其所设计的自主控制策略，机器人在人机协同中可以模仿人体关节的准刚度调节技巧。YANG.R[58]则将机器人关节控制扭矩与神经肌肉骨骼模型估计的关节扭矩设置为线性比例模型，在进行康复运动时，通过判断下肢关节轨迹跟踪误差来切换控制模式，不同模式下的比例因子大小则随轨迹跟踪误差不同而动态调节，从而实现人机协同控制。

1.4　康复机器人研究意义

从 20 世纪 50 年代第一台机器人发明至今,机器人一直以不同的方式服务于人类的生产与生活、服务于人类对美好生活的追求。

康复机器人是在医疗卫生、健康护理、助老助残领域,用于辅助肢体运动功能障碍或失能人员进行康复训练与肢体功能恢复、重建、增强等的机器人。康复机器人研究涉及机械、材料、电子、医学、计算机等诸多学科领域,其理论和研究成果不仅促进康复医学及相关领域新技术、新方法的发展,也将推动更多种类、更多样式和功能的康复机器人走出实验室走向医疗机构、走向家庭,使机器人这个制造业皇冠顶端上的明珠更多、更好地服务人、帮助人,成为人类生产生活的助手和伙伴。

第 2 章
移动式下肢康复机器人机构与建模

2.1 引　言

下肢康复机器人用于对由脑卒中、外伤等造成的下肢功能损伤患者。下肢康复机器人通过模仿人体下肢动作对人体下肢进行康复训练,而人体下肢则主动或被动地参与下肢康复机器人多自由度运动,实现对肌肉牵拉,防止关节僵硬,并刺激中枢神经系统,促进肢体康复。

在下肢康复机器人研究中,坐/卧式下肢康复机器人是康复机器人研究的一个分支,该类机器人具有对使用者友好、安全等优点,对瘫软期患者及大量的截瘫患者是一个理想的康复设备。坐/卧式下肢康复机器人分为末端牵引式与外骨骼式,对于末端牵引式通常是通过滑块机构带动足部进行运动,通常足部动作单一,难以满足复杂的康复运动需求。外骨骼式坐卧康复机器人则借鉴外骨骼机器人设计方法,在结构上将外骨骼下肢与固定式座椅连接,在进行康复时,虽然受训者可以坐姿或躺姿进行康复训练,但其下肢仍然需要与下肢康复机构绑定。不同人群在使用时通常需要调整下肢康复机构连杆长度以使人体下肢关节中心与下肢康复机构转动中心对齐。这类坐卧式下肢康复机器人实际上以牺牲穿戴式康复机器人辅助站立和行走特征来换取康复过程中的安全性及适应早期康复训练。

对于下肢失能患者而言,辅助站立、下肢康复、生活助行是其基本的康复需求。下肢失能后患者首选的康复辅具为轮椅。本章将在分析人体下肢机构结构的基础上,提出一种结合轮椅与下肢康复功能为一体的坐/卧型移动式下肢康复机器人的设计。该机器人不仅具有下肢康复功能,还具有辅助站立及坐躺功能。机器人以轮椅作为载体,因此具备与轮椅相同的日常助行功能。与传统的多自由度坐卧式康复机器人机构不同,该坐卧式康复机器人下肢康复机构采用末端牵引方式实现下肢康复运动,机器人运动机构由线性驱动器驱动,在执行康复运动时,患者的关节中心与机器人转动中心无须匹配,这使得使用该机器人进行下肢康复训练比其他坐/卧式康复机器人更为简单。而其辅助站立机构具有 3 个独立自由度,可实现模拟正常人体三自由度站立过程。

2.2 人体下肢运动机理

下肢在人体实现位置转移及各种复杂肢体活动中起到至关重要的作用,是人体实现站立和行走的主要部分。人体通过下肢关节耦合运动来实现下肢协调运动。下肢康复机器人机构设计需考虑人体下肢结构及运动特点,以确定机器人结构形式和驱动方式。

2.2.1 人体基本平面与基本轴

解剖学中,为描述人体结构、运动及生物力学特征,准确表达下肢各关节结构、功能和位置关系,通常采用如图 2-1 所示坐标平面与坐标系来对人体运动的基本面和基准轴进行定义。与笛卡儿空间三维坐标系类似,这些坐标平面与坐标系可分为 3 个相互垂直的基本平面,即冠状面、水平面和矢状面以及由 3 个基本平面所确定的 3 个基准轴即:垂直轴、矢状轴和冠状轴。根据人体解剖学定义,靠近头部方向为上,靠近足部方向为下,靠近身体腹侧面为前,靠近身体背侧面为后,以此为基础这些基本平面与基本轴的定义如下:

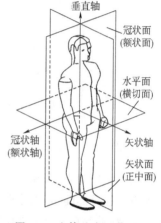

图 2-1 人体基本运动平面

矢状面(sagittalplane):沿前后方向,并将人体分成左、右两部分且垂直于地面的纵向切面,分割左右两部分对称的切面被称为正中矢状面。

冠状面(coronalplane):又称额状面,沿左右方向,并将人体纵切为前后两个部分的纵向切面。

水平面(transverseplane):又称横切面,沿水平方向,将人体分为上下两个部分并与地面相互平行的平面。

矢状轴:矢状面与水平面交叉所形成的轴,是前后方向垂直于额状面的轴。

垂直轴:矢状面与冠状面交叉所形成的轴,是上下方向垂直于水平面的轴。

额状轴:额状面与水平面交叉所形成的轴,是左右方向垂直于矢状面的轴。

2.2.2 人体下肢结构

人体下肢是人体完成站立和行走的重要肢体组成部分,其运动主要由下肢关节、骨骼及骨骼肌相互配合运动而形成的。其中,下肢关节与骨骼构成了人体下肢的基本支撑,骨骼肌则是下肢运动的驱动源。在神经系统控制下,骨骼肌通过有节律的收缩运动带动骨骼围绕下肢关节运动,关节运动的组合实现了人体下肢完成各种复杂的空间动作。如图 2-2 所示,人体下肢骨骼结构主要由 3 个运动关节(髋关节、膝关节、踝关节)以及与之连接的一系列骨骼组成。髋关节、膝关节和踝关节是人体下肢中最重要的支撑和运动关节,在下肢负重和运动中起到了不可替代的作用。

髋关节位于下肢最上部,起到连接人体躯干及下肢的作用,并且承担了人体上肢和躯体重量。髋关节由股骨头和位于髋骨外侧的髋臼构成,由于髋关节周围有臀大肌、臀中肌、臀小肌、梨状肌等肌肉群,可以帮助人体实现空间的旋转运动。髋关节通常简化为球关节,具有 3 个自由度,是下肢中具有最大灵活度的关节,不仅起到行走作用还具有维持身体平衡的作用。髋关节可围绕冠状轴做屈/伸运动,围绕矢状轴做内收/外展运动和围绕垂直轴做环状运动,其中屈/伸运动的运动幅度最大,是下肢摆动行走涉及的主要运动之一。髋关节运动形式如图 2-3 所示。

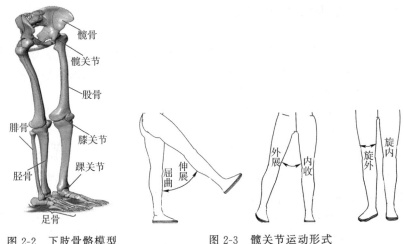

图 2-2　下肢骨骼模型　　　　图 2-3　髋关节运动形式

膝关节由胫骨上端、髌骨和股骨下端及其周围的肌肉、韧带构成,处于人体骨骼中最坚实的股骨和胫骨之间,是人体运动关节中最大、结构最复杂且最容易受到损伤的关节。在下肢运动中,膝关节是主要的支撑部位,膝关节可看作为典型的椭圆滑车关节,由于受到骨骼与韧带的限制,膝关节具有一个主弯曲自由度(在矢状面内可做绕额状轴的屈伸运动),在小腿屈曲后,还可绕垂直轴做微小的旋转运(旋内/旋外)。膝关节运动形式如图 2-4 所示。

踝关节由腓骨下的关节面与距骨组成,作为小腿与足部的连接关节,在站立过程中需要承受身体的大部分力量,是全身负重最大的关节。踝关节的运动可以分为背屈/跖屈、内翻/外翻、内旋/外旋和环转,其中跖屈(足背与小腿间的夹角增大)和背屈(足背与小腿间的夹角减小)运动是绕冠状轴在矢状面内完成,外翻(远离正中面)和内翻(接近正中面)运动是绕矢状轴在额切面内完成的;内旋(由前向后的旋转)和外旋(由前向外的旋转)运动是绕垂直轴在水平面内完成的;环转是绕额状轴、矢状轴和它们之间轴的连续运动,运动曲线可描成一个圆锥体,其远端描成圆锥体的底周。踝关节运动形式如图 2-5 所示。

人体下肢通过下肢关节运动组合可以实现丰富的运动姿态,步行、跑跳、攀越乃至复杂的艺术体操动作等,但这些运动通常可以分解为 3 个基础平面内的运动。对于下肢失能者而言,下肢康复训练的主要目的是改善或恢复其下肢行走能力,因此在康复训练时主要以步行康复动作为主。而如前述分析,步行动作主要由髋关节屈伸、膝关节屈伸及踝关节屈伸动作组成,其运动为平面运动,该平面平行于矢状面。本书中这一动作特征构成了下肢康复机器人设计的基本人体运动解剖学依据。

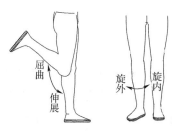
图 2-4 膝关节运动形式

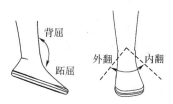
图 2-5 踝关节运动形式

2.3 移动式下肢康复机器人机构

2.3.1 设计要求

移动式下肢康复机器人面向对象为下肢运动能力障碍患者,兼具下肢康复与助行功能,以坐卧方式完成下肢康复,且在设计上易于使用、结构简单。其主要可实现的功能与设计参考如下:

1. 基本设计要求

对于移动式下肢康复机器人其设计主要依据下肢运动特点,从功能、机械结构和使用性能 3 个方面进行考虑。

(1)功能设计要求

移动式下肢康复机器人主要面向居家康复训练使用,主要人群为丧失行走能力的下肢失能患者或需以轮椅作为主要代步工具的下肢步行障碍人员。主要用于日常助行和功能保持性康复训练,兼顾瘫软期的下肢康复训练。因此移动式下肢康复机器人应兼顾轮椅功能,结构尽量简洁。康复功能设计上应具有坐卧下肢康复功能以及辅助站立功能。

(2)机械结构设计要求

为避免康复机器人对患者造成伤害,实现康复训练安全性,下肢康复训练机构关节无须与人体下肢关节位置匹配,即无须与人体下肢绑定。机构设计上采用托举方式实现下肢康复。为避免关节式机器人关节重量及结构复杂性,设计上采用线性驱动器直接驱动方式。多种康复模式的驱动机构能够复用。

(3)使用性能要求

考虑到患者独立使用要求,移动下肢康复机器人易于使用,以常规简单康复训练及辅助站立为主,兼顾柔顺控制需求。对于移动功能,应与电动轮椅结构及功能一致,下肢康复功能,则具备功能切换方便、使用操纵简单的特征。

2. 设计参数要求

（1）尺寸及工作空间设计要求

移动式下肢康复机器人尺寸应满足 90％以上人群使用需求，主要尺寸设计依据为《中国成年人人体尺寸》(GB/T 10000—2023)。机器人下肢康复训练工作空间应能满足坐姿状态下下肢康复训练关节运动范围需求。自由度设计上选用两自由度，无踝关节自由度。

（2）负载要求

针对主要功能即辅助站立、下肢康复、躺卧等康复需求，机器人驱动机构应能满足 90％以上人群以上康复功能需求，同时兼顾安全性具有一定的超负荷能力。

2.3.2　总体结构

针对 2.3.1 节的设计要求，移动式下肢康复机器人设计了多种功能。为实现辅助患者在自由移动，其在设计上集成了轮椅功能，该功能使得移动式下肢康复机器人可作为日常助行装备使用；在下肢康复功能上，选取了坐卧式下肢康复机构，相比于外骨骼式和悬挂减重式下肢康复机构，坐卧式下肢康复机构运动更简便易用，下肢失能者可独立使用。为辅助患者实现站立，机器人设计集成了多自由度辅助站立机构，该机构具有 3 个独立自由度，可以实现仿人三自由度站立，为了给患者提供更多舒适的姿态，移动式下肢康复机器人还设计有平躺功能。

移动式下肢康复机器人样机如图 2-6(a)所示，主要由 1—腿部模块；2—坐垫；3—移动平台；4—靠背及 6 个线性驱动器组成。其中移动平台起到轮椅及支撑平台作用，这使得移动式下肢康复机器人可以作为普通轮椅使用。移动式下肢康复机器人机构简图如图 2-6(b)所示，4—靠背及 1—腿部模块分别通过铰链与坐垫连接。4—靠背、1—腿部模块及 2—坐垫通过滑块和线性驱动器与移动平台构成滑动连接，并可实现所有的康复功能。2—坐垫模块通过两个正交的滑块与移动平台连接，正交滑块可以约束坐垫实现移动和转动。

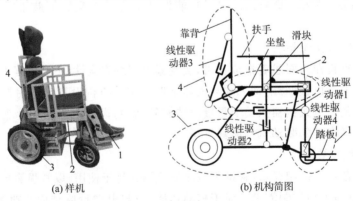

(a)样机　　　　　　　　(b)机构简图

图 2-6　移动式下肢康复机器人
1—腿部模块；2—坐垫；3—移动平台；4—靠背

2.3.3 助行轮椅功能

对于下肢失能人员,其通常无法独立完成站立或行走动作,因此轮椅是这类人员最常用的辅助医疗设备。如图 2-6 所示,移动式下肢康复机器人的移动平台基于标准轮椅进行了重新设计,在普通轮椅的移动机构上重新设计了新的固定扶手,该扶手具有两个相互垂直的导向槽,导向槽内安装有滑块,而滑块与坐垫连接。这种正交滑块设计,使得坐垫只能产生类似于椭圆机构的移动和旋转复合运动。移动式下肢康复机器人其他功能组件均相对于移动平台运动。起源于普通轮椅的移动平台可作为标准轮椅使用,提供日常生活助行功能。

2.3.4 坐躺机构

如图 2-7 所示,移动式下肢康复机器人实现平躺功能的机构由靠背、坐垫、腿部模块、线性驱动器 1 和线性驱动器 3 组成。其中线性驱动器 1 分别与靠背和腿部模块铰接,线性驱动器 3 分别与靠背和坐垫铰接。其运动原理如图 2-7(a)所示,在线性驱动器 1 锁定状态下,坐垫、靠背、腿部模块及线性驱动器 1 构成平行四杆机构。若线性驱动器 3 收缩,则可驱动靠背相对于坐垫由竖直位置转动至水平位置,与此同时,在前述四杆机构约束下腿部模块亦同步由竖直位置运动至水平位置,从而实现移动式下肢康复机器人的由坐到躺的功能。在图 2-7 所示躺姿状态下,腿部模块上的脚踏板由线性驱动器 4 驱动,可以实现在躺姿状态下对下肢的屈曲康复训练。

图 2-7(b)所示为坐躺机构的模型图,线性驱动器 3 采用电动推杆实现,同时采用对称双液压杆平衡坐躺时人体上身重力,降低电动推杆驱动力,电动推杆输出端设计有压力传感器,用于测量站立模式和平躺模式下,电动推杆驱动力大小,以实现柔顺控制。

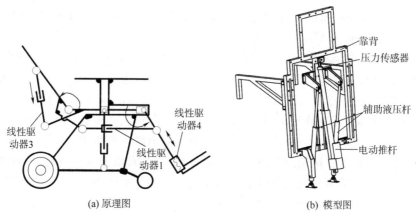

(a) 原理图   (b) 模型图

图 2-7 坐躺机构

2.3.5　坐站机构

1. 人体下肢站立特征

在所有的下肢运动中,站立是人类日常生活中最基本的动作之一,是完成人类诸多活动的基础,对于人类的生活独立和日常活动有着极大的影响。因而对于下肢失能人员而言,站立是基本的康复运动需求,进行站立康复训练是开展其他康复训练动作的前提,也是运动康复中最具挑战的部分。从生物力学角度而言,坐到站的转换需要人体各肌肉协调运动且具有足够的力量来实现人体重心转移且保持重心始终位于下肢支撑平面内以确保站立平衡。站立过程主要是重心变化的过程,在准备阶段人体重心主要在水平方向运动,而在站立阶段主要是竖直方向上的变化,其具体动作主要体现在屈膝、弯腰和站立三个阶段。由于人体重心在水平方向和竖直方向上的运动是相对独立的,因而人能够较为稳定地实现站立运动。

JudithM.Burnfield 的研究表明,传统辅助站立设备的辅助站立运动与正常人体站立运动存在很大不同。这主要是由于这些辅助站立设备大多是为下肢失能者在垂直方向上提供助力,实现站立过程,而正常人在站立过程中主要则是躯干、大腿和小腿之间的协调运动。SUZUKINTT 的研究表明,在膝关节 90°姿态下,人体实现站立过程中,如果躯干角速度达不到一定的运动速度,则会导致站立失败,即在站立中人体会由于初始动能不足而回落至座椅。一个解决方法是,在站立前过程中,使足部位向人体重心靠近,这将大大减小人体上身需的前冲速度,顺利实现重心向足部的转移。弯腰、屈膝、站立是正常人在站立过程中非常常见的一种站立辅助动作,因此这也是本书中辅助站立机构设计的主要参考依据。

2. 人体下肢站立动作分析

如前所述,为提高站立成功率,在站立前尽量将人体重心向足部靠拢,以满足下肢无人力人群站立需求,本书将人体的站立过程描述为 4 个连续过程:屈膝阶段、弯腰阶段、站立过渡阶段和站立完成阶段。这个过程可以简化为 4 个刚体的相对转动运动,其中 4 个刚体分别是人体的足、小腿、大腿和上身。在站立过程中,人体的踝关节、膝关节和髋关节会发生旋转运动。由坐姿到站立的过程中,站立初始上身和小腿保持竖直,屈膝阶段膝关节转动,小腿后撤,身体重心在水平方向上向髋关节移动,弯腰阶段人体髋关节转动,上身前倾,身体重心再次在水平方向上向足部移动。站立过渡阶段臀部开始离座,下肢膝关节、髋关节协调运动,髋关节与膝关节角度逐渐增大,身体重心逐渐上升,最后完成站立动作。在整个站立过程中,人体简化为一个三自由度的串联连杆机构。

医学研究表明,下肢运动障碍患者在站立过程中,通常由于重心不稳,导致站立失败。同时也因踝关节、膝关节和髋关节的肌力不足,下肢力量薄弱,导致站立过程不稳甚至失败,且股四头肌的肌力下降能够直接影响下肢关节的稳定性。同时老年人会因为年龄的增加,下肢肌肉出现退化和萎缩的现象,这也是导致老年人站立困难的原因,是设计辅助站立机构的初衷。

3. 辅助站立机构

根据如上设计表述,本书提出了图 2-8 所示的辅助站立机构,其是一种新颖的设计,该机构具有 3 个主动驱动,可以模拟躯干、大腿和小腿站立过程的运动。此外,在由坐到站的状态转换训练过程中,辅助站立机构会使患者的重心在水平方向上保持在与人相似的轻微范围内移动,以保持平衡。

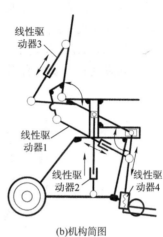

(a)站立状态   (b)机构简图

图 2-8   辅助站立机构

如图 2-8 所示,辅助站立机构由靠背、坐垫和腿部模块组成,由线性驱动器 1、2 和 3 驱动。其中线性驱动器 2 的两端分别与移动平台和坐垫铰接,坐垫则在滑块的约束下仅能沿水平导轨和竖直导轨运动。基于图 2-8 所示的坐/站机构,其辅助站立过程可分为 3 个阶段。首先,线性驱动器 1 收缩,腿部模块顺时针旋转(模拟膝关节弯曲运动,脚部朝向身体质心移动)。其次,线性驱动器 1 和驱动器 3 协同驱动,靠背顺时针旋转(模拟躯干弯曲运动,并将重心移向脚部)。最后,如图 2-8(b)所示,线性驱动器 1、2 和 3 协同工作,模拟下肢站立过程中各关节的协调运动。在此过程中,坐垫将由线性驱动器 2 驱动,并在滑块和扶手导轨的约束下从水平位置旋转移动到近似垂直位置。与此同时,驱动器 1 和驱动器 3 也将协同工作,以确保患者的姿势满足模拟人体辅助站立的训练要求。当移动式下肢康复机器人处于站立状态(图 2-8(a))时,该下肢辅助站立机构可以通过线性驱动器 4 驱动脚踏板,实现站立状态下下肢抬腿康复训练。

2.3.6   下肢康复机构

下肢康复机构采用末端牵引方式对人体下肢进行康复训练,不考虑踝关节自由度,主要实现下肢在矢状面内的运动。如图 2-6 所示,下肢康复机构主要由腿部模块、线性驱动器 1 和线性驱动器 4 组成。由于人体沿自身矢状面左右对称,下肢的大部分运动都在矢状面内进行,因此腿部模块由两个并行的腿部训练装置组成,两个腿部训练装置结构对称,其运动被限制在一个半面内。与其他坐/躺康复机器人不同,每个腿部训练装置都采用旋转运动和线性运动的组合来模拟下肢在平行于人体矢状面内的运动,如髋关节屈伸、膝关节屈伸和两个关节的协调运动。

如图 2-9 所示为下肢康复机构结构示意图,线性驱动器 4 为丝杠螺母结构,脚踏板与丝杠螺母固定,并由步进电动机通过同步带驱动滚珠丝杠运动从而实现线性驱动器 4 做直线运动。脚踏板还与直线导轨滑动连接,一方面可以平衡脚踏板受力时的附加弯矩,避免丝杠/螺母损坏,另一方面则可以实现对脚踏板的运动导向。下肢康复机构另一个自由度由线性驱动器 1 驱动实现。线性驱动器 1 为电动推杆,其一端与腿部挡板铰接,另一端则与靠背铰接,在线性驱动器 1 驱动下,腿部模块可绕坐垫转动,从而实现一个转动自由度。线性驱动器 1 和脚踏板上安装有压力传感器用于测量线性驱动器 1 和线性驱动器 4 的驱动力。

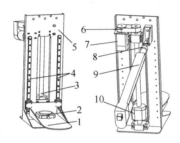

图 2-9 下肢康复机构结构示意图

1—脚踏板;2—足底压力传感器;3—滚珠丝杠;4—滑动导轨;5—腿部挡板;
6—同步带传动;7—步进电动机;8—压力传感器;9—线性驱动器;10—螺母

在坐姿状态下,腿部模块、线性驱动器 1 和线性驱动器 4 可以简化为两自由度平面机构。下肢失能人员的脚放置于脚踏板,并被脚踏板牵引在平行于矢状面的平面内完成下肢康复训练。在训练过程中,下肢失能人员下肢关节中心无须与康复设备的旋转中心同轴,这使得移动式下肢康复机器人易于使用。

2.4 移动式下肢康复机器人运动模式

2.4.1 辅助站立模式

1. 辅助站立过程

在 2.2 节中已经分析正常人体由坐姿到站姿的站立过程,即膝关节转动,小腿后撤,髋关节转动,上身前倾,其后膝关节、髋关节协调运动身体重心逐渐上升直至完成站立。移动式康复机器人的辅助站立模块采用了三自由度、三驱动设计,运动动作模仿了正常人体的起立过程。在移动式康复机器人辅助站立模式中,人体的重心在水平方向上可保持微小变化。所设计的辅助站立模块可实现两种训练模式：一种是仿照人体正常起立过程，进行辅助康复训练，这需要采集人体站立过程的站立姿态数据，并将其转化为辅助站立机构的运动数据，将在第 4 章进行阐述。另一种是简单的单自由度辅助站立训练，本节将主要分析该模式下的辅助站立过程。

移动式下肢康复机器人整体机构简图如图 2-10(a)所示，其中坐垫简化为杆 AC，靠背简化为杆 CL，腿部挡板简化为杆 AD，线性驱动器 3 简化为 EL，线性驱动器 2 简化为 JK，线性驱动器 1 简化为 BF。在设计上，线性驱动器 JK 位于竖直滑块的正下方，在站立模式中，JK 相对于移动平台的铰接点 K 几乎不发生转动，可看为固定连接。

在单自由度辅助站立模式下，腿部模块中的腿部挡板 AD 和靠背 CL 保持平行状态，该状态通过平行四边形机构来实现。在康复机器人进行站立运动时，线性驱动器 BF 锁定，其长度保持不变并与坐垫 AC 的长度相等，从而 AC、CF、BF、AB 构成平行四边形机构，靠背 CL 和腿部挡板 AD 受到平行四边形机构 $ACFB$ 约束，其方向始终保持平行。采用这种训练模式，可以简化系统运动模型及康复机器人辅助站立模式的控制。

在此模式下辅助站立机构实现辅助站立涉及的驱动件有两个，即线性驱动器 2 和线性驱动器 3。在辅助站立过程中，线性驱动器 2 推动座椅翻转，同时为保证靠背 CL 在运动过程中始终保持竖直状态，线性驱动器 3 在辅助站立过程中需要收缩长度，并通过平行四杆机构度 $ACFB$ 保持腿部挡板 AD 也始终处于竖直状态。如图 2-10 所示，在辅助站立过程中，坐垫 AC 由于受到两个滑块的约束，在线性驱动器 2 的驱动下，其产生升降和翻转运动，具有一个自由度。

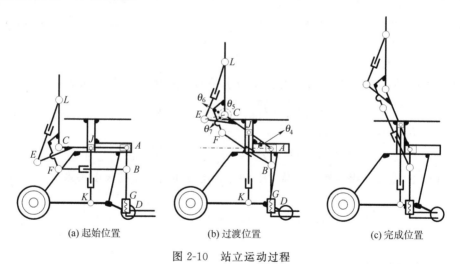

| (a) 起始位置 | (b) 过渡位置 | (c) 完成位置 |

图 2-10　站立运动过程

2. 辅助站立模式运动分析

辅助站立模式下辅助站立机构共有 8 个活动构件，4 个滑动副，7 个转动副。根据平面机构自由度计算公式，可计算站立模式中机构的自由度为

$$F = 3n - 2P_L - P_H = 3 \times 8 - 2 \times 11 - 0 = 2 \qquad (2\text{-}1)$$

式中，n 为活动的构件数量，P_L 为机构低副数量，P_H 为机构高副数量。由式(2-1)可以看

出,原动件数等于自由度。站立模式中,原动件为线性驱动器 EL 和线性驱动器 JK。移动式下肢康复机器人由坐姿到站立的过程中,线性驱动器 JK 的伸缩长度 Δl_{JK} 与坐垫和水平面的角度 θ_4 的关系如下:

$$\sin \theta_4 = \frac{\Delta l_{JK}}{l_{AB}} \tag{2-2}$$

由式(2-2)可得:

$$\theta_4 = \arcsin \frac{\Delta l_{JK}}{l_{AB}} \tag{2-3}$$

对式(2-3)求导可得线性驱动器 JK 的驱动速度 v_1 和坐垫转动速度 ω_1 的关系:

$$\omega_1 = \frac{v_1}{l_{AB} \cos \theta_4} \tag{2-4}$$

由式(2-4)可见,坐垫转动速度 ω_1 与线性驱动器 JK 的驱动速度为非线性关系。当线性驱动器 JK 的驱动速度 v_1 保持不变时,随着坐垫转动角度 θ_4 增大,坐垫转动速度 ω_1 逐渐增大。如果需要保证坐垫转动速度 ω_1 保持不变,在辅助站立过程中,线性驱动器 JK 的驱动速度 v_1 应满足式(2-4)所确定的非线性约束关系。

移动式下肢康复机器人辅助站立模块在由坐姿到站立的转换过程中,需要通过控制线性驱动器 EL 的长度控制靠背 CL 姿态不变,即处于竖直状态。图 2-10(b)可见,为实现此目的,线性驱动器 EL 的长度应与线性驱动器 JK 长度满足一定的函数关系。选取线性驱动器 JK 的长度为变量,根据线性驱动器 JK 的长度来确定线性驱动器 EL 的长度。在辅助站立过程中,坐垫 AC 与水平夹角 θ_4 与靠背 CL 与坐垫夹角 θ_5 应满足如下关系式:

$$\theta_5 = \theta_4 + \frac{\pi}{2} \tag{2-5}$$

则线性驱动器 EL 的长度 l_{EL} 与坐垫与水平面的角度 θ_4 的关系如下:

$$l_{EL} = \sqrt{l_{CL}^2 + l_{CE}^2 + 2l_{CL}l_{CE} \cos(\theta_5 + \theta_7)} \tag{2-6}$$

由式(2-5)和式(2-6)可得:

$$l_{EL} = \sqrt{l_{CL}^2 + l_{CE}^2 + 2l_{CL}l_{CE} \sin(\theta_4 + \theta_7)} \tag{2-7}$$

将式(2-3)带入可得线性驱动器 JK 和靠背电动推杆 EL 的长度关系:

$$l_{EL} = \sqrt{l_{CL}^2 + l_{CE}^2 + 2l_{CL}l_{CE} \sin\left(\arcsin \frac{\Delta l_{JK}}{l_{AB}} + \theta_7\right)} \tag{2-8}$$

2.4.2　坐躺模式

1. 坐躺过程

为了增加下肢患者的舒适性,在设计站立模式和下肢训练模式的同时,利用机构间的复用性,增加了平躺模式。平躺模式相较于站立模式,运动实现相对简单,仅具有一个自由度。

移动式下肢康复机器人在进行平躺运动时，坐垫保持水平状态不变。靠背模块和腿部模块运动，即靠背和腿部挡板从竖直状态变为水平状态，同时靠背与腿部挡板始终保持平行状态。在实现移动式下肢康复机器人平躺模式中，采用了与前述辅助站立过程中类似的平行四边形机构。移动式下肢康复机器人平躺模式运动过程如图 2-11 所示，在完成平躺模式过程中，线性驱动器 BF 锁定，其长度保持不变并与坐垫 AC 的长度相等，从而 AC、CF、BF、AB 构成平行四边形机构，靠背 CL 和腿部挡板 AD 受到平行四边形机构 $ACFB$ 约束，其方向始终保持平行。移动式下肢康复机器人的平躺模式驱动部件为线性驱动器 EL。平躺模式下，坐垫保持水平，线性驱动器 JK 锁定，线性驱动器 EL 收缩，从而驱动坐垫逆时针转动，直至靠背从竖直状态变换为水平状态，完成平躺。同时靠背也可以在竖直和水平状态之间的任意位置停止，以实现任意姿态的坐躺。腿部挡板 AD 则在平行四边形机构 $ACFB$ 的约束下与靠背 CL 同步运动，并保持平行。

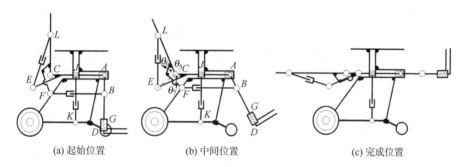

(a) 起始位置　　　　　(b) 中间位置　　　　　(c) 完成位置

图 2-11　平躺模式运动过程

2. 坐躺模式运动分析

移动式下肢康复机器人在平躺模式下涉及的活动构件有 5 个，运动副分别有 1 个滑动副和 6 个转动副。根据平面机构自由度计算公式，可得在平躺模式中机构的自由度为

$$F=3n-2P_L-P_H=3\times5-2\times7-0=1 \tag{2-9}$$

由式 (2-9) 可以看出，原动件数等于自由度。在移动式下肢康复机器人平躺模式中，原动件为线性驱动器 EL。

移动式下肢康复机器人由坐姿到平躺运动过程中，线性驱动器 EL 的长度 l_{EL} 与靠背与水平面间的夹角 θ_5 间的关系如下：

$$l_{EL}=\sqrt{l_{CL}^2+l_{CE}^2+2l_{CL}l_{CE}\cos(\theta_7+\theta_5)} \tag{2-10}$$

式 (2-10) 描述了平躺模式下，平躺角度与线性驱动器 EL 间的运动约束关系，明显可见，平躺角度与线性驱动器驱动长度之间为非线性关系，满足余弦定理。在完成对平躺角度控制时，可由该式计算得到所需要的线性驱动器 EL 长度，从而控制靠背运动至指定位置。

2.4.3　下肢训练模式

1. 下肢训练过程

移动式下肢康复机器人的下肢训练模式是 3 个训练模式中的主要模式,下肢训练模式采用末端牵引方式拖动人体足部在矢状面的平行面内进行康复训练,由于不需要将下肢与腿部模块绑定,因此具有结构简洁、易于使用、实用性广泛的特点。

移动式下肢康复机器人的下肢康复机构既可单独对各个下肢关节进行康复训练,也可以同时对两个关节协调运动进行康复训练。其训练模式根据训练部位的不同可分为屈膝训练模式、屈髋训练模式、膝髋复合训练 3 种模式。下肢康复机构采用两个线性驱动器进行驱动。如图 2-12(a)所示,在坐姿状态下,仅线性驱动器 BF 动作,线性驱动器 4 位置保持,则此时腿部训练模式为膝关节训练模式,主要完成膝关节屈曲康复训练,可以设定不同的线性驱动器 BF 运动速度,改变人体膝关节转动的速度;如图 2-12(b)所示,在坐姿状态下,步进电动机驱动滚珠丝杆运动,同时线性驱动器 BF 小幅度补偿运动,可实现髋关节屈曲运动而不改变膝关节的角度,此时腿部训练模式为髋关节训练模式,主要对髋关节进行康复运动,同样可以通过改变步进电动机的转动速度和伸腿电动推杆的驱动速度来改变髋关节转动速度。如图 2-12(c)所示,在坐姿状态下,当线性驱动器 BF 和步进电动机驱动滚珠丝杆联合运动时,人体踝关节的位置可以通过两种驱动元件到达运动空间中的任意位置,此时可以通过运动学建模,可以规划踝关节的运动轨迹从而实现膝关节和髋关节的协调运动。

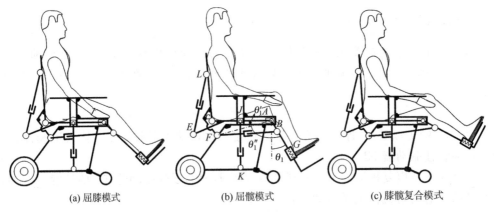

(a) 屈膝模式　　　　(b) 屈髋模式　　　　(c) 膝髋复合模式

图 2-12　腿部训练模式简图

2. 下肢训练模式运动分析

移动式下肢康复机器人的下肢训练模式为其主要康复训练模式,涉及 3 种下肢训练模式的运动学分析,本节主要分析驱动元件和被驱动机构的运动学关系,细节分析在第 3 章阐述。

如图 2-12 所示,移动式下肢康复机器人在进行腿部训练时,腿部挡板和竖直方向夹角 θ_1 的满足如下关系:

$$\theta_1 = \theta_1' + \theta_1'' - \frac{\pi}{2} \tag{2-11}$$

式中,θ_1' 在下肢训练模式下,由于靠背锁定,其值为定值。θ_1'' 大小由 $\triangle AFB$ 确定,其值由式(2-12)定义:

$$\theta_1'' = \arccos\left(\frac{l_{AF}^2 + l_{AB}^2 - l_{BF}^2}{2l_{AF}l_{AB}}\right) \tag{2-12}$$

式(2-11)、式(2-12)确定了线性驱动器 BF 驱动长度与腿部挡板 AD 与水平方向夹角间的映射关系,是下肢康复机构运动学建模的基础。

2.5 移动式下肢康复机器人受力分析

2.5.1 坐垫模块力受力分析

坐垫模块在坐躺及下肢康复两种模式下,其负载主要是人体重量,这两种模式下,坐垫模块由移动车体支撑,线性驱动器 2 无力输出。利用移动式下肢康复机器人开展辅助站立训练时,坐垫模块受力状态最为复杂,需要由线性驱动器 2 推动坐垫完成翻转,从而实现辅助站立,因此主要分析在辅助站立过程中,坐垫模块的受力情况。

辅助站立过程中,坐垫存在两种状态,即图 2-13(a)所示重心转移状态及图 2-13(b)所示站立近终了状态。对于图 2-13(a)所示站立开始位置,坐垫刚好处于开始翻转运动的临界状态,人体重心由初始位置逐步向滑块 A 靠近。站立完成位置,人体重心转移至脚踏板,坐垫无支撑力。

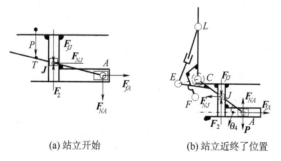

(a)站立开始　　　　　　　(b)站立近终了位置

图 2-13　康复轮椅站立模式受力图

1. 重心转移状态

站立开始状态坐垫受力如图 2-13(a)所示,人体重力作用点位于 T,F_{fA} 为滑块 A 所受水平导轨摩擦力,F_{NA} 为滑块 A 所水平导轨支撑力。F_{fJ} 为滑块 J 所受竖直导轨摩擦力,F_{NJ} 为滑块 J 所受竖直导轨水平压力。在平衡状态下,其受力满足平衡条件:

$$\sum \boldsymbol{M}(J) = 0 \quad \boldsymbol{P} \cdot (l_{AT} - l_{AJ}) - \boldsymbol{F}_{NA} l_{AJ} = 0$$

$$\sum \boldsymbol{F}_y = 0 \quad \boldsymbol{P} + \boldsymbol{F}_{fJ} + \boldsymbol{F}_{NA} - \boldsymbol{F}_2 = 0 \tag{2-13}$$

$$\sum \boldsymbol{F}_x = 0 \quad \boldsymbol{F}_{NJ} = \boldsymbol{F}_{fA}$$

处于临界状态（由静止开始启动站立），静滑动摩擦力处于最大，则有

$$\begin{cases} \boldsymbol{F}_{fA} = f\boldsymbol{F}_{NA} \\ \boldsymbol{F}_{fJ} = f\boldsymbol{F}_{NJ} \end{cases} \tag{2-14}$$

由式（2-13）、式（2-14）可得

$$\boldsymbol{F}_2 = \boldsymbol{P} + f^2 \left| \frac{l_{AT} - l_{AJ}}{l_{AJ}} \right| \boldsymbol{P} + \frac{l_{AT} - l_{AJ}}{l_{AJ}} \boldsymbol{P} \tag{2-15}$$

式中，$\boldsymbol{P}$ 为人体重力（忽略坐垫模块重量），$\boldsymbol{F}_2$ 为线性驱动器 2 推力，f 为滑块与轨道间静滑动摩擦因数。当人体重力作用点 T 位于滑块 J 左侧时，式（2-15）可写为

$$\boldsymbol{F}_2 = \boldsymbol{P} + (f^2 + 1) \frac{l_{AT} - l_{AJ}}{l_{AJ}} \boldsymbol{P}$$

当人体重力作用点 T 位于滑块 J 右侧时，式（2-15）可写为

$$\boldsymbol{F}_2 = \boldsymbol{P} + (f^2 - 1) \frac{l_{AJ} - l_{AT}}{l_{AJ}} \boldsymbol{P}$$

对于下肢康复机器人机构，$l_{AJ} = 250$ mm，取人体重心初始位置 $l_{AT} = 370$ mm，人体质量 80 kg，取静滑动摩擦因素 $f = 0.3$，则可得人体重心由初始位置 T 移动至滑块 A 过程中所需要的驱动力变化曲线如图 2-14 所示，随着重心作用位置逐渐向滑块 A 移动，驱动器 $\boldsymbol{F}_2$ 逐渐减小，其值变化范围为（1194.2 N，70.6 N）。

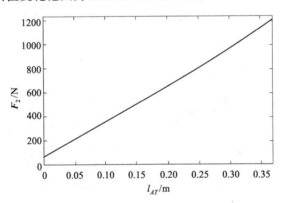

图 2-14 重心转移过程力 $\boldsymbol{F}_2$ 变化曲线

2. 站立近终了状态

随站立姿态的逐渐变化，坐垫受力逐渐减小，足部与脚踏板受力逐渐增大，人体与坐垫受力点位置 T 逐渐向滑块 A 移动，线性驱动器 2 推力 $\boldsymbol{F}_2$ 逐渐减小，滑块 A 受力逐渐增大，直至到达另一状态，即人体重力作用点 T 与滑块 A 重合，此时人体重量全部

作用于脚踏板,滑块 A 受力为人体重力 P,其受力状态如图 2-13(b)所示。图中 F_T 为坐垫拉力。在图 2-13(b)所示状态下,分别取滑块 A 和滑块 J 为研究对象,其受力图如图 2-15 所示。

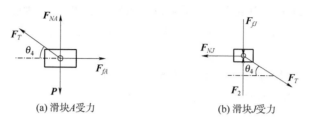

(a) 滑块A受力   (b) 滑块J受力

图 2-15 滑块受力图

对滑块 A 和 J 分别列平衡方程有

$$\begin{cases} F_{NA} + F_T \sin\theta_4 - P = 0 \\ F_{fA} - F_T \cos\theta_4 = 0 \end{cases} \tag{2-16}$$

$$\begin{cases} F_2 - F_{fJ} - F_T \sin\theta_4 = 0 \\ F_T \cos\theta_4 - F_{NJ} = 0 \end{cases} \tag{2-17}$$

处于极限临界状态下(由静止开始启动站立),补充如下方程:

$$\begin{cases} F_{fJ} = f F_{NJ} \\ F_{fA} = f F_{NA} \end{cases} \tag{2-18}$$

由式(2-16)～式(2-18)可得

$$F_2 = \frac{f\cos\theta_4 + \sin\theta_4}{\cos\theta_4 + f\sin\theta_4} P f \tag{2-19}$$

对于下肢康复机器人机构,取人体质量 80 kg,静摩擦系数 $f=0.3$ 则可得站立近终了状态,θ_4 由 0 变化至 90°所需要的驱动力变化曲线如图 2-18 所示,随着坐垫倾斜角度逐渐增大,线性驱动器 2 受力逐渐增大,其值变化范围为(70.6 N ,784 N)。

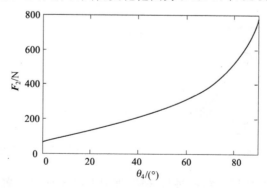

图 2-16 近终了状态力 F_2 曲线

由以上分析可见,线性驱动器 2 所需最大驱动力状态位于辅助站立过程中的起始状态,即坐垫处于水平位置时所需驱动力最大。

2.5.2 靠背模块受力分析

靠背模块在训练模式中主要参与平躺模式和站立模式,主要承受人体上半身重量,当进行平躺模式时,承受人体上半身重量最多,此状态线性驱动器 3 受力最大。此模式下靠背受力如图 2-17 所示。

对于图 2-17 所示靠背受力状态,由力矩平衡条件可得

$$\sum M(C) = 0 \quad \boldsymbol{F}_{NM} \cdot l_{CM} - \boldsymbol{F}_3 \sin\theta_8 \cdot l_{CL} = 0$$

从而有:

$$\boldsymbol{F}_3 = \frac{\boldsymbol{F}_{NM} l_{CM}}{l_{CL} \sin\theta_8} \tag{2-20}$$

式中,$\boldsymbol{F}_{NM}$ 为人体上身对靠背的正压力,l_{CM} 为靠背与上身力作用点距铰链 C 的距离,θ_8 表达式如下:

$$\theta_8 = \arccos\frac{l_{EL}^2 + l_{CL}^2 - l_{CE}^2}{2 l_{EL} l_{CL}}$$

由式(2-20)可见,线性驱动器 3 驱动力大小不仅与人体对靠背所施加的正压力有关还与 θ_8 大小有关,在本章中靠背由竖直状态转换为水平状态过程中 θ_8 的数值非单调变化,以本章的设计参数 $l_{CE} = 135$ mm,$l_{CL} = 480$,392 mm $\leqslant l_{EL} \leqslant 577$ mm 为例,θ_8 变化曲线如图 2-18 所示,随线性驱动器 3 长度逐渐收缩,θ_8 数值先逐渐增大至最大值,之后逐渐减小。相应地,若 l_{CM}、$\boldsymbol{F}_{NM}$ 在平躺过程中为常量,则线性驱动器 3 驱动力则经历由大到小,再由小到大的过程。由图 2-18 可见,靠背由竖直状态转换为水平状态过程中,处于竖直状态时 θ_8 数值最小,所需线性驱动器 3 驱动力最大。

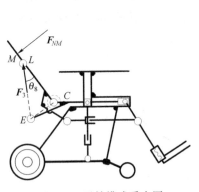

图 2-17 平躺模式受力图

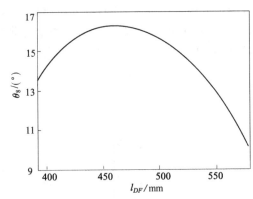

图 2-18 θ_8 变化曲线

线性驱动器 3 以极限受力状态进行分析,即靠背处于任何位置时 $\boldsymbol{F}_{NM}$ 均与人体上身重力相等,$\boldsymbol{F}_{NM}$ 作用点位于靠背最高点(本例中 $l_{CM} = 500$ mm)。由人体体段相对质量分布表 2-1 可知,成年人上身约占人体总体重 61.31%,以 80 kg 成年人为例,则

$$\boldsymbol{F}_{NM} = 80 \times 61.31\% \times 9.8 = 480.6 \text{ N}$$

表 2-1　人体体重分布表—男性

体段名称	躯干	头颈	上臂	前臂	手	大腿	小腿	足
相对质量(%)	44.05	8.62	2.43	1.25	0.64	14.19	3.67	1.48

注：国家标准 GB/T 17245—2004。

则线性驱动器 3 所需最大驱动力为

$$\boldsymbol{F}_3 = 2\,817\text{ N}$$

在此状态下，线性驱动器 3 驱动力过大，因此如 2.3 节所述，靠背模块设计中液压助力推杆用于减小线性驱动器 3 驱动力，同时在平躺过程中，液压助力推杆还可用于储存能量，在由躺到坐的运动时，可释放能量辅助线性驱动器 3 完成驱动过程。

2.5.3　腿部模块受力分析

腿部模块主要参与腿部训练模式，其载荷主要是人体的腿部重量。在下肢康复训练过程中，腿部模块的主要驱动力来自线性驱动器 1 和线性驱动器 2，腿部模块受力图如图 2-19 所示，为简化分析，图中腿部挡板始终对小腿施加托举力，即小腿始终对腿部挡板施加垂直于腿部挡板的力 $\boldsymbol{F}_{NW}$。图示状态下，系统处于平衡状态，P、W 分别为腿部模块重力 P_0 与 $\boldsymbol{F}_{NW}$ 作用点，则可以得到如下平衡方程式：

$$\sum \boldsymbol{M}(A) = 0 \quad \boldsymbol{F}_{NW} \cdot l_{AW} + \boldsymbol{P}_0 \cdot l_{AP} \sin\theta_1 - \boldsymbol{F}_1 \cdot l_{AB} \sin\theta_k = 0$$

则

$$\boldsymbol{F}_1 = \frac{\boldsymbol{F}_{NW} \cdot l_{AW} + \boldsymbol{P}_0 \cdot l_{AP}\sin\theta_1}{l_{AB}\sin\theta_k} \tag{2-21}$$

式中，$\boldsymbol{P}_0$ 为腿部模块重力，$\boldsymbol{F}_1$ 为线性驱动器 1 驱动力。θ_k 可表示为

$$\theta_k = \arccos\frac{l_{AB}^2 + l_{BF}^2 - l_{AF}^2}{2 l_{AB} l_{BF}}$$

由图 2-19 可知，当腿部挡板 AD 与线性驱动器 BF 共线时，腿部模块驱动系统处于奇异状态，此时驱动力无穷大，腿部挡板托举力为零。本书将水平位置设置为腿部挡板 AD 的极限位置，因此在实际下肢康复运动过程中腿部模块达不到该状态。由式(2-21)可见，随腿部挡板逆时针转动，线性驱动器 1 驱动力 $\boldsymbol{F}_1$ 逐渐增大，直至腿部挡板处于水平位置时 $\boldsymbol{F}_1$ 达到最大。

取极限状态，小腿及足部重量全部作用于腿部挡板，作用位置位于腿部挡板中心，腿部挡板质心位

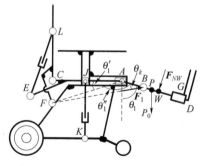

图 2-19　腿部模块受力

于腿部挡板中心，取人体质量 80 kg，由表 2-1 可知，人体小腿和足部的重量约为 4.1 kg。

以本章的设计参数 $l_{AB} = 100$ mm，$l_{AF} = 587$ mm，$\theta_1' = 9.74°$，$l_{BF} = 691.6$ mm，$l_{AP} = l_{AW} = 225$ mm，$\boldsymbol{P}_0 = 3.3$ kg 为例，所需线性驱动器 1 驱动力 $\boldsymbol{F}_1$ 为 $\boldsymbol{F}_1 = 523.25$ N。

2.6 本章小结

本章通过对人体下肢运动机理的分析,并结合人体下肢在坐站转换、下肢运动特征提出了一种结合助行轮椅并具有两自由度下肢辅助康复、三自由度辅助站立和坐躺功能的移动式下肢康复机器人机构。针对该康复机器人机构,对其可开展的下肢康复、辅助站立及坐躺功能进行了详细介绍,并对各种功能模式下的机构运动特征进行了分析和建模,对极限状态下坐垫模块、靠背模块及腿部模块的受力进行了分析。

第 3 章

下肢康复人机系统运动建模

3.1 引　　言

　　机器人运动建模主要研究机构位置、速度、加速度与驱动变量之间的关系。对于人机共存系统,则需要建立人机之间的运动耦合模型来描述人机位置、速度、加速度之间的映射关系。对于本书所提出的移动式下肢康复机器人,下肢康复训练模式是其主要模式,具有两个自由度,主要实现在人体矢状面内对下肢膝关节和髋关节的康复训练。在采用本书所提出的下肢康复机器人进行康复训练时,足部定位于脚踏板上,通过踏板带动足部从而牵引人体下肢完成多种康复模式的下肢训练。由于康复过程中人体下肢无须与下肢康复机构绑定,下肢康复机构运动并不能直接等效为下肢关节运动。由人体下肢和下肢康复机构组成的人机系统存在 3 个不同的运动空间:驱动空间、机器人运动空间与下肢康复空间,其中机器人运动空间与下肢康复空间的运动映射关系由机器人几何参数、简化人体下肢几何参数决定,3 个空间通过运动映射关系由下肢康复机构主导的人机协调运动决定。本章将对人机系统简化模型、人机耦合系统建模及典型康复运动规划进行分析研究。

3.2　下肢康复机构简化与建模

3.2.1　自由度分析

　　根据第 2 章移动式下肢康复机器人下肢康复模式的阐述,下肢康复机构主要由腿部模块、线性驱动器 1 和线性驱动器 4 组成。坐姿状态下,下肢训练机器人腿部训练机构简图如图 3-1 所示,其中 AOF 为坐垫,在腿部训练时为固定状态,腿部挡板简化为连杆 AD,脚踏板简化为滑块 G。

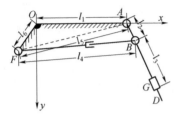

图 3-1 腿部训练机构简图

腿部训练机构有 4 个活动构件、2 个滑动副、3 个转动副。根据平面机构自由度计算公式,可计算腿部训练机构的自由度为

$$F = 3n - 2P_L - P_H = 3 \times 4 - 2 \times 5 - 0 = 2 \quad (3\text{-}1)$$

式中,n 为活动的构件数量,P_L 为机构低副数量,P_H 为机构高副数量。因此原动件数等于自由度。

3.2.2 下肢康复机构工作空间分析

工作空间是机器人在关节运动约束限制下其末端参考点在空间内所有可达点的集合。移动式下肢康复机器人的下肢康复机构受到自身机械结构限制,其工作空间被约束在一个有限的范围。了解其工作空间对机器人运动规划时的运动边界选取至关重要。对于图 3-1 所示的下肢康复机构,建立如图 3-1 所示坐标系。其中下肢康复机器人坐垫简化为连杆 AOF,在下肢康复模式下固定不动;线性驱动器 BF 两端分别与连杆 AOF 和腿部挡板 AD 铰接于 F 和 B。线性驱动器 4 则简化为沿 AD 杆的滑块 G;脚踏板沿着腿部挡板 AD 的运动简化为滑块 G 沿着连杆 AD 的滑动。下肢康复机构的简化结构参数符号如表 3-1 所示。

表 3-1　结构符号对应关系

参数	OA	AB	BG	BF	AF	OF	$\angle OAF$	$\angle BAF$
符号	l_1	l_2	l_3	l_4	l_5	l_6	θ_1'	θ_1''

图 3-1 中,l_1、l_2、l_5、l_6、θ_1' 为下肢康复机构机械结构参数,因此杆 AD 的方向角 θ_1(杆 AD 与竖直方向间夹角)由线性驱动器 BF 的长度 l_4 确定,根据余弦定理可得:

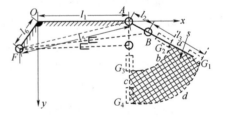

图 3-2　下肢康复机构工作空间 S

$$\theta_1 = \theta_1' + \theta_1'' - \frac{\pi}{2}$$

$$= \arccos \frac{l_2^2 + l_5^2 - l_4^2}{2l_2 l_5} + \theta_1' - \frac{\pi}{2} \quad (3\text{-}2)$$

选取机器人下肢康复机构滑块 G 作为研究对象,由图 3-2 可见,下肢康复机构执行端 G 工作空间 S 为扇形环区域,该区域由 4 个极限位置(G_1,G_2,G_3,G_4)确定。工作空间 S 可以看成是由曲线 a、b、c、d 所围成的区间。围成工作空间的 4 条曲线的解析式分别为

$$\begin{cases} a: y_a = \dfrac{x_a - l_1}{\tan \theta_{1\max}}, (l_1 + (l_2 + l_{3\min}) \sin \theta_{1\max} \leqslant x_a \leqslant l_1 + (l_2 + l_{3\max}) \sin \theta_{1\max}) \\[2mm] b: y_b = \sqrt{(l_2 + l_{3\min})^2 - (x_b - l_1)^2}, (l_1 \leqslant x_b \leqslant l_1 + (l_2 + l_{3\min}) \sin \theta_{1\max}) \\[2mm] c: x_c = l_1, (l_2 + l_{3\min} \leqslant y_c \leqslant l_2 + l_{3\max}) \\[2mm] d: y_d = \sqrt{(l_2 + l_{3\max})^2 - (x_d - l_1)^2}, (l_1 \leqslant x_d \leqslant l_1 + (l_2 + l_{3\max}) \sin \theta_{1\max}) \end{cases} \quad (3\text{-}3)$$

工作空间的 4 个极限位置的坐标分别为

$$G_1(l_1+(l_2+l_{3max})\sin\theta_{1max},(l_2+l_{3max})\cos\theta_{1max})$$
$$G_2(l_1+(l_2+l_{3min})\sin\theta_{1max},(l_2+l_{3min})\cos\theta_{1max})$$
$$G_3(l_1,l_2+l_{3min})$$
$$G_4(l_1,l_2+l_{3max})$$

任意时刻,G 点位置的一般表达式可写为

$$\begin{cases} x_g=l_1+(l_2+l_3)\sin\theta_1 \\ y_g=(l_2+l_3)\cos\theta_1 \end{cases} \tag{3-4}$$

改写为矩阵形式:

$$\begin{pmatrix} x_g \\ y_g \end{pmatrix}=(l_2+l_3)\begin{pmatrix} \sin\theta_1 \\ \cos\theta_1 \end{pmatrix}+\begin{pmatrix} l_1 \\ 0 \end{pmatrix} \tag{3-5}$$

式(3-5)即为两自由度下肢康复机构正向运动学模型,其中 l_3 和 θ_1 为互相独立的由驱动参数确定的变量,在本章中选为下肢康复机构的广义坐标。根据式(3-5),下肢康复机构逆运动学模型:

$$\begin{cases} l_3=\sqrt{(x_g-l_1)^2+y_g^2}-l_2 \\ \theta_1=\arctan\left(\dfrac{x_g-l_1}{y_g}\right) \end{cases} \tag{3-6}$$

式(3-5)、式(3-6)中所选广义坐标的约束条件为:$l_{3min}<l_3<l_{3max}$,其中 l_{3max}、l_{3min} 为滑块 G 运动的最大和最小位置;$\theta_{1min}\leqslant\theta_1\leqslant\theta_{1max}$,其中 θ_{1max}、θ_{1min} 为由线性驱动器 1 确定的腿部挡板转角 θ_1 的最小值和最大值。

对(3-4)求导可得 G 点的速度与广义坐标之间的映射关系:

$$\begin{cases} v_{gx}=(l_2+l_3)\cos\theta_1\omega_1+v_3\sin\theta_1 \\ v_{gy}=-(l_2+l_3)\sin\theta_1\omega_1+v_3\cos\theta_1 \end{cases} \tag{3-7}$$

式中,v_3 为线性驱动器 4 的速度;$\omega_1\omega_1$ 为腿部挡板运动的角速度。对式(3-7)进行逆变换,可得滑块 G 速度与广义坐标的逆映射关系:

$$\begin{cases} \omega_1=\dfrac{v_{gx}\cos\theta_1-v_{gy}\sin\theta_1}{l_2+l_3} \\ v_3=v_{gx}\sin\theta_1+v_{gy}\cos\theta_1 \end{cases} \tag{3-8}$$

写成矩阵形式有:

$$\begin{pmatrix} \omega_1 \\ v_3 \end{pmatrix}=\boldsymbol{A}\begin{pmatrix} v_{gx} \\ v_{gy} \end{pmatrix} \tag{3-9}$$

式中:

$$\boldsymbol{A}=\begin{pmatrix} \dfrac{\cos\theta_1}{l_2+l_3} & -\dfrac{\sin\theta_1}{l_2+l_3} \\ \sin\theta_1 & \cos\theta_1 \end{pmatrix}$$

由下肢康复机构简化模型图 3-3 可见，滑块 G 的运动是由线性驱动器 1 和线性驱动器 4 驱动，即由驱动变量 l_3 和 l_4 驱动，则可依据式(3-2)、式(3-3)得线性驱动器 1 的位置和速度为

$$l_4 = \sqrt{l_2^2 + l_5^2 + 2l_2 l_5 \sin(\theta_1 - \theta_1')} \tag{3-10}$$

$$v_4 = \frac{l_2 l_5}{l_4} \cos(\theta_1 - \theta_1') \omega_1 \tag{3-11}$$

下肢康复机构的工作空间面积不是固定不变的，它是一个可以变化的范围，其大小由线性驱动器 1 和线性驱动器 4 的运动参数 l_3 和 l_4 决定，由此可以见，下肢康复机构的参数决定了工作空间的大小，取最大工作面积 $S_{\max}$，可得：

$$S_{\max} = f(l_3, \theta_1) = \frac{\theta_{1\max}}{2} \left[(l_2 + l_{3\max})^2 - (l_2 + l_{3\min})^2 \right] \tag{3-12}$$

式中：

$$\theta_{1\max} = \theta_1' + \arccos \frac{l_2^2 + l_5^2 - l_{4\max}^2}{2l_2 l_5} - \frac{\pi}{2} \tag{3-13}$$

根据上述计算过程，可以得到下肢康复机构的工作空间范围，在对下肢康复机构进行规划时需要依据如上工作空间区域对滑块 G 的可行运动区域进行判定，以使规划轨迹满足下肢康复机构运动学约束限制。

3.3 人机系统运动学建模

本书所设计的下肢康复机构，机器人旋转关节轴线无须与下肢对应关节转轴对齐。

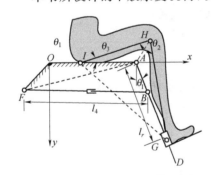

图 3-3 人机系统简化模型

使用机器人进行下肢康复运动过程中，臀部与坐垫模块相对位置保持不变，下肢在脚踏板的牵引下完成在人体矢状面内的运动，因此整个人机系统模型可等效为一个平面运动模型，其简化模型如图 3-3 所示。人体下肢简化为两连杆机构，其中小腿简化为连杆 HG，大腿简化为连杆 IH，H 处为膝关节，I 对应髋关节。髋关节与坐垫 FOA 之间的约束简化为固定铰链连接，铰接点为髋关节 I。下肢康复机构的新增结构参数如表 3-2 所示。康复过程中人体足部始终与滑块重合，因此将两者看作同一铰链 G。

表 3-2 训练空间符号对应关系

参数	IA	HG	HI	IG	$\angle IHG$	$\angle HIA$	$\angle HIG$
符号	l_1'	l_7	l_8	l_9	θ_2	θ_3	θ_4

在采用图 3-3 所示的人机系统简化模型进行下肢康复运动训练运动规划时，人机系统的运动可分为 3 个运动空间进行：驱动空间、关节空间和训练空间，如图 3-4 所示。

①驱动空间(Actuating Space,AS)由驱动器的运动组成;②关节空间(Joint Space,JS)由康复机器人的运动组成;③训练空间(Training Space,TS)由人体下肢的运动组成。其中训练空间的参数 θ_2 和 θ_3 分别对应于人体膝关节角度和髋关节角度。

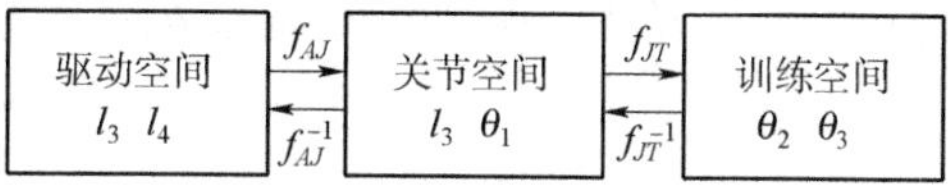

图 3-4　空间映射关系

已知髋关节 I 的坐标为 $I(l_1-l_1',0)$,人体大腿的长度为 l_8,小腿的长度为 l_7,G 点的坐标为 $G(x_g,y_g)$。根据如上几何描述,可以得到踝关节 G 在任意位置时,膝关节的角度 θ_2 为

$$\theta_2=\arccos\frac{l_7^2+l_8^2-l_9^2}{2l_7l_8} \tag{3-14}$$

式中:

$$l_9=\sqrt{(x_g-l_1+l_1')^2+y_g^2}$$

将公式(3-5)代入式(3-14),可得:

$$\theta_2=\arccos\frac{l_7^2+l_8^2-(l_2+l_3)^2-l_1'^2-2l_1'(l_2+l_3)\sin\theta_1}{2l_7l_8} \tag{3-15}$$

根据几何关系,同理,还可以得到大腿 IH 与坐垫 AO 的夹角 θ_3 为

$$\begin{aligned}\theta_3&=\arccos\frac{l_8^2+l_9^2-l_7^2}{2l_8l_9}-\arcsin\frac{y_g}{l_9}\\&=\arccos\frac{l_8^2+(l_2+l_3)^2+l_1'^2+2l_1'(l_2+l_3)\sin\theta_1-l_7^2}{2l_8\sqrt{(l_2+l_3)^2+l_1'^2+2l_1'(l_2+l_3)\sin\theta_1}}-\\&\quad\arcsin\frac{(l_2+l_3)\cos\theta_1}{\sqrt{(l_2+l_3)^2+l_1'^2+2l_1'(l_2+l_3)\sin\theta_1}}\end{aligned} \tag{3-16}$$

根据图 3-3,可以得出人体膝关节 H 的坐标:

$$\begin{cases}x_h=l_1+(l_2+l_3)\sin\theta_1+l_7\cos(\theta_2+\theta_3)\\y_h=(l_2+l_3)\cos\theta_1-l_7\sin(\theta_2+\theta_3)\end{cases} \tag{3-17}$$

式(3-17)写为矩阵形式:

$$\begin{pmatrix}x_h\\y_h\end{pmatrix}=\begin{pmatrix}\sin\theta_1&\cos(\theta_2+\theta_3)\\\cos\theta_1&-\sin(\theta_2+\theta_3)\end{pmatrix}\begin{pmatrix}l_2+l_3\\l_7\end{pmatrix}+\begin{pmatrix}l_1\\0\end{pmatrix} \tag{3-18}$$

对式(3-18)求导,可得 H 点的速度为

$$\begin{pmatrix}\dot{x}_h\\\dot{y}_h\end{pmatrix}=\begin{pmatrix}\dot{\theta}_1\cos\theta_1&-(\dot{\theta}_2+\dot{\theta}_3)\sin(\theta_2+\theta_3)\\-\dot{\theta}_1\sin\theta_1&-(\dot{\theta}_2+\dot{\theta}_3)\cos(\theta_2+\theta_3)\end{pmatrix}\begin{pmatrix}l_2+l_3\\l_7\end{pmatrix}+\begin{pmatrix}\sin\theta_1&\cos(\theta_2+\theta_3)\\\cos\theta_1&-\sin(\theta_2+\theta_3)\end{pmatrix}\begin{pmatrix}\dot{l}_3\\0\end{pmatrix}$$

$$\tag{3-19}$$

在实际训练过程中,实际是已知训练空间(θ_2,θ_3),需要将训练空间映射至关节空间,关节空间与训练空间之间的关联点为滑块G,因此,可以通过G点进行空间映射,由图 3-3 可得G点位置与训练空间(θ_2,θ_3)关系:

$$\begin{cases} x_g = l_1 - l_1' + l_8\cos\theta_3 - l_7\cos(\theta_2+\theta_3) \\ y_g = -l_8\sin\theta_3 + l_7\sin(\theta_2+\theta_3) \end{cases} \tag{3-20}$$

式(3-20)带入式(3-7),可得训练空间到关节空间的映射关系:

$$\begin{cases} l_3 = \sqrt{(l_1'-l_8\cos\theta_3+l_7\cos(\theta_2+\theta_3))^2+(l_8\sin\theta_3-l_7\sin(\theta_2+\theta_3))^2} - l_2 \\ \theta_1 = \arctan\left(\dfrac{l_8\cos\theta_3 - l_1' - l_7\cos(\theta_2+\theta_3)}{l_7\sin(\theta_2+\theta_3) - l_8\sin\theta_3} \right) \end{cases} \tag{3-21}$$

对式(3-20)求导,可得:

$$\begin{pmatrix} v_{gx} \\ v_{gy} \end{pmatrix} = B\begin{pmatrix} \omega_2 \\ \omega_3 \end{pmatrix} \tag{3-22}$$

式中:

$$\boldsymbol{B} = \begin{pmatrix} l_7\sin(\theta_2+\theta_3) & l_7\sin(\theta_2+\theta_3) - l_8\sin\theta_3 \\ l_7\cos(\theta_2+\theta_3) & l_7\cos(\theta_2+\theta_3) - l_8\cos\theta_3 \end{pmatrix}$$

将上式带入式(3-9)可得:

$$\begin{pmatrix} \omega_1 \\ v_3 \end{pmatrix} = \boldsymbol{AB}\begin{pmatrix} \omega_2 \\ \omega_3 \end{pmatrix} = \boldsymbol{C}\begin{pmatrix} \omega_2 \\ \omega_3 \end{pmatrix} \tag{3-23}$$

式中:

$$\boldsymbol{C} = \begin{pmatrix} \dfrac{l_7}{l_2+l_3}\sin(\theta_2+\theta_3-\theta_1) & \dfrac{l_7}{l_2+l_3}\sin(\theta_2+\theta_3-\theta_1) + \dfrac{l_8}{l_2+l_3}\sin(\theta_1-\theta_3) \\ l_7\cos(\theta_2+\theta_3-\theta_1) & l_7\cos(\theta_2+\theta_3-\theta_1) - l_8\cos(\theta_1-\theta_3) \end{pmatrix}$$

由式(3-5)、式(3-7)、式(3-21)、式(3-23)可知当人体髋关节I与连接点A的长度l_1'选定时,G的位置、速度以及下肢关节角度θ_2、θ_3和角速度是关于l_3和l_4的函数。通过控制l_3和l_4两个参数的输入可以精确地规划下肢足部及膝关节、髋关节的轨迹,从而完成对人体下肢不同模式的训练功能。

3.4 典型训练模式运动特性分析

采用下肢康复机构进行下肢训练有 3 种典型训练模式:屈膝、屈髋和踏车运动,3 种训练模式下驱动机构驱动变量对下肢末端运动贡献有较大不同。这 3 种典型运动模式均是规定了在训练空间中下肢关节或下肢末端的运动轨迹。在其运动学解算中需要依据人机运动学映射关系将训练空间运动映射为驱动空间运动。

本节开展下肢康复机构在 3 种下肢训练模式下的运动特性进行仿真研究。本节中对应的下肢康复机构参数如表 3-3 所示。

表 3-3　机构的参数

参数	l_1'	l_1	l_2	l_5	θ_1'
数值	485 mm	527 mm	97.3 mm	587.1 mm	5.6°
参数	l_8	l_7	θ_3	θ_2	
数值	505 mm	403 mm	0～35°	87°～180°	

3.4.1　屈膝运动模式

屈膝运动模式如图 3-5 所示,指下肢大腿 IH 保持与坐垫 AO 姿态不变(θ_3 不变),仅膝关节 H 进行屈膝运动(θ_2 变化)。屈膝运动模式下,人体足跟 G 点运动轨迹为图 3-6 中以 H 为圆心的圆弧轨迹。

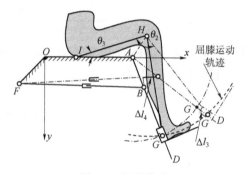

图 3-5　屈膝模式

屈膝运动仿真中,设膝关节角度范围为:87°～180°,髋关节保持 0°不动。线性驱动器 1、4 驱动下肢康复机构带动小腿完成屈伸训练,仿真设定膝关节角速度 $\omega_2 = 0.26$ rad/s。依据 3.2 节中人机系统运动学模型,膝关节从初始位置运动到极限位置过程中,线性驱动器 4 和线性驱动器 1 驱动参数 l_3 和 l_4 轨迹如图 3-6 所示。

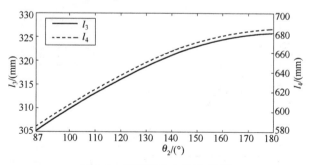

图 3-6　屈膝运动 l_3 和 l_4 轨迹

如图 3-6 所示,在屈膝模式下,由于下肢康复机构关节与人体下肢关节中心无对齐关系,为保证髋关节角度不变,线性驱动器 1 及线性驱动器 4 需要协同运动,驱动长度随屈膝角度增大而增大。其中线性驱动器 1 驱动范围变化最大,对膝关节屈伸运动贡献最大,而线性驱动器 4 在屈膝运动则变化微小,其主要作用是确保线性驱动器 1 驱动膝关节运动时,保持髋关节角度无变化。对应于图 3-5,在线性驱动器 1 伸长 Δl_4 带动膝关节转动时,由于足部 G 点在竖直方向位置提高(G'),从而会造成髋关节角度变化,因此为满足独立屈膝运动要求,线性驱动器 4 需伸长 Δl_3 以降低足部 G 竖直方向高度(由 G' 到 G)。在屈膝运动过程中,由于线性驱动器 4 仅为补偿由于线性驱动器 1 运动造成的髋关节微小变化,因此,其驱动长度远小于线性驱动器 1 驱动长度变化量。

屈膝运动模式下,通常要求膝关节按照一定的训练速度匀速屈伸,为此设定膝关节屈膝速度:$\omega_2 = 0.17, 0.26, 0.34, 0.44 \text{ rad/s}$,髋关节角速度为 0,且膝关节的初始夹角为 87°,则,根据式(3-11)、式(3-14)、式(3-23)可得:

$$v_4 = \frac{l_2 l_5 l_7}{l_4 (l_2 + l_3)} \cos(\theta_1 - \theta_1') \sin(\theta_2 - \theta_1) \omega_2 \tag{3-24}$$

式中:

$$\theta_1 = \arctan \left(\frac{l_8 \cos \theta_3 - l_1' - l_7 \cos(\theta_2 + \theta_3)}{l_7 \sin(\theta_2 + \theta_3) - l_8 \sin \theta_3} \right)$$

从而可得,线性驱动器 4 的速度 v_3 随时间 t 的变化情况如图 3-7 所示,线性驱动器 1 的速度 v_4 随时间 t 的变化情况如图 3-8 所示。

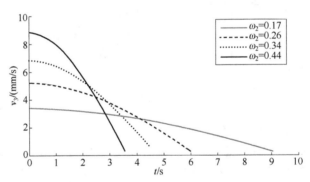

图 3-7 屈膝运动 v_3 变化情况

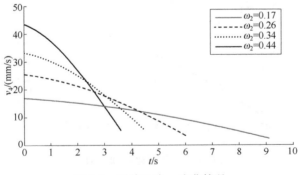

图 3-8 屈膝运动 v_4 变化情况

由图 3-8 和图 3-9 可见,在屈膝运动模式下,由于驱动空间与训练空间之间的非线性映射关系,虽然膝关节保持匀速运动,但在驱动空间,线性驱动器 1 和线性驱动器 4 的驱动速度为变量,且随屈膝角度增大,所需要的线性驱动器 1 和线性驱动器 4 驱动速度减小。如图 3-6 所示,其主要原因在于,线性驱动器 1 的驱动速度主要与铰接点 B 处的运动速度沿线性驱动 1 轴线方向的速度有关,随腿部挡板 AD 逐渐由竖直转为水平的过程中,铰接点 B 的速度沿线性驱动器 2 轴线方向分量逐渐减小,即线性驱动器 1 驱动速度与腿部挡板 AD 速度之间的映射比例逐渐增大。线性驱动器 1 在运动过程中存在两个运动即直线伸长与转动,在运动后期转动运动对腿部挡板 AD 运动速度影响逐渐增大,从而使得线性驱动器 1 驱动速度对腿部挡板 AD 运动速度贡献减少。而腿部挡板速度与屈膝运动速度正相关。同样的,线性驱动器 1 运动速度对膝关节运动速度贡献最大。

3.4.2 屈髋运动模式

屈髋运动模式如图 3-9 所示,屈髋运动模式下,膝关节角度 θ_2 保持不变,仅髋关节角度 θ_3 变化。屈髋运动模式下,保持膝关节角度 θ_2 不变意味着由 IHG 构成的三角形保持不变,即 IG 两点的距离 l_9 保持不变。屈髋运动模式下,滑块 G 的运动轨迹为以 I 为圆心半径为 l_9 的圆,即:

$$(x_g - l_1 + l_1')^2 + y_g^2 = l_9^2 \tag{3-25}$$

式中:

$$l_9 = \sqrt{l_7^2 + l_8^2 - 2l_7 l_8 \cos \theta_2}$$

由此可得滑块 G 位置:

$$\begin{cases} x_g = l_1 - l_1' + l_9 \cos(\theta_4 - \theta_3) \\ y_g = l_9 \sin(\theta_4 - \theta_3) \end{cases} \tag{3-26}$$

式中:

$$\theta_4 = \arccos \frac{l_8^2 + l_9^2 - l_7^2}{2l_8 l_9} \tag{3-27}$$

根据式(3-6)、式(3-10)、式(3-21)可求得对应的 l_3、l_4 的值。

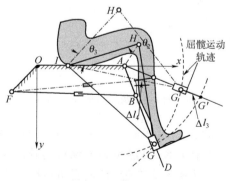

图 3-9　屈髋模式

屈髋运动中,设膝关节初始角度 θ_2 为固定值 $100°$,髋关节角度 $0° \sim 34°$,则屈髋过程中,l_3、l_4 随髋关节角度 θ_3 的变化情况如图 3-10 所示。

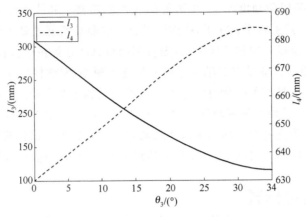

图 3-10　屈髋运动 l_3 和 l_4 轨迹

对比屈膝模式图 3-6 可见,在屈髋模式下,线性驱动器 4 运动对髋关节角度贡献最大,在屈髋过程中,线性驱动器 4 驱动滑块沿腿部挡板向上运动(Δl_4),从而抬高足部使髋关节角度增大,但由于下肢关节运动对足部运动的耦合关系,为保证膝关节角度保持不变,线性驱动器 1 相应伸长 Δl_3 推动腿部挡板 AD 逆时针转动,补偿由于足部抬高导致的膝关节角度变化。由图 3-10 可见,在屈膝模式下,线性驱动器 4 运动范围远大于线性驱动器 1 运动范围。

屈髋运动模式下,通常要求髋关节按照一定的训练速度匀速曲展,设定髋关节屈膝速度:$\omega_3 = 0.052, 0.105, 0.157, 0.262$ rad/s,膝关节角度 θ_2 为固定值 $100°$,则根据式(3-11)、式(3-23),可以得到髋关节匀速运动过程中,线性驱动器 4 速度 v_3 及线性驱动器 1 速度 v_4 随时间 t 的变化情况分别如图 3-11、图 3-12 所示。

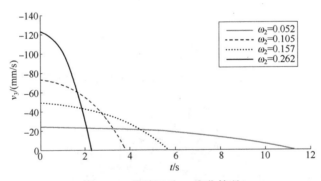

图 3-11　屈髋运动 v_3 变化情况

由图 3-11 与图 3-12 和可见,与屈膝运动类似,在屈髋运动模式下,由于驱动空间与训练空间之间的非线性映射关系,虽然髋关节保持匀速运动,但在驱动空间,线性驱动器 1 和线性驱动器 4 的驱动速度为变量,且随屈髋角度增大,所需要的线性驱动器 1 和线性驱动器 4 驱动速度减小。其主要原因在于,在屈髋运动中,下肢运动为绕人机坐垫铰接点 I 的定轴转动,在转动过程中 IG 间距离 l_9 为常量,由图 3-9 可见,屈髋过程实际上是 $\triangle AIG$ 边 l_9 逐渐趋于与 AI 平行的过程,此过程中 $\triangle AIG$ 的 AG 边长的变化对

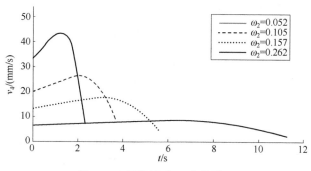

图 3-12　屈髋运动 v_4 变化情况

应于线性驱动器 4 速度。在边 IG 定轴转动过程中，AG 的减小速度逐渐减小，直至 IG 与 AG 共线，AG 变化速度变为零。同样的，线性驱动器 4 运动速度对髋关节运动速度贡献最大。

3.4.3　踏车运动模式

踏车运动模式下，下肢足跟运动轨迹是在下肢康复机构工作空间内的连续曲线轨迹，典型的是以运动空间内任意一点为圆心的圆形轨迹（图 3-13）。在踏车运动模式下，下肢康复机构末端滑块 G 的工作空间 ST（如图 3-14 工作空间 S 中虚线所示）为下肢康复机构工作空间 S 的子集，该工作空间的大小是踏车运动圆弧轨迹的半径的函数，需要满足下肢康复机构工作空间约束条件。对于图 3-14 所示的踏车模式工作空间约束，当在工作空间 S 内选取踏车模式轨迹圆心 S_O 后，可根据工作空间的 4 条边界线确定圆形轨迹的最大半径 $r_{\max}$。设选取任意圆心点 $S_O(x_o, y_o)$，由式（3-3）可确定该点与下肢康复机构工作空间四条边界的最小距离分别为

$$\begin{cases} r_a = \left| \dfrac{x_o - \tan\theta_{1\max} y_o - l_1}{\sqrt{1 + \tan^2\theta_{1\max}}} \right| \\[2mm] r_b = \sqrt{(x_o - l_1)^2 + y_o^2} - (l_2 + l_{3\max}) \\[2mm] r_c = x_o - l_1 \\[2mm] r_d = (l_2 + l_{3\max}) - \sqrt{(x_o - l_1)^2 + y_o^2} \end{cases}$$

则滑块 G 在踏车运动模式下，受到下肢康复机构工作空间约束，以 (x_o, y_o) 为圆心的圆的最大半径由式（3-28）确定：

$$r_{\max} = \min(r_a, r_b, r_c, r_d) \tag{3-28}$$

圆心点 (x_o, y_o) 应满足：

$$\begin{cases} l_2 + l_{3\min} < \sqrt{y_o^2 + (x_o - l_1)^2} < l_2 + l_{3\max} \\[2mm] 0 < \arccos \dfrac{|y_o|}{\sqrt{y_o^2 + (x_o - l_1)^2}} < \theta_{1\max} \end{cases} \tag{3-29}$$

踏车运动过程中，G 点的轨迹如图 3-13 所示，则任意时刻，G 点坐标：

$$\begin{cases} x_g = x_o + r\cos\theta_o \\ y_g = y_o + r\sin\theta_o \end{cases} \tag{3-30}$$

G 点速度：

$$\begin{cases} v_{gx} = -r\sin\theta_0\omega_G \\ v_{gy} = r\cos\theta_0\omega_G \end{cases} \tag{3-31}$$

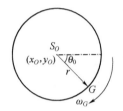

图 3-13　踏车运动轨迹

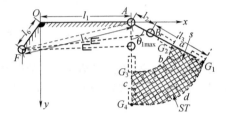

图 3-14　踏车运动工作空间

踏车运动模式下，选定踏车运动中心点 O(698 mm,234 mm)，半径 $r=100$ mm，起点为中心点 O 指向 x 轴的正方向，顺时针旋转。则可得在踏车一周过程中线性驱动器 4 和线性驱动器 1 驱动参数 l_3 和 l_4 轨迹如图 3-15 所示。由式(3-14)、式(3-16)可得膝关节角度 θ_2、髋关节角度 θ_3 轨迹如图 3-16 所示(以 $0\sim360°$ 为坐标)。

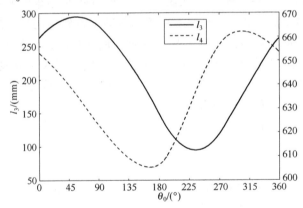

图 3-15　踏车运动 l_3、l_4 轨迹

由图 3-15 可见，在踏车过程中，由于膝关节髋关节协调运动，其关节角度均发生变化，因此线性驱动器 1 和线性驱动器 4 均参与驱动，但由于踏车运动过程中，下肢髋关节运动对踏车轨迹变动影响最大，即由于髋关节 I 距离 G 最远，髋关节角度微小变化即可以在下肢末端 G 点产生较大位移，因此在踏车运动过程中，如图 3-16 所示髋关节角度变化范围小于膝关节角度变化范围。

踏车运动过程通常需要以匀速运动完成，取踏车圆周速度 ω_G 分别为 0.35 rad/s，0.44 rad/s，0.52 rad/s，0.61 rad/s，则在踏车运动中线性驱动器 1 和线性驱动器 4 驱动速度 v_4、v_3 的变化情况如图 3-17、图 3-18 所示(以时间 t 为横坐标)。

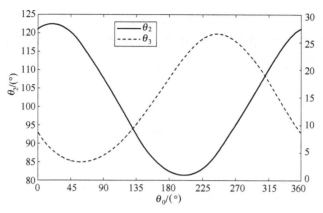

图 3-16 踏车运动 θ_2、θ_3 轨迹

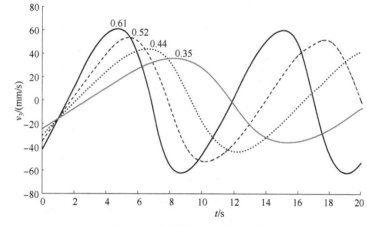

图 3-17 踏车运动 v_3 变化情况

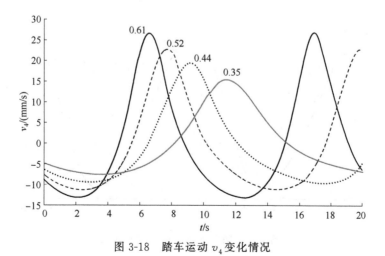

图 3-18 踏车运动 v_4 变化情况

由图 3-17、图 3-18 可见,在匀速踏车运动过程中,线性驱动器 4 与线性驱动器 1 的速度呈现出周期变化特征。踏车一周的过程中线性驱动器 4 的速度 v_3 会大于线性驱动器 1 的速度 v_4,与前述分析类似,在踏车运动中髋关节速度对末端轨迹变动影响最大,而膝关节速度则主要用于补偿髋关节运动造成的轨迹误差。

由式(3-23)可以推得:

$$\omega_2 = \frac{v_{gx} - (l_7 \sin(\theta_2 + \theta_3) - l_8 \sin\theta_3)\omega_3}{l_7 \sin(\theta_2 + \theta_3)} \tag{3-32}$$

式中:

$$\omega_3 = \frac{v_{gx} \cos(\theta_2 + \theta_3) - v_{gy} \sin(\theta_2 + \theta_3)}{l_8 \sin\theta_2} \tag{3-33}$$

从而可得在踏车运动过程中,膝关节、髋关节角速度 ω_2、ω_3 的变化情况如图 3-19、图 3-20 所示。

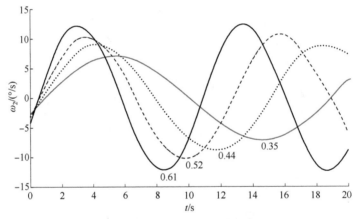

图 3-19　踏车运动中 ω_2 的变化情况

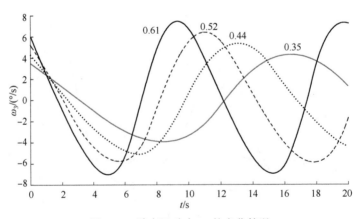

图 3-20　踏车运动中 ω_3 的变化情况

由图 3-19、图 3-20 可见,在踏车模式中,膝关节和髋关节的转速随着踏车运动的转速增大而增加,但其最大速度与踏步速度变化并不呈现出强的比例关系,即在踏步运动中由于髋关节、膝关节角速度通过下肢简化连杆模型影响末端 G 运动速度,下肢连杆参数在下肢踏步运动中也起到关键作用。

3.5　本章小结

本章对移动式康复机器人坐姿状态下下肢康复机构进行了运动学分析,并给出了驱动空间与关节空间的运动学映射关系;对下肢康复训练机构关节空间与训练空间广义坐标不一致问题,以训练空间与关节空间公共点为关联点,建立了训练空间与关节空间及驱动空间的映射模型,为开展以训练空间为应用需求的下肢康复机构运动控制提供了理论基础。

对典型下肢康复训练任务进行了分析,并利用所建立的训练空间与驱动空间映射关系模型对下肢康复机构运动进行了仿真,并依据仿真结果对训练空间与驱动空间广义坐标之间的关联关系进行了分析。本章研究为移动式康复机器人的动力学建模、优化及运动控制奠定了基础。

第4章

移动式下肢康复机器人辅助站立运动分析与建模

4.1 引 言

　　站立是身体由坐姿到站姿的过渡过程,是人类日常活动中最基本的动作之一,是体现肢体力量、平衡能力和运动能力的重要表征指标,是完成诸多活动的基础,对人的日常活动有着极大的影响。随着年龄的增长,人体下肢机能发生退化、平衡能力逐步下降,另外,由于中风、脊损伤、偏瘫等原因导致的下肢失能,使得站立动作成为高龄、下肢失能人群日常生活中具有挑战性的一项肢体活动。

　　对于站立困难人群,使用辅助站立机构进行康复是一个较好的选择。辅助站立机构不仅可以帮助其实现正常站立,还可以进行站立康复训练以帮助下肢功能恢复,与人工辅助站立康复相比,使用辅助站立机构具有更高的安全性、可靠性和重复精度。

　　以往辅助站立机构的研究多以单自由度辅助站立为主,注重由坐姿到站姿的点位转换,而不关心由坐到站的轨迹变化过程。已有研究表明,采用传统辅助站立机构辅助站立的过程中,肌电信号特征与无辅助站立机构助力的肌电信号特征存在差异,这导致医务人员对辅助站立机构效果存在顾虑。因此,已有学者开始关注模拟正常人体站立过程的辅助站立机构的研究。

　　正常人体的站立过程是一个上下肢协调运动的过程,设计良好的辅助站立机构应能模拟这一过程。本章首先对当前文献中已有的站立过程阶段划分方法进行阐述,针对下肢无力人员的站立困难问题,引入屈膝运动,将站立过程划分为包含屈膝运动的4个阶段,并通过站立实验获得四阶段站立过程中下肢关节轨迹信息。其次对所设计的三自由度辅助站立机构模拟人体站立四阶段过程的人机系统运动学特征进行分析并建模。

4.2 人体站立特征分析

站立是通过下肢伸展使身体质心由坐姿向上运动至站姿而不失平衡的过程。站立运动是行走的前站,对行走至关重要。对站立特征的研究较常采用根据站立过程中身体姿态变化、足底压力、座椅支撑状态等将该过程进行分阶段描述的方法,学者们依据不同的分类方法和研究侧重点,将站立过程分为两阶段、三阶段、四阶段乃至五阶段。

两阶段的站立过程以躯干伸展状态为依据,将由坐姿初始位置到髋关节带动上身倾斜至最大弯曲状态作为站立的第一阶段。髋关节带动上身由最大弯曲状态过渡到完全站立状态则定义为站立的第二阶段。四阶段的研究以座椅支撑及髋关节屈曲特征为依据,将站立过程分为弯曲动量产生阶段,即通过髋关节带动上身快速弯曲使身体产生前向动量,从而带动臀部开始脱离座椅支撑的过程;动量转移阶段,即臀部脱离座椅到踝关节产生最大背屈角的过程;伸展阶段,即最大背屈角到身体伸展直立完成的过程,此时身体各关节达到站立的初始状态;稳定站立阶段,即站立的初始状态到身体稳定站立的过程。五阶段站立划分中,则将静坐到前向动量生成作为第一阶段,此阶段中髋关节带动上身转动产生前倾动量;第二阶段则是臀部开始脱离座椅阶段,此阶段臀部对座椅压力逐渐减小直至为零;第三阶段则为上升阶段,此阶段中身体重心上移,下肢各关节充分伸展直至最大;第四阶段为平衡调整阶段(稳定阶段),此阶段下肢各关节微动调整,保持身体平衡;第五阶段则为稳定站立阶段。

目前站立研究多将正常人的站立过程划分三阶段:向前过渡、向上过渡和稳定阶段。三个阶段中第一阶段髋关节向前转动带动上身前倾,重心在水平方向上转移,其在地面上的投影点向踝关节快速靠近,从而产生后续站立所需的动量;第二阶段膝关节转动带动臀部离开坐垫,人体重心沿竖直方向向上运动,水平方向上向前运动,髋关节会运动至最大弯曲角度;第三阶段在踝关节、膝关节和髋关节的共同作用下,上身、大腿和小腿协同运动直至竖直状态;在此阶段人体重心基本只在垂直方向上运动,最终身体重心移动到最高点,并保持站姿下的稳定状态。

三阶段站立过程如图 4-1 所示,在向前过渡阶段 θ_1、θ_2 保持稳定,θ_3 则从坐姿状态下运动至站立阶段的最小值,在该阶段人体大腿基本保持水平状态,小腿保持相对竖直状态,上身则从坐姿下的相对竖直状态向前转动到倾斜状态;在向上过渡阶段 θ_1 先减小到最小值然后增大到站姿状态下的最大角度,θ_2 逐渐减小,θ_3 则从最小值逐渐增大,在该阶段人体大腿从水平状态向上转动到竖直状态,小腿则从相对竖直状态向前转动到倾斜状态,然后又向后转动到站立状态,上身则从倾斜状态向后转动到竖直状态;在稳定阶段 θ_1 保持稳定,θ_2 减小到最小值,θ_3 则增大至最大值,在该阶段小腿保持静止,大腿向前转动,上身向后转动。

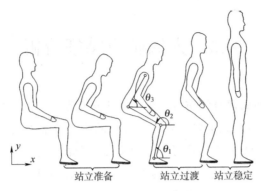

图 4-1　站立三阶段角度图

在正常人体站立过程中，人体躯干在离开座椅后需要产生一个向上和向前的运动惯性，从而实现通过运动惯性带动重心在水平和竖直方向上的移动。目前针对三阶段划分的站立实验的实验对象多为身体健康的成年人，其下肢力量能够为躯干前倾运动提供足够的助力，但对于膝关节或髋关节损伤的下肢失能人员而言，其膝关节或髋关节没有足够的力量提供离座后站立过程所需的动量，从而无法完成站立过程。

N.Tyler T.Suzuki 的研究表明：在站立过程中，如果上身的转动角速度太小，人就会重新回到座椅上。为了解决该问题，在站立前足部向人体重心靠近，这将大大减小人体上身所需要的较高速度，以实现重心向足部的转移，这也是正常人在站立过程中非常常见的一种站立辅助动作。A. Kralj 的研究表明站立的速度可快可慢，上身的倾斜角度也可大可小，当脚更靠近座椅支撑向量线，上身只需要略微倾斜，便可以将重心与足部的支撑区域对齐，从而减小离座后下肢关节为重心在水平方向移动所提供的前向动量，这也是一种较为轻松的站立方式。

已有辅助站立研究中，多数的站立过程都将实验人员的踝关节固定在同一位置，这样做便于测量人体的足底力，能够更方便地获得人体膝关节、髋关节和上身的运动轨迹信息，但在正常的坐姿状态下踝关节的位置是不确定的，该位置与人的坐姿习惯有关，当踝关节角度大于等于 90°时，需要将踝关节向后移动，才能够进行接下来的站立运动，不同的踝关节位置在站立过程中所需的能量不同。同时，对于下肢站立困难使用者，往往由于自身原因无法如同正常人产生足够的前倾动量来完成重心转移，从而导致站立失败。为此本书提出了包含屈膝运动的站立四阶段过程（图 4-2），其特征在于使人体在脱离座椅前，先实现重心在水平方向上的充分转移，从而减小重心在水平方向转移所需的关节力矩，将有限的能量更多地用于重心在竖直方向的向上移动，能够帮助使用者较为轻松的完成站立过程，是一种更适合下肢无力人员的站立方式。基于站立四阶段的辅助站立运动能够充分调动使用者的能动性，减少辅助站立过程与自然站立过程的差异，避免因不合理辅助站立训练对使用者造成不可逆的伤害，为后续辅助站立机构的运动控制打下基础。

如图 4-2 所示为基于屈膝运动的站立四阶段，将站立过程划分为屈膝阶段、弯腰阶段、上升阶段和稳定阶段，其中屈膝阶段、弯腰阶段可合称为准备阶段，负责完成重心在水平方向的运动；上升阶段和稳定阶段可合称为站立阶段，主要完成重心在竖直方向的运动。本书所设计的辅助站立机构正是基于这一站立阶段划分，通过辅助站立机构辅助使用者完成屈膝运动,从而确保下肢无力人员更轻松地完成站立过程,多自由度的设计则为使用者提供更加自然的站立辅助。

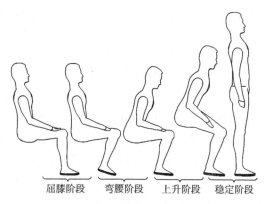

屈膝阶段　弯腰阶段　上升阶段　稳定阶段

图 4-2　基于屈膝运动的站立四阶段

4.3　四阶段站立过程

针对上述提出的包含屈膝运动的站立四阶段,设计了站立实验对四阶段的运动特征进行具体分析。

4.3.1　站立过程数据获取

站立是在踝、膝、髋关节的转动作用下带动小腿、大腿和上身共同完成的协调运动,为量化分析站立四阶段过程特征,采用实验方法测定实际正常人体四阶段站立过程。对人体站立过程中肢体各关节角度的获取,通过将人体简化为三连杆模型,测量实际站立过程中简化模型连杆夹角来完成。通常,获取站立过程人体的站立轨迹可以采用多种方法,如下肢运动惯性传感测量系统、运动捕捉系统等,其中下肢运动传感测量方法在人体关节部位放置传感器,通过传感器测量的信息得到运动数据,传感器包括微加速度计、微陀螺仪等利用磁场效应获得运动数据,该方式需要将传感器穿戴在人体各测量位置,位置调整不便,且干扰人体正常运动;而运动捕捉系统通过在测量目标点上粘贴标记点,围绕运动场地布置摄像装置,从而获得目标点的运动视频,通过计算机视觉处理算法得到标记点的位置即可得到标记点的运动轨迹,该系统多用于影视和动画等的制作,标记点可为红外发光或反光标记点,当采用反光标记点时,可通过相机镜头的 LED 灯所投射的红外光,经标记点反射后,被相机接收后即可获得标记点的运动轨迹信息。该种测量方式快捷方便,经济实用,鉴于站立过程中运动范围有限且运动在矢状面内完成,本书选择通过计算机视觉方法识别标记点,并通过几何方法计算获取站立过程中的人体关节角度。测量过程中,将人体上身、大腿、小腿视为刚体,并在人体关键点上粘贴标记点,在站立过程中确保标记点的运动轨迹在摄像装置的视野范围内,站立结束后通过识别视频每一帧中的标记点坐标获得该时刻的关节角度。

基于标记点识别的四阶段站立关节角度测量实验过程如图 4-3 所示,选择高度为 42 cm 有靠背的硬质座椅作为站立实验用椅,并在实验人员的身体一侧粘贴 4 个标记点。标记点的选择应当便于处理与识别,并与实验人员所穿衣服形成较为鲜明的对比。标记点位置分别位于踝关节、膝关节、髋关节和髋关节上方 20 cm 的上身。在站立过程中要求实验人员双臂并拢紧贴胸前,以避免站立过程中手臂对站立过程的干扰。实验人员以较为舒适和自然的起立方式完成站立运动,过程中应尽量保持上身躯体的直立,同时避免出现身体晃动等较为异常的动作。实验开始前调整相机正对人体侧面,并确保站立过程中标记点运动范围在摄像区域内。参与实验人员按照四阶段站立特征以自然方式顺序完成屈膝、弯腰、站立过程。通过实验多次录制实验人员正常站立过程的视频图像,并在完成实验完成后对视频图像标记点进行预处理以提高标记点识别的成功率,视频预处理后通过标记点识别算法确定各个标记点所代表的身体各部位的相对位置,并以此计算各关节角度信息,最终获得实验人员在站立过程中的关节运动轨迹。实验选择 5 名健康成年人作为测试对象,实验人员的身体特征参数如表 4-1 所示。5 位实验人员站立用时如表 4-2 所示。

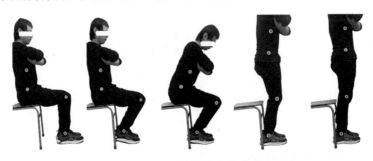

图 4-3   四阶段站立实验

表 4-1   实验人员身体参数

编号	年龄	身高	体重	小腿长	大腿长
1	24 岁	182 cm	60 kg	37 cm	50 cm
2	24 岁	178 cm	75 kg	40 cm	50 cm
3	24 岁	183 cm	60 kg	46 cm	50 cm
4	24 岁	187 cm	88 kg	45 cm	47 cm
5	25 岁	172 cm	65 kg	40 cm	42 cm

表 4-2   实验人员站立用时

编号	总用时	屈膝阶段用时	弯腰阶段用时	站立阶段用时
1	5.7 s	1.3 s	3.1 s	1.3 s
2	7.4 s	2.5 s	2.7 s	2 s
3	8.6 s	3.7 s	2.6 s	2.1 s
4	5.1 s	0.8 s	2.3 s	1.8 s
5	9.8 s	2.9 s	4 s	2.7 s

4.3.2　四阶段站立特征分析

通过基于标记点识别算法获得站立过程中的关节角度,基于关节角度结合身体运动特征对屈膝阶段、弯腰阶段、上升和稳定阶段进行更加详细的分析,最终获得站立四阶段的运动特征,所得实验数据如图 4-4 所示。

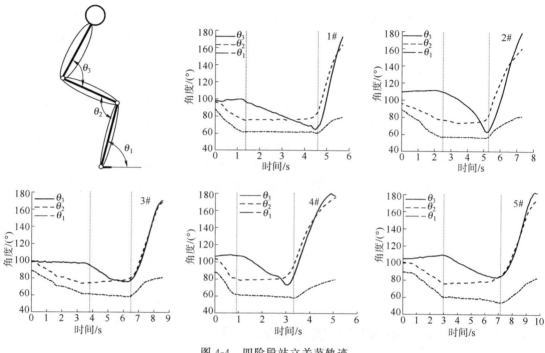

图 4-4　四阶段站立关节轨迹

如图 4-4 所示,在四阶段站立过程中,虽然参与实验人员下肢关节运动轨迹曲线存在差异,但是其髋关节角度、膝关节角度和踝关节角度的变化趋势遵循相同的变化趋势,即在屈膝阶段 θ_1、θ_2 逐渐减小到最小值,θ_3 保持稳定;弯腰阶段 θ_3 逐渐减小到最小值,θ_1、θ_2 基本保持不变;在上升及稳定阶段 θ_1、θ_2、θ_3 则从最小值逐渐增大,最终 θ_1 稳定在 90°左右,θ_2、θ_3 稳定在 180°左右。以 5 号实验人员的数据为例,在 0~2.9 s 之间为屈膝阶段,上身基本保持姿态稳定,髋关节角度 θ_3 保持在 103°~108°,膝关节角度 θ_2 则从初始坐姿 99°变化为 75°,踝关节角度由 88°变化为 60°,小腿向后转动,带动膝关节上升,大腿向上转动;在 2.9~7.0 s 之间为弯腰阶段,髋关节角度从 107°变化为 82°,上身向前倾,膝关节、踝关节角度略有变化,分别从 75°增大到 82°,从 60°减小到 54°,相较于髋关节,膝关节和踝关节的变化较小,可认为基本保持不变,小腿和大腿基本保持固定姿势不变;在 7.0~9.8 s 之间为上升、稳定阶段,髋关节角度从 83°增大到 179°,膝关节角度从 83°增大到 171°,踝关节角度从 83°减小到 81°,髋关节抬升,膝关节后移,踝关节基本保持不动,小腿会向后转动,大腿向上抬升,上身切换至竖直状态,从而完成站立动作。在整个运动过程中,屈膝阶段、弯腰阶段为站立准备阶段,主要实现重心在水平方向上的调整,上升阶段、稳定阶段为站立阶段,主要实现重心在竖直方向上调整,最终达到站立。站立过程特征总结如下:

(1) 屈膝阶段:踝关节角度减小,并在水平方向上移动到膝关节的后方,小腿在膝关节带动下由前伸变化为后屈状态,髋关节在坐垫上保持微小变化。该阶段整个身体重量由地面与坐垫支撑,其中大腿及上身受到坐垫的支撑力,大腿、小腿及足部受到地面的支撑。人体重心第一次向足部靠近。

(2) 弯腰阶段:髋关节角度减小,头部向膝关节靠近,人体上身在髋关节的带动下由后展转变为前倾状态,坐垫的受力点由臀部后方移动到臀部前方。该阶段大腿及上身受到坐垫的支撑力,大腿、小腿及足部受到地面的支撑。人体重心第二次向足部靠近,并位于脚掌区域。

(3) 上升阶段:髋关节抬升离开坐垫,足部位置保持,膝关节向踝关节上方运动,并带动小腿后伸,髋关节会向前运动至踝关节上方位置,带动上身前移,最终髋关节、膝关节、踝关节角度接近最大值,达到竖直的状态,该阶段身体重心由足尖逐渐转移至足中部,身体受整个足部支撑而平衡。人体重心在水平方向上微调,在竖直方向上大幅度转移。

(4) 稳定阶段:髋关节、膝关节、踝关节角度保持稳定,身体重心始终处于足部与地面接触面间。

4.4 辅助站立机构运动学建模

4.4.1 辅助站立机构仿人站立模式分析

由 4.2 节所述,本文将人体站立分为 4 个阶段,增加屈膝阶段以使人体重心在站立前尽可能向足部靠拢,增加站立成功率。人体下肢在站立过程中具有 3 个自由度,对比本书所设计的辅助站立机构,其从坐姿到站姿的转换过程由线性驱动器 1、线性驱动器 2 和线性驱动器 3 共同实现,根据第 2 章中描述,辅助站立机构具有 3 个自由度,与人体下肢自由度数目相等。

对于本书所设计的辅助站立机构,为完成由 4.3 节所述的人体站立的 4 个阶段,需要线性驱动器 1、线性驱动器 2 和线性驱动器 3 在各阶段的配合。其中,站立准备阶段由线性驱动器 1 驱动腿部模块向坐垫转动,此阶段线性驱动器 2 和线性驱动器 3 锁定,如图 4-5(a) 所示。在弯腰阶段,线性驱动器 2 锁定,靠背模块相对于坐垫的倾斜由线性驱动器 3 驱动完成,由于靠背的运动会通过线性驱动器 1 对腿部模块位置造成影响,因此,此阶段需要由线性驱动器 1 和线性驱动器 3 协调运动完成,其中线性驱动器 1 用于补偿线性驱动器 3 运动对腿部模块位置的影响,其运动驱动状态如图 4-5(b) 所示。在站立上升和稳定阶段,如图 4-5(c) 所示,线性驱动器 1、2、3 协调工作以模仿人体上升阶段运动,其中线性驱动器 2 主要驱动坐垫模块在滑块的约束下从水平位置移动到垂直位置,同时线性驱动器 2 和线性驱动器 3 也将协同工作,模仿人的站立过程,以确保辅助站立机构能够模拟上升阶段人体姿态要求。当辅助站立机构处于站立状态时,可以通过线性驱动器 4 驱动脚踏板实现对腿部的康复训练。在使用辅助站立机构完成仿人四阶段站立过程中,屈膝和弯腰的准备阶段人体重心始终在坐垫上,并逐渐向踝关节所在平面靠近,站立上升阶段,人体重心在水平方向的投影点始终位于足部区域,在水平方向上保持微小移动,直至在竖直方向上逐渐上升到最高点,最终稳定在站立状态。

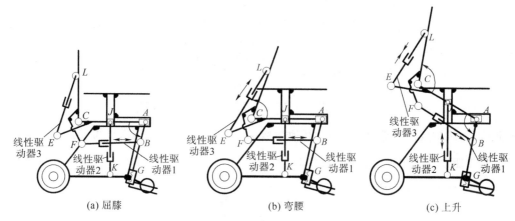

(a) 屈膝   (b) 弯腰   (c) 上升

图 4-5 辅助站立机构站立过程

4.4.2 辅助站立机构运动学建模

辅助站立机构运动学模型主要建立模仿人体站立四阶段中驱动器驱动参数与辅助站立机构姿态参数之间的运动学映射关系。

根据辅助站立机构特点将其简化为三连杆机构 $LCAG$,建立辅助站立机构坐标系及运动角度定义如图 4-6(a)所示,其中 $O_I-x_Iy_I$ 为惯性坐标系,其 y_I 轴与线性驱动器 2(JK)轴线重合,O_I 与线性驱动器 2 与移动车体铰接端 K 重合。EL 表示线性驱动器 3,CL 表示辅助站立机构靠背,AC 表示坐垫,KJ 表示线性驱动器 2,AD 表示辅助站立机构的腿部挡板,BF 表示线性驱动器 1。为对于图 4-6 所示辅助站立机构,由于其无固定坐标系,本章采用几何法建立驱动器驱动参数与辅助站立机构姿态参数之间的运动学映射。为避免符号混乱,本章中线性驱动器 1、2、3 驱动变量设置为 l_1、l_2、l_3,角度

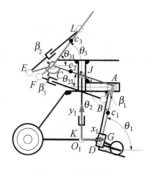

图 4-6 辅助站立
机构简化模型

变量设置为 θ 辅以下角标表示;常量长度以大写 L 辅以下角标表示,角度常量则以 β_i 表示。

(1)辅助屈膝阶段

辅助站立机构运动的第 1 阶段为辅助屈膝阶段,其运动由线性驱动器 1 驱动完成。在此阶段,线性驱动器 1 驱动腿部挡板 AD 顺时针转动。以辅助站立机构膝关节角度 θ_2

为变量,通过坐垫 AC、线性驱动器 $1(BF)$、靠背 CL、腿部挡板 AD 成的四边形 $FCAB$ 可求出线性驱动器 $1(BF)$ 驱动长度 l_1 的表达式,其中考虑到线性驱动器 1 与腿部挡板 AD 的铰接点并不与腿部挡板重合,而是存在偏移,为精确描述模型,该偏移在本章中用偏移角度 β_1、靠背固定偏杆 FC 与靠背 CL 固定夹角用 β_2 表示,这两个角度由辅助站立机构结构特征确定,为定值。如图 4-6 所示,在此阶段线性驱动器 1 驱动长度与膝关节角度 θ_2 的关系如下:

$$l_1 = \sqrt{L_{AF}^2 + L_{AB}^2 - 2L_{AF}L_{AB}\cos(\theta_2 - \beta_1 - \theta_{CAF})} \tag{4-1}$$

式中:

$$\theta_{CAF} = \arcsin\left(-\frac{\sin(\theta_3 + \beta_2)}{L_{AF}}L_{CF}\right)$$

$$L_{AF} = \sqrt{L_{CF}^2 + L_{AC}^2 - 2L_{CF}L_{AC}\cos(\theta_3 + \beta_2)}$$

在此阶段,式(4-1)中,除角度 θ_2 外,其他参数保持不变。对式(4-1)求导可得此阶段,线性驱动器 1 驱动速度与屈膝速度 $\dot{\theta}_2$ 之间的关系:

$$\dot{l}_1 = \frac{L_{AF}L_{AB}}{l_1}\sin(\theta_2 - \beta_1 - \theta_{CAF})\dot{\theta}_2$$

(2)辅助弯腰阶段

辅助站立机构运动的第 2 阶段为辅助弯腰阶段,其运动由线性驱动器 1 和线性驱动器 3 驱动完成。在此阶段,线性驱动器 3 驱动靠背 CL 顺时针转动,以辅助站立机构髋关节角度 θ_3 为变量。由于靠背 CL 运动会通过四边形机构 $FCAB$ 带动腿部挡板 AD 转动,为使 AD 保持姿态不变,则线性驱动器 1 也需要相应动作,以保持屈膝角度不变。根据图 4-6 的几何关系,可得线性驱动器 3 驱动长度的表达式:

$$l_3 = \sqrt{L_{CE}^2 + L_{CL}^2 - 2L_{CE}L_{CL}\cos(\beta_3 + \theta_3)} \tag{4-2}$$

式中,β_3 表示坐垫固定偏杆 EC 与坐垫 AC 的固定夹角。对式(4-2)求导,可得此阶段,线性驱动器 3 驱动速度与弯腰速度 $\dot{\theta}_3$ 之间的关系:

$$\dot{l}_3 = \frac{L_{CE}L_{CL}}{l_3}\sin(\beta_3 + \theta_3)\dot{\theta}_3$$

弯腰阶段,线性驱动器 1 驱动长度由式(4-1)确定,式(4-1)中,除 L_{AF} 外,其他参数保持不变。

(3)上升及稳定阶段

第 3、4 阶段为辅助站立机构的上升、稳定阶段,该阶段主要是为了实现辅助站立机构靠背 EL、坐垫 AC 和腿部挡板 AD 转动至规定角度,即辅助站立机构踝关节角度 θ_1、膝关节角度 θ_2、髋关节角度 θ_3 作为变量,通过坐垫 AC 与水平方向和竖直方向构成的三角形可得线性驱动器 2 的驱动长度:

$$l_2 = l_{20} + \Delta l_2 = l_{20} + L_{AJ}\sin(\theta_2 - \theta_1) \tag{4-3}$$

式中,l_{20} 为坐垫处于水平状态时,线性驱动器 2 的初始长度。

在此阶段,线性驱动器 1 驱动长度由式(4-1)确定,线性驱动器 3 驱动长度由式(4-2)确定。上升阶段,线性驱动器 1、2、3 协调运动驱动辅助站立机构各连杆运动,从而实现对所支撑人体的辅助站立,在此过程中,辅助站立机构各连杆角速度、质心($c1\sim c3$)速度与驱动变量的关系推导如下。

采用几何法计算各组成部分角速度和质心速度。根据 A 点始终在水平方向运动的特点,坐垫转动角速度只与线性驱动器 2 驱动速度有关,其与水平方向的夹角 θ_{21} 与线性驱动器 2 驱动变量 l_2 之间的表达式如下:

$$\theta_{21} = \arcsin\left(\frac{l_2 - L_{20}}{L_{AJ}}\right) \tag{4-4}$$

式(4-4)中 θ_{21} 表示坐垫 AC 与水平面夹角。对式(4-4)求导可得坐垫的角速度 $\dot{\theta}_{21}$ 的表达式:

$$\dot{\theta}_{21} = \frac{1}{\sqrt{L_{AJ}^2 - (l_2 - L_{20})^2}} \dot{l}_2 \tag{4-5}$$

由于坐垫 AC 受到水平和竖直滑块的约束,其铰接点 A 点及 J 点仅分别存在水平及竖直方向的速度,以 J 为基点,结合坐垫的角速度 $\dot{\theta}_{21}$ 可以求得铰链 A 的速度表达式如下:

$$\begin{cases} v_{Ax} = -L_{AJ}\dot{\theta}_{21}\sin\theta_{21} \\ v_{Ay} = 0 \end{cases}$$

从而可得坐垫质心 $c2$ 的速度表达式如下:

$$\begin{cases} v_{c2x} = v_{Ax} + L_{Ac_2}\dot{\theta}_{21}\sin\theta_{21} \\ v_{c2y} = L_{Ac_2}\dot{\theta}_{21}\cos\theta_{21} \end{cases} \tag{4-6}$$

式中,v_{c2x}、v_{c2y} 分别表示坐垫质心在水平方向和竖直方向的速度,L_{Ac2} 表示坐垫质心到 A 点的距离。质心 c_2 的和速度大小:

$$v_{c2} = \sqrt{v_{Ax}^2 + L_{Ac2}^2\dot{\theta}_{21}^2 + 2v_{Ax}L_{Ac2}\dot{\theta}_{21}\sin\theta_{21}}$$

在上升阶段,靠背 CL 角速度与线性驱动器 2 和线性驱动器 3 的驱动速度有关,根据图 4-6 所示线性驱动器 3 所在的三角形 CEL 可以求得 θ_{31} 与线性驱动器 3 驱动变量 l_3 的关系式如下:

$$\begin{cases} \theta_{31} = \theta_3 - \theta_{21} \\ \theta_3 = 2\pi - \beta_3 - \arccos\left(\frac{L_{CE}^2 + L_{CL}^2 - l_3^2}{2L_{CE}L_{CL}}\right) \end{cases} \tag{4-7}$$

式中,β_3 表示坐垫偏杆 EC 与坐垫 AC 的固定夹角。

将式(4-7)对时间求导得到靠背角速度 $\dot{\theta}_{31}$ 的表达式如下:

$$\begin{cases} \dot{\theta}_3 = -\dfrac{2l_3\dot{l}_3}{\sqrt{4L_{CE}^2L_{CL}^2 - (L_{CE}^2 + L_{CL}^2 - l_3^2)^2}} \\ \dot{\theta}_{31} = \dot{\theta}_3 - \dot{\theta}_{21} \end{cases} \tag{4-8}$$

根据基点法结合坐垫角速度 $\dot\theta_{21}$ 与线性驱动器 2 的速度 l_2 可以求出坐垫与靠背铰接点 C 的速度 v_C 的表达式如下：

$$\begin{cases} v_{Cx} = v_{Ax} + L_{AC}\dot\theta_{21}\sin\theta_{21} \\ v_{Cy} = L_{AC}\dot\theta_{21}\cos\theta_{21} \end{cases} \tag{4-9}$$

式中，v_{Cx}、v_{Cy} 分别表示 C 点在水平方向和竖直方向上的速度分量。同理，根据靠背角速度 $\dot\theta_{31}$ 与 v_C 可以求出靠背质心速度 v_{c3} 的表达式如下：

$$\begin{cases} v_{c3x} = v_{Cx} - L_{Cc3}\dot\theta_{31}\sin\theta_{31} \\ v_{c3y} = v_{Cy} + L_{Cc3}\dot\theta_{31}\cos\theta_{31} \end{cases} \tag{4-10}$$

式中，v_{c3x}、v_{c3y} 分别表示机构靠背的质心在水平方向和竖直方向上的速度分量，L_{Cc3} 表示靠背质心 $c3$ 距离铰接点 C 的长度。

根据图 4-6 所示的人机简化结构模型中线性驱动器 1 所在的四边形 $FCAB$ 可以求得 θ_1 的表达式如下：

$$\begin{cases} \theta_1 = \theta_2 - \theta_{21} \\ \theta_2 = \beta_1 + \theta_{FAB} - \arcsin\left[\dfrac{\sin(\beta_2 + \theta_3)}{L_{AF}}L_{CF}\right] \\ \theta_{FAB} = \arccos\left[\dfrac{L_{AF}^2 + L_{BA}^2 - l_1^2}{2l_{AF}L_{BA}}\right] \\ L_{AF} = \sqrt{L_{CF}^2 + L_{AC}^2 - 2L_{CF}L_{AC}\cos(\beta_2 + \theta_3)} \end{cases} \tag{4-11}$$

对式（4-11）求导可以求得腿部挡板 AD 的角速度 $\dot\theta_1$ 的表达式如下：

$$\dot\theta_1 = \dot\theta_2 - \dot\theta_{21} \tag{4-12}$$

式中，$\dot\theta_2$ 为线性驱动器 1 和线性驱动器 3 驱动速度的函数，求解复杂，在此不再列出。以 A 为基点，可以求出腿部质心的速度 v_{c1} 的表达式如下：

$$\begin{cases} v_{c1x} = v_{Ax} + L_{Ac1}\dot\theta_1\sin\theta_1 \\ v_{c1y} = v_{Ay} + L_{Ac1}\dot\theta_1\cos\theta_1 \end{cases} \tag{4-13}$$

式中，v_{c1x}、v_{c1y} 分别表示腿部质心在水平方向、竖直方向的速度。

4.5　人机耦合运动学建模

由于站立运动发生在人体的矢状面，各关节在站立过程中可看作铰支座，因而将人体简化为三连杆结构，本节将针对辅助站立机构与人体两个耦合的运动支链进行人机约束关系的分析，并在此基础进行人机运动学的建模。

4.5.1 人机约束关系分析

由于人跟辅助站立机构是并联的运动支链,同时由于所设计的辅助站立机构在实际使用过程中是托举人体完成站立,因此本节将建立人机运动学模型来描述辅助站立机构在辅助人体站立过程中人体的站立轨迹。由于人体主要通过髋关节、膝关节和踝关节协调运动实现站立运动,因此以 3 个关节为连接点将人体简化为三连杆运动支链 $MQHG$,其中躯干、大腿、小腿分别由连杆 MQ、QH、HG 表示,辅助站立过程中,人体上身及小腿分别用绑带与辅助站立机构的靠背和腿部模块捆绑(图 4-7(a)),以确保站立安全并使辅助站立机构能够托举人体实现站立过程。由于人体上身倚靠在靠背上,可沿着靠背滑动,因而将人体躯干与靠背间的约束关系简化为滑块 M;在辅助站立过程中臀部可在坐垫上滑动,因而人体髋关节与坐垫间的约束关系简化为滑块 Q;由于辅助站立机构腿部模块与人体腿部在绑带的作用下紧密相连,故而将人体小腿与腿部模块间的约束关系简化为固定约束。为了简化计算,不考虑足部高度,将人体踝关节 G 与辅助站立机构脚踏板端点设置为重合关系,最终人机简化模型如图 4-7 所示。

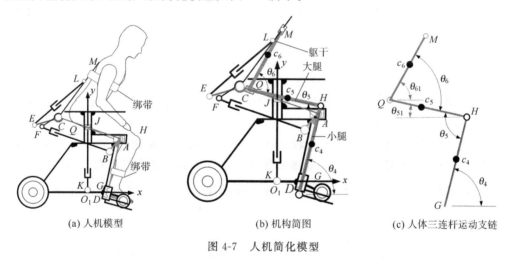

(a) 人机模型   (b) 机构简图   (c) 人体三连杆运动支链

图 4-7   人机简化模型

4.5.2 人机耦合运动学建模

根据图 4-7 所示的辅助站立机构简化模型,人体下肢小腿与辅助站立机构腿部挡板固定,因此辅助站立机构踝关节角度与人体下肢踝关节角度满足如下关系:

$$\theta_1 = \theta_4 \tag{4-14}$$

式中,θ_1 表示机构腿部与 x 轴水平方向的夹角。

根据图 4-7 所示的人机简化模型可以得到人体膝关节与辅助站立机构膝关节角度之间的关系:

$$\theta_2 = \theta_5 + \theta_{HQA} \tag{4-15}$$

式中：

$$\theta_{HQA} = \arcsin\left(\frac{\sin\theta_5}{L_{AQ}}L_{AH}\right)$$

$$L_{AH} = L_{GH} - L_{AG}$$

$$L_{AQ} = \sqrt{L_{HQ}^2 + l_{AH}^2 - 2L_{HQ}l_{AH}\cos\theta_5}$$

根据图 4-7(b)所示的人机简化模型可以得到人体髋关节与辅助站立机构髋关节角度之间的关系：

$$\theta_3 = \theta_6 + \theta_{HQA} - \theta_{CMQ} \tag{4-16}$$

式中：

$$\theta_{CMQ} = \arcsin\left(\frac{\sin(\theta_6 + \theta_{HQA})}{L_{CM}}L_{CQ}\right)$$

根据式(4-14)～式(4-16)可得到人机简化模型人体关节角度和辅助站立机构关节角度之间的函数关系如下：

$$\begin{cases} \theta_1 = f_7(\theta_4) \\ \theta_2 = f_8(\theta_5) \\ \theta_3 = f_9(\theta_5, \theta_6) \end{cases} \tag{4-17}$$

如式(4-17)所示，人体下肢三自由度运动变量与辅助站立机构三自由运动变量之间为非线性关系，在已知人体站立过程各关节运动轨迹的情况下，可通过式(4-17)推导出辅助站立机构各关节运动角度，并利用 4.4.2 节中辅助站立机构运动学模型求解线性驱动器驱动变量。

在如上人-机约束关系下，上升阶段，人体下肢机构各连杆角速度、质心($c4\sim c6$)速度与辅助站立机构运动变量之间的关系推导如下。根据如前所述人机约束关系，人体下肢小腿与腿部挡板 AD 绑定，因此人体小腿的角速度 $\dot{\theta}_4$ 与腿部挡板角速度相同，即满足式(4-18)：

$$\dot{\theta}_4 = \dot{\theta}_1 \tag{4-18}$$

如图 4-7 所示，以 A 为基点，可得人体小腿的质心速度 v_{c4} 的表达式如下：

$$\begin{cases} v_{c4x} = v_{Ax} + L_{Ac4}\dot{\theta}_{41}\sin\theta_4 \\ v_{c4y} = v_{Ay} - L_{Ac4}\dot{\theta}_{41}\cos\theta_4 \end{cases} \tag{4-19}$$

式中，v_{c4x}、v_{c4y} 分别表示人体小腿质心在水平方向、竖直方向的速度，L_{Ac4} 表示人体小腿质心与 A 点的距离。根据图 4-7 所示的人机简化结构模型中三角形 ACQ 可得大腿与水平方向夹角 θ_{51} 的表达式如下：

$$\theta_{51} = \theta_5 - \theta_4$$

式中：

$$\theta_5 = \theta_2 - \arcsin\left(\frac{\sin\theta_2}{L_{HQ}}L_{AH}\right) \tag{4-20}$$

将式(4-20)求导可得人体大腿的角速度 $\dot{\theta}_{51}$ 的表达式如下：

$$\dot{\theta}_{51} = \dot{\theta}_2 - \frac{\cos\theta_2 L_{AH}\dot{\theta}_2}{\sqrt{L_{HQ}^2 - \sin^2\theta_2 L_{AH}^2}} - \dot{\theta}_4$$

以 A 为基点可得膝关节速度 v_H 表达式如下：

$$\begin{cases} v_{Hx} = v_{Ax} - L_{AH}\dot{\theta}_4\sin\theta_4 \\ v_{Hy} = v_{Ay} + L_{AH}\dot{\theta}_4\cos\theta_4 \end{cases} \qquad (4\text{-}21)$$

式(4-21)中 v_{Hx}、v_{Hy} 分别表示人体膝关节在水平方向和竖直方向的速度。从而以 H 为基点可得人体简化大腿质心速度：

$$\begin{cases} v_{c5x} = v_{Hx} - L_{Hc5}\dot{\theta}_{51}\sin\theta_{51} \\ v_{c5y} = v_{Hy} - L_{Hc5}\dot{\theta}_{51}\cos\theta_{51} \end{cases} \qquad (4\text{-}22)$$

根据图 4-7 所示的人机简化结构模型中三角形 MQC 可得上身与水平方向的夹角 θ_{61} 的表达式如下：

$$\theta_{61} = \theta_6 - \theta_{51} \qquad (4\text{-}23)$$

式中：

$$\theta_6 = \theta_3 + \arcsin\left[\frac{\sin\theta_3}{L_{QM}}(L_{AC} - L_{AQ})\right] - \arcsin\left(\frac{\sin\theta_2}{L_{HQ}}L_{AH}\right)$$

$$L_{AQ} = \sqrt{L_{HQ}^2 + L_{AH}^2 - 2L_{HQ}L_{AH}\cos\theta_5}$$

将式(4-23)对时间求导，可求得简化人体躯干的角速度 $\dot{\theta}_{61}$ 的表达式如下：

$$\dot{\theta}_{61} = \dot{\theta}_6 - \dot{\theta}_{51} \qquad (4\text{-}24)$$

以 H 为基点，可得人体髋关节 Q 的速度 v_Q 的表达式如下：

$$\begin{cases} v_{Qx} = v_{Hx} - L_{HQ}\dot{\theta}_{51}\sin\theta_{51} \\ v_{Qy} = v_{Hy} - L_{HQ}\dot{\theta}_{51}\cos\theta_{51} \end{cases} \qquad (4\text{-}25)$$

则简化人体躯干质心 c_6 速度：

$$\begin{cases} v_{c6x} = v_{Qx} - L_{Qc6}\dot{\theta}_{61}\sin\theta_{61} \\ v_{c6y} = v_{Qy} - L_{Qc6}\dot{\theta}_{61}\cos\theta_{61} \end{cases} \qquad (4\text{-}26)$$

如上所述建立的人机系统耦合运动学模型，是基于人体三连杆机构简化模型及人机滑块约束简化条件得到的近似模型，可作为在人机系统运动规划时的理论参考。但在实际应用中，由于人体下肢厚度、关节位置、肢体柔韧性等影响，实际人机系统运动耦合模型远比简化模型复杂，如实际髋关节转动中心并不位于坐垫，实际人体小腿简化连杆模型并不与辅助站立机构腿部挡板平行及躯干与靠背接触点并非为定值等，有待进一步研究。

4.6 辅助站立实验

为检验辅助站立机构辅助完成站立四阶段效果,采用如图4-8所示实验平台。在辅助站立机构辅助人体完成站立过程中,人体处于被动辅助状态。辅助站立机构依据机构关节运动规划轨迹辅助人体完成站立。实验中,采用倾角传感器(GY25A,±180°)测量辅助站立设备及人体躯干倾角。

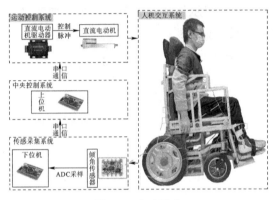

图 4-8 实验平台

由于三自由度辅助站立机构机械结构的限制,其各关节运动角度有限。在弯腰阶段,靠背的运动受到扶手限制,靠背与水平方向的夹角最小值为78°,腿部的运动受到线性驱动器2的支撑限制,腿部挡板与水平方向的夹角最小值为72°;在站立阶段,坐垫的运动受到扶手导轨限制,坐垫与水平方向的夹角最大值为60°。采用辅助站立机构实际进行辅助站立时,仿人站立四阶段各关节运动角度需要满足如上角度范围限制。辅助站立实验过程如图4-9所示。图4-9(a)坐姿状态是辅助站立的初始状态,此时辅助站立机构的靠背、腿部挡板处于竖直状态,坐垫处于水平状态,人体在绑带约束下静坐在辅助站立机构上;图4-9(a)~(b)屈膝阶段,是从坐姿状态运动到准备状态的过程,实现人体重心第一次向足部靠拢,该阶段人体上身与靠背姿态保持不变,腿部挡板在线性驱动器1的驱动下带动人体小腿转动,完成屈膝动作。

图4-9(b)~(c)弯腰阶段,靠背在线性驱动器3驱动下前倾,从而带动人体完成弯腰动作,实现人体重心第二次向足部靠拢,该阶段在线性驱动器1调节作用下,人体小腿与辅助站立机构腿部姿态保持不变。屈膝阶段与弯腰阶段共同构成了站立四阶段中的站立准备阶段。

图4-9(c)~(d)上升阶段,图4-9(c)是上升阶段的初始状态,此时辅助站立机构靠背、腿部模块处于倾斜状态,坐垫处于水平状态,之后线性驱动器1、2、3协调运动,带动人体逐渐伸展,身体重心在水平方向上保持微小变化,而在竖直方向上逐步上移,直至完成站立达到图4-9(e)所示稳定阶段。

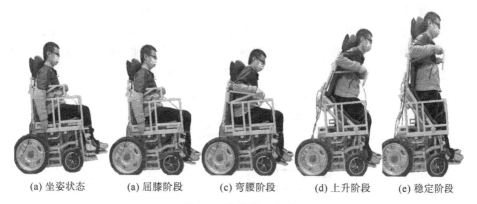

(a) 坐姿状态　(a) 屈膝阶段　(c) 弯腰阶段　(d) 上升阶段　(e) 稳定阶段

图 4-9　辅助站立实验

辅助站立过程中各机构关节角度如图 4-10 所示。其中图 4-10(a)为规划角度,图 4-10 (b)为实验过程中通过倾角传感器测量得到的机构实际角度,图 4-10 (c)为规划角度与实际角度的差值,其中纵轴为角度数据,横轴为站立阶段百分比,实际角度通过传感器测量得到。由图 4-10 (c)图可以看出实验平台控制系统按照规划数据,驱动辅助站立机构运动,辅助站立机构实际角度与规划角度误差在 $-2\sim2°$ 之间,该误差受到了传感器测量精度、控制精度、机械结构等因素的影响,证明所建立辅助站立机构运动学模型有效。

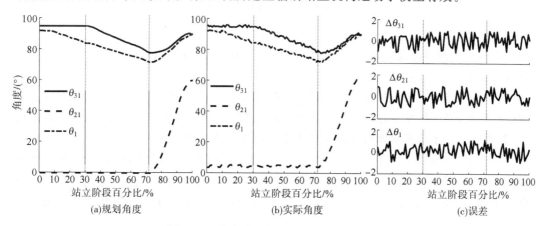

(a)规划角度　(b)实际角度　(c)误差

图 4-10　辅助站立实验站立机构关节角度

如图 4-11 所示为辅助站立实验过程中人体关节角度数据,为被动控制站立实验过程中通过倾角传感器测量得到的人体实际角度。由于受到辅助站立机构实际可实现角度变化范围限制,辅助站立过程中人体各体段倾角变化范围除大腿外变化范围较小,但由图 4-11 依然可见站立过程中身体各体段倾角存在阶段性变化过程。在站立 0~30% 阶段,小腿倾角 θ_4 由接近 90° 逐渐减小,而大腿倾角 θ_{51}、躯干倾角 θ_{61} 由于传感器精度、身体抖动等原因虽然存在小幅的波动,但波动幅度在 2° 以内,可认为躯干、大腿在该阶段保持静止状态,此阶段为屈膝阶段,对应图 4-9(a)~(b);在 30%~70% 阶段,躯干倾角 θ_{61}、小腿倾角 θ_{41} 逐渐减小,而大腿存在小幅波动,视作保持静止状态,此阶段为弯腰阶段,对应图 4-9(b)~(c),此阶段中小腿倾角 θ_{41} 逐渐减小的原因在于躯干在靠背的带动下不仅相对于大腿前倾，且由于靠背与臀部空间限制，靠背还会推动大腿沿坐垫前移，导致小腿倾角 θ_{41} 亦发生变化。在 70%～100% 阶段，躯干倾角 θ_{61}、大腿倾角 θ_{51}、小腿倾角 θ_{41} 开始逐渐增大，此阶段为上升阶段，对应图 4-9(c)～(e)，在该阶段尾部躯干倾角 θ_{61}、大腿倾角 θ_{51} 存在轻微抖动可认为是站立稳定阶段，对应图 4-9(e)。

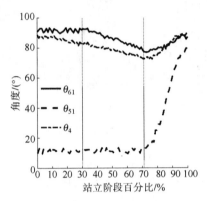

图 4-11　辅助站立实验人体角度数据

4.7　本章小结

本章对三自由度辅助站立机构辅助站立过程中的人机运动特征进行了研究，主要研究内容如下：

（1）为提高站立成功率，提出了包含屈膝运动的站立四阶段。结合国内外站立过程的研究成果，对人体站立过程进行分析，将站立过程划分为屈膝、弯腰、上升、稳定四个阶段，并通过站立实验获得四阶段站立过程中下肢关节轨迹信息。

（2）建立了辅助站立机构运动学模型。结合辅助站立机构辅助站立过程人机相对运动特征，确定了人机之间的运动约束关系，并以此为基础建立了三自由度辅助站立机构人机系统耦合运动学模型。最后开展了实验研究，对人机系统运动学模型有效性进行了验证。

第 5 章
下肢康复人机系统动力学
建模及最优轨迹规划

5.1 引　言

本书中移动式下肢康复机器人采用坐卧式下肢康复形式,康复训练前,人体采用自然坐姿方式坐于康复机器人的坐垫上,其足部放置于下肢康复机构脚踏板,康复训练开始后,由下肢康复机构驱动脚踏板并由脚踏板托举患者下肢完成在矢状面内的康复训练。康复训练过程中人体下肢与下肢康复机构关节中心无须匹配,提高了其使用的便利性。在康复训练中,由于人体下肢运动与下肢康复机构运动并不同步,机器人运动参数与人体下肢运动参数不重合,人机系统间存在两个并联的运动支链,两者之间通过脚踏板进行运动与力交互,而力交互特性则由两个并联运动支链的动力学特性表征。

在以肢体康复为目的的认知交互或物理人机交互研究中,通常采用神经肌肉骨骼模型及关节扭矩传感器来估计关节力矩,这些研究通常关注如何精确获取关节力矩来实现更好的主动控制性能。然而对于下肢而言,膝关节是最复杂最脆弱的关节,采用坐卧式康复方式的患者,往往其下肢无力,在被动康复训练中,由康复机器人运动对肢体关节产生的关节力更应受到关注,尤其是对于瘫软期患者。

穿戴式下肢康复机器人采用被动式康复训练时,通常由机器人带动下肢沿规划轨迹运动,研究者更关注如何使下肢运动轨迹能够模拟正常人的行走步态。本章的下肢康复机器人进行被动康复训练时,以牵引方式带动下肢末端进行康复运动,牵引运动会对患者下肢关节产生附加力,从而对人体关节造成冲击,导致人体关节在康复运动中受力波动和冲击。因此本章将对牵引式康复训练过程中的交互力及关节力特征进行建模分析,并针对踏车运动中的关节力最优问题开展研究,提出基于关节力最优的牵引式康复轨迹规划方法。

5.2　下肢康复机构人机系统动力学建模

5.2.1　人体下肢动力学建模

移动式下肢康复机器人人机系统简化模型如图 5-1 所示。下肢康复系统存在两个并联运动支链，即下肢康复机构运动支链与人体下肢运动支链。在进行下肢康复训练时，下肢康复机构运动支链通过脚踏板带动人体下肢运动支链而实现人机康复系统的整体运动。对于整个动力学系统的建模过程，本章将其分为两个部分，即分别对下肢康复机构和人体下肢进行动力学建模。两个模型可通过两条运动支链在踏板处的力耦合关系进行关联。根据第 3 章分析，使用机器人进行下肢康复运动过程中，下肢臀部与坐垫相对位置保持不变，下肢在脚踏板的牵引下完成在人体矢状面内的运动，因此整个人机系统模型等效为一个平面运动模型。

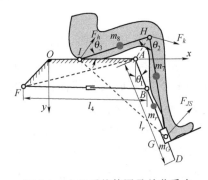

图 5-1　人机系统简图及关节受力

由 3.3 节中描述，训练空间与关节空间的映射关系可表示为如下形式：

$$L_{JS} = f_{AJ}(L_{AS}) \tag{5-1}$$

$$L_{TS} = f_{JT}(L_{JS}) \tag{5-2}$$

式中，L_{AS}、L_{JS}、L_{TS} 表示在驱动空间、关节空间及训练空间中的广义坐标向量：

$$L_{AS} = (l_3 \quad l_4)^T、L_{JS} = (l_3 \quad \theta_1)^T、$$

$$L_{TS} = (\theta_2 \quad \theta_3)^T \tag{5-3}$$

由于人体大腿和小腿的质量分布并不均匀，取大腿 IH 质心距 I 点长度为 αl_8，小腿 HG 质心距离 H 点为 βl_7，其中 $0 < \alpha，\beta < 1$；机器人质量分布均匀，大腿质量表示为 m_8，小腿质量表示为 m_7，腿部挡板（含线性驱动器 4）质量表示为 m_r，滑块质量表示为 m_G，康复机器人各构件质心位于其几何中点。对于通过各自质心且垂直于矢状面的轴，IH、HG 对于通过各自质心且垂直于矢状面的转动惯量分别是 J_8 和 J_7。

对于图 5-1 所示人机系统简化模型，腿部挡板 AD 质心速度 v_r、脚踏板 G 速度 v_G 可表示为

$$v_r = \omega_1 \times \frac{1}{2}(P_D - P_A) \tag{5-4}$$

$$v_G = \omega_1 \times (P_G - P_A) + v_{GA} \tag{5-5}$$

式中，ω_1 表示腿部挡板 AD 角速度向量，其表达式为

$$\omega_1 = \dot{\theta}_1 \cdot \hat{Z}$$

P_D、P_A、P_G 分别表示 D 点、A 点、G 点位置矢量；v_{GA} 表示 G 点相对于 A 点的速度向量。对公式(5-5)求导可得滑块 G 的加速度 a_G：

$$a_G = \dot{\omega}_1 \times (P_G - P_A) + \omega_1 \times [\omega_1 \times (P_G - P_A)] + a_{GA} \tag{5-6}$$

式中，a_{GA} 表示 G 点相对于 A 点的加速度向量。人体大腿质心速度 v_8、人体小腿质心速度 v_7 以及足部速度 v_G 可表示为

$$v_8 = \omega_3 \times \alpha P_H \tag{5-7}$$

$$v_7 = \omega_3 \times P_H + \omega_2 \times \beta(P_G - P_H) \tag{5-8}$$

$$v_G = \omega_1 \times (P_G - P_A) + v_{GA} = \omega_3 \times P_H + \omega_2 \times (P_G - P_H) \tag{5-9}$$

牵引运动过程中，人体下肢关节受力如图 5-1 所示。F_{JS} 表示踏板带动人体足部运动的驱动力，即人机交互力；F_k 表示膝关节受力，F_h 表示髋关节受力。对于人体下肢动力学模型简化而成的两连杆机构，采用拉格朗日方程进行动力学建模。

拉格朗日函数标准形式为

$$L = E_K - E_P \tag{5-10}$$

式中，E_K 表示人体下肢在康复训练过程中具有的动能，E_P 表示人体下肢具有的重力势能。规定大腿呈水平状态，小腿呈竖直状态时为零重力势能状态。

$$E_K = \frac{1}{2} m_8 v_8^2 + \frac{1}{2} m_7 v_7^2 + \frac{1}{2} J_8 \dot{\theta}_3^2 + \frac{1}{2} J_7 (\dot{\theta}_3 + \dot{\theta}_2)^2 \tag{5-11}$$

将式(5-7)、式(5-8)带入式(5-11)得

$$E_K = \frac{1}{2}(m_8 \alpha^2 l_8^2 + J_8)\dot{\theta}_3^2 + \frac{1}{2} m_7 (l_8^2 \dot{\theta}_3^2 + \beta^2 l_7^2 \dot{\theta}_2^2 - 2\beta l_8 l_7 \dot{\theta}_3 \dot{\theta}_2 \cos\theta_2) + \frac{1}{2} J_7 (\dot{\theta}_2 + \dot{\theta}_3)^2 \tag{5-12}$$

任意时刻人体下肢系统势能可表示为

$$E_P = m_8 g\alpha l_8 \sin\theta_3 + m_7 g\{\beta l_7 [-\sin(\theta_3 + \theta_2) - 1] + l_8 \sin\theta_3\} \tag{5-13}$$

将式(5-12)、式(5-13)带入式(5-10)得

$$L = \frac{1}{2}(m_8 \alpha^2 l_8^2 + J_8)\dot{\theta}_3^2 + \frac{1}{2} m_7 (l_8^2 \dot{\theta}_3^2 + \beta^2 l_7^2 \dot{\theta}_2^2 - 2\beta l_8 l_7 \dot{\theta}_3 \dot{\theta}_2 \cos\theta_2) +$$
$$\frac{1}{2} J_7 (\dot{\theta}_2 + \dot{\theta}_3)^2 - m_8 g\alpha l_8 \sin\theta_3 - \tag{5-14}$$
$$m_7 g\{\beta l_7 [-\sin(\theta_3 + \theta_2) - 1] + l_8 \sin\theta_3\}$$

根据拉格朗日方程 $f_i = \dfrac{d}{\partial t}\dfrac{\partial L}{\partial \dot{q}_i} - \dfrac{\partial L}{\partial q_i}$，对于广义坐标 θ_3 和 θ_2 有

$$\tau_k = \frac{d}{\partial t}\frac{\partial L}{\partial \dot{\theta}_2} - \frac{\partial L}{\partial \theta_2} \tag{5-15}$$

$$\tau_h = \frac{d}{\partial t}\frac{\partial L}{\partial \dot{\theta}_3} - \frac{\partial L}{\partial \theta_3} \tag{5-16}$$

式中，τ_k 和 τ_h 分别代表人体下肢末端作用力 $\boldsymbol{F}_{JS}$ 对于广义坐标 θ_3 和 θ_2 产生的等效力矩。将式(5-14)带入式(5-15)、式(5-16)得

$$\tau_k(\ddot{\theta}_2,\theta_2)=\frac{\mathrm{d}}{\mathrm{d}t}\frac{\partial L}{\partial \dot{\theta}_2}-\frac{\partial L}{\partial \theta_2}=a\ddot{\theta}_2+b\ddot{\theta}_3+g_1+j_1 \tag{5-17}$$

$$\tau_h(\ddot{\theta}_3,\theta_3)=\frac{\mathrm{d}}{\mathrm{d}t}\frac{\partial L}{\partial \dot{\theta}_3}-\frac{\partial L}{\partial \theta_3}=d\ddot{\theta}_2+e\ddot{\theta}_3+j_2+g_2 \tag{5-18}$$

式中：

$$a=m_7\beta^2 l_7^2+J_7, b=m_7\beta^2 l_7^2+J_7-m_7\beta l_7 l_8\cos\theta_2, g_1=-m_7 g\beta l_7\cos(\theta_2+\theta_3)$$

$$j_1=-\beta m_7 l_7 l_8\dot{\theta}_3^2\sin\theta_2, d=J_7-m_7\beta l_7 l_8\ddot{\theta}_2\cos\theta_2+m_7\beta^2 l_7^2$$

$$e=m_8\alpha^2 l_8^2+m_7 l_8^2+J_7+J_8+m_7\beta^2 l_7^2-2\beta m_7 l_7 l_8\cos\theta_2$$

$$j_2=\beta m_7 l_7 l_8(\dot{\theta}_2+\dot{\theta}_3)\dot{\theta}_2\sin\theta_2+\beta m_7 l_7 l_8\dot{\theta}_2\dot{\theta}_3\sin\theta_2$$

$$g_2=m_8 g\alpha l_8\cos\theta_3+m_7 g[l_8\cos\theta_3-\beta l_7\cos(\theta_2+\theta_3)]$$

在实际下肢运动过程中，下肢由机器人脚踏板牵引完成运动，式(5-17)、式(5-18)得到的为产生预期运动所需要的等效关节力矩，为求得实际末端驱动力 $\boldsymbol{F}_{JS}$，本章采用虚功原理描述等效力矩 τ_k 和 τ_h 与 $\boldsymbol{F}_{JS}$ 的关系，人体下肢关节广义坐标矩阵可表示为

$$\boldsymbol{r}=(\theta_3\cdot\hat{\boldsymbol{Z}}\quad\theta_2\cdot\hat{\boldsymbol{Z}}) \tag{5-19}$$

等效力关节力矩表达式为

$$\boldsymbol{\tau}=(\tau_h\cdot\hat{\boldsymbol{Z}}\quad\tau_k\cdot\hat{\boldsymbol{Z}}) \tag{5-20}$$

则根据虚功原理有

$$\boldsymbol{F}_{JS}^{\mathrm{T}}\cdot\delta\boldsymbol{P}_G=\boldsymbol{\tau}\cdot\delta\boldsymbol{r}^{\mathrm{T}} \tag{5-21}$$

式中，δr 表示广义坐标 θ_2、θ_3 的虚位移，$\delta\boldsymbol{P}_G$ 表示由广义坐标虚位移 δr 在 G 点引起的虚位移，其中 δr 表达式为

$$\delta\boldsymbol{r}=(\delta\theta_3\cdot\hat{\boldsymbol{Z}}\quad\delta\theta_2\cdot\hat{\boldsymbol{Z}}) \tag{5-22}$$

$\delta\boldsymbol{P}_G$ 可用虚速度法对其进行求解：

$$\frac{\delta\boldsymbol{P}_G}{\mathrm{d}t}\cdot\mathrm{d}t=\delta\boldsymbol{v}_G\cdot\mathrm{d}t \tag{5-23}$$

将式(5-9)带入式(5-23)得

$$\frac{\delta\boldsymbol{P}_G}{\mathrm{d}t}\cdot\mathrm{d}t=(\delta\boldsymbol{\omega}_3\times\boldsymbol{P}_G+\delta\boldsymbol{\omega}_2\times\boldsymbol{P}_{HG})\cdot\mathrm{d}t \tag{5-24}$$

$$=\delta\theta_3\cdot\hat{\boldsymbol{Z}}\times\boldsymbol{P}_G+\delta\theta_2\cdot\hat{\boldsymbol{Z}}\times\boldsymbol{P}_{HG}$$

将式(5-24)带入式(5-21)得

$$\boldsymbol{F}_{JS}^{\mathrm{T}}\cdot(\delta\theta_3\cdot\hat{\boldsymbol{Z}}\times\boldsymbol{P}_G+\delta\theta_2\cdot\hat{\boldsymbol{Z}}\times\boldsymbol{P}_{HG})=\delta\theta_3\cdot\tau_h+\delta\theta_2\cdot\tau_k \tag{5-25}$$

对于式(5-25)，当广义坐标虚位移 $\delta\theta_k$、$\delta\theta_h$ 的系数相等时，上述等式满足恒成立，从而有

$$\boldsymbol{F}_{JS}^{\mathrm{T}}\cdot(\hat{\boldsymbol{Z}}\times\boldsymbol{P}_G)=\tau_h \tag{5-26}$$

$$\boldsymbol{F}_{JS}^{\mathrm{T}} \cdot (\hat{\boldsymbol{Z}} \times \boldsymbol{P}_{HG}) = \tau_k \tag{5-27}$$

通过对上述两式求解求得关节空间驱动力 $\boldsymbol{F}_{JS}$，并通过关节空间驱动力 $\boldsymbol{F}_{JS}$ 求出膝关节、髋关节受力为

$$\boldsymbol{F}_k = \boldsymbol{F}_{JS} - m_7 \boldsymbol{a}_7 - m_7 \boldsymbol{g} \tag{5-28}$$

$$\boldsymbol{F}_h = -\boldsymbol{F}_k - m_8 \boldsymbol{a}_8 - m_8 \boldsymbol{g} \tag{5-29}$$

式中，a_7、a_8 分别代表人体小腿和大腿质心加速度向量。

5.2.2 下肢康复机构动力学建模

下肢康复机构由 RP 关节组成，采用牛顿欧拉递推方法建立其动力学模型。

滑块 G 的加速度分解如图 5-2(a)所示。滑块 G 的受力如图 5-2(b)所示。其中 $\boldsymbol{F}_n$ 表示腿部挡板 AD 对滑块的支持力，$\boldsymbol{F}_t$ 表示线性驱动器 4 对滑块的牵引力，$\boldsymbol{F}_{JSn}$、$\boldsymbol{F}_{JSt}$ 分别表示 $\boldsymbol{F}_{JS}$ 在与 $\boldsymbol{F}_n$、$\boldsymbol{F}_t$ 平行的两个方向上的分力。由牛顿第二定律可得：

$$\boldsymbol{F} + \boldsymbol{F}_{JS} + m_G \boldsymbol{g} = m_G \boldsymbol{a}_G$$

则上式向 $\boldsymbol{F}_n$、$\boldsymbol{F}_t$ 两个方向上投影可得：

$$\boldsymbol{F}_t - \boldsymbol{F}_{JSt} - m_G \boldsymbol{g} \cos\theta_1 = -m_G a_{Gx} \sin\theta_1 - m_G a_{Gy} \cos\theta_1 \tag{5-30}$$

$$\boldsymbol{F}_n - \boldsymbol{F}_{JSn} - m_G \boldsymbol{g} \sin\theta_1 = m_G a_{Gx} \cos\theta_1 - m_G a_{Gy} \sin\theta_1 \tag{5-31}$$

从而可得线性驱动器 4 对滑块 G 的力：

$$\boldsymbol{F}_t = \boldsymbol{F}_{JSt} + m_G \boldsymbol{g} \cos\theta_1 - m_G a_{Gx} \sin\theta_1 - m_G a_{Gy} \cos\theta_1 \tag{5-32}$$

$$\boldsymbol{F}_n = \boldsymbol{F}_{JSn} + m_G \boldsymbol{g} \sin\theta_1 + m_G a_{Gx} \cos\theta_1 - m_G a_{Gy} \sin\theta_1 \tag{5-33}$$

腿部挡板 AD 受力分析如图 5-3 所示。$\boldsymbol{F}_A$ 表示坐垫对腿部挡板 AD 的作用力；$\boldsymbol{F}_B$ 表示线性驱动器 1 对腿部挡板 AD 的驱动力，忽略直线关节 FB 所受重力，故 FB 为二力杆，$\boldsymbol{F}_B$ 与 FB 同向。对 A 点依据动量矩定理：

$$\boldsymbol{F}_B l_2 \sin\theta_{ABF} - \boldsymbol{F}_n l_3 - \frac{1}{2} m_r g l_r \sin\theta_1 = J\ddot{\theta}_1 \tag{5-34}$$

从而可求得直线关节 FB 的驱动力 $\boldsymbol{F}_B$：

$$\boldsymbol{F}_B = \frac{1}{l_2 \sin\theta_{ABF}} \left(\boldsymbol{F}_n l_3 + \frac{1}{2} m_r g l_r \sin\theta_1 + J\ddot{\theta}_1 \right) \tag{5-35}$$

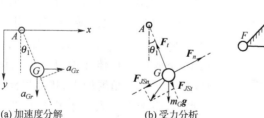

(a)加速度分解　　　(b)受力分析

图 5-2　滑块 G 加速度及受力图　　　图 5-3　腿部挡板 AD 受力

5.3 人机系统动力学特性研究

对于本章所设计的下肢康复机构,其由脚踏板牵引人体下肢足部完成在矢状面内的运动,牵引力经由小腿及大腿传递至膝关节和髋关节。了解牵引式康复过程中由牵引力造成的下肢关节附加力对于优化康复轨迹、提高康复效果至关重要。基于牵引式下肢康复机构所开展的基本康复动作有屈髋、屈膝及踏车运动,本节对下肢康复机器人的屈髋、屈膝和踏车三种基本康复训练模式下的人体下肢关节力学特性开展研究。所采用的下肢康复机构参数及人体参数如表 5-1 所示。

表 5-1 下肢康复机构参数表

参数	l_2	l_5	l_7	l_8	l_1'	θ_1'
数值	100 mm	587 mm	403 mm	505 mm	420 mm	9.74°
参数	m_r	m_G	m_7	m_8	α	β
数值	7.5 kg	3 kg	3.15 kg	7.09 kg	0.5	0.5

注:人体尺寸参考 GB 10000—1988《中国成年人人体尺寸》、GB/T 17245—2004《成年人体惯性参数》。

5.3.1 屈髋模式动力学特性分析

屈髋训练模式是指开展下肢运动功能训练时,保持下肢膝关节弯曲角度不变,而仅对髋关节进行屈伸训练,其训练状态如图 5-4 所示,人体足部与康复机器人脚踏板固定,下肢康复机构通过脚踏板带动人体下肢以髋关节为圆心在矢状面内作圆周运动。本章中,设定膝关节初始角度为 100°,即 $\theta_2 = 100°$。选取屈髋训练中 θ_3 变化范围为 0°～34°,屈髋训练速度 $\dot{\omega}_3 = 6°/s$。

(1) 人机交互力与驱动力特性

下肢康复过程中人机交互力变化情况仿真结果如图 5-5(a)所示。屈髋运动过程中,随着屈髋角度的增加,人机交互力沿腿部挡板 AD 方向分力($\boldsymbol{F}_{JSt}$)逐渐减小,垂直腿部挡板方向分力逐渐增大($\boldsymbol{F}_{JSn}$)。其原因在于,在屈髋运动中,下肢作为整体在做以 I 点为圆心的定轴转动,随髋关节角度增大,腿部挡板 AD 逐渐趋于水平,用于支撑人体下肢的人机交互力由沿腿部挡板 AD 方向的分量逐渐转移到垂直于腿部挡板 AD 方向的分量。

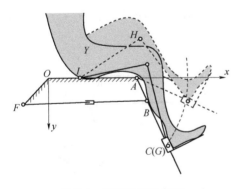

图 5-4 屈髋训练示意图

在屈髋过程中,线性驱动器 1、4 的输出力变化数值仿真结果如图 5-5(b)所示。在屈髋过程中,线性驱动器 1 的驱动力随下肢康复机构转动角度 θ_1 增大而增大,且增大趋势逐渐变快;与之相反,线性驱动器 4 驱动力则逐渐减小且变化平缓,即在屈髋运动中,人体下肢动力主要来自线性驱动器 1,且 θ_1 越大,线性驱动器 1 对下肢驱动力贡献越大。对于线性驱动器 1,当 θ_1 达到 70°后,其驱动力增速急剧增加。参考图 5-4 所示机构构型,可知此时对应的线性驱动器 1 的推力方向 FB 将运动到接近与 FA 共线处,机构接近奇异点。机构到达奇异点时线性驱动器 1 推力将会趋近于无穷大。因此在设计康复动作时,需要避开机构奇异位置。幸运的是,在设计中,腿部挡板 AD 最高运动至水平位置,并不会达到奇异点。

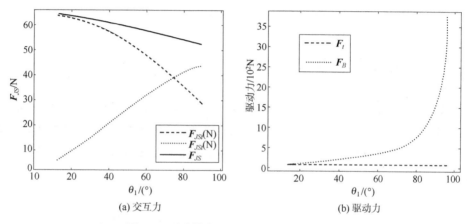

图 5-5   屈髋模式人机交互力及驱动力曲线

(2)下肢关节力学特性分析

屈髋运动中,人体下肢髋关节、膝关节均存在附加牵引力。在下肢康复机构牵引运动过程中,人体膝关节和髋关节在不同屈髋速度下受力情况如图 5-6 所示。图 5-6(a)为屈髋模式下膝关节受力变化情况,膝关节受力随屈髋角度变化相对平缓,且呈现单调递减趋势,即在屈髋训练开始时($\theta_3 = 0°$),膝关节受力最大,约为 37 N;屈髋训练结束($\theta_3 = 34°$)时,达到最小值,约为 33 N,最大、最小力相差不超过 4 N。同时在屈髋模式下,屈髋角速度对膝关节受力变化影响较小,在屈髋角速度约为 6°/s 和 12°/s 时膝关节受力差值中值约为 1 N,当屈髋角速度达到 60°/s 时,膝关节受力稍微增大,与速度为 6°/s 时的受力相比差值平均值约为 2 N。

与膝关节受力变化趋势不同,屈髋模式下髋关节受力(图 5-6(b))随屈髋角度变化较快,在 θ_3 等于 0°时,髋关节受力约为 35 N;随着 θ_3 的增大,髋关节受力不断增加,在屈髋运动终了时达到 60 N,最大与最小力相差近 25 N,这对于在康复初期下肢比较脆弱的患者来说会产生一些负面影响。同膝关节类似,不同角速度下髋关节受力变化微小。

在屈髋运动中,膝关节、髋关节受力受速度变化影响较小,主要原因在于屈髋运动时,屈髋角速度处于较低值,人机系统实际上可等效为静平衡状态,人体下肢重量对系统动力学特性影响最大,而惯性力影响较小。

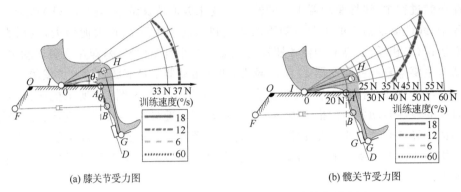

(a) 膝关节受力图 (b) 髋关节受力图

图 5-6 屈髋模式人体膝关节受力图与髋关节受力图

5.3.2 屈膝模式动力学特性分析

屈膝训练模式如图 5-7 所示,是指在进行下肢运动康复训练时,保持下肢髋关节角度不变,而仅对膝关节进行屈伸训练。在该状态下,人体足部与康复机器人脚踏板固定,康复机器人通过脚踏板带动人体下肢小腿,绕膝关节转动中心在矢状面内进行定轴转动。

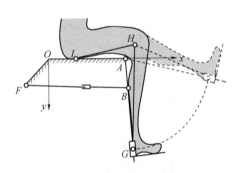

图 5-7 屈膝训练示意图

在屈膝训练模式下,存在两种训练状态。状态 I:人体下肢仅在臀部与足部受到下肢康复机构支撑,即臀部与下肢康复机构坐垫接触,足部由脚踏板支撑。此时可将大腿看作在小腿的支撑下保持不动,脚踏板支撑小腿并带动小腿运动;状态 II:人体下肢大腿完全与坐垫接触,其重量完全由坐垫支撑,使用者小腿重量则由脚踏板支撑。本书中,设定髋关节固定角度 θ_3 为 0°。选取屈膝训练中 θ_2 变化范围为 90°~168°。

(1)人机交互力与驱动力特性

屈膝训练模式下,满足状态 I 条件时,人机交互力与 θ_1 关系曲线仿真结果如图 5-8 所示,屈膝训练速度 $\omega_2 = 7°/s$。如图 5-8(a)所示,随 θ_1 增大,人机交互力沿腿部挡板 AD 方向分力(F_{JSt})增大而垂直腿部挡板 AD 方向分力(F_{JSn})变化轻微。事实上,在屈膝模式训练过程中,垂直腿部挡板 AD 方向分力(F_{JSn})与小腿 HG 夹角接近 90°,为小腿的旋转起到了关键作用。在状态 I 中,沿腿部挡板 AD 的交互力分量 F_{JSt} 主要负责支撑人体大腿保持不动和平衡下肢重量。随着 θ_1 增大,膝关节角度 θ_2 逐渐接近 180°,因此 F_{JSn} 快速增大。

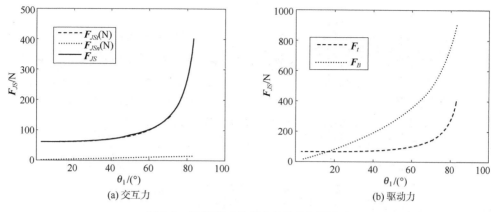

图 5-8　屈膝模式状态 I 交互力与驱动力

状态 II 下的交互力如图 5-9 所示。与状态 I 条件时的交互力相比,状态 II 中的人机交互力与驱动力都大幅度下降。由于状态 II 中人体大腿视作固定于坐垫模块,因此交互力只用于使小腿围绕膝关节旋转,沿腿部挡板 AD 方向的交互力(F_{JSt})接近零。相应的线性驱动器 4 的驱动力也接近于零。

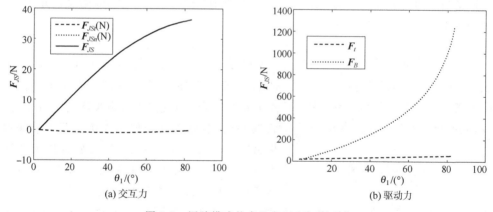

图 5-9　屈膝模式状态 II 交互力与驱动力

(2)下肢关节力学特性分析

在状态 I 条件下,人体下肢大腿处于平衡状态,膝关节与髋关节受力特性相似,因此仅以膝关节受力进行分析。如图 5-10(a)所示,不同的训练速度下,作用在膝关节上的力仅有微小变化,但随屈膝角度增加,作用于膝关节上的力迅速增加,处于运动初始状态时,膝关节力约为 34 N,当运动终了,膝关节力约 390 N(接近 39 kg),显然在此状态下为完成屈膝运动,膝关节会承受较大牵引作用。而当处于状态 II 时(图 5-10(b)),大腿重量完全由坐垫承担,膝关节受力随屈膝角度增加逐渐减小,且膝关节所受牵引力最大膝关节仅为 30 N,约为状态 I 时的 1/3,近似等于小腿重量(此状态下,脚踏板仅对人体小腿有垂直于小腿的作用力,当小腿呈竖直状态时膝关节力等于小腿重力)。基于以上分析,为了减少作用在关节上的附加力,在进行膝关节屈伸训练时,应尽量调整脚踏板位置,使大腿与坐垫保持接触,由坐垫承担大腿重量。

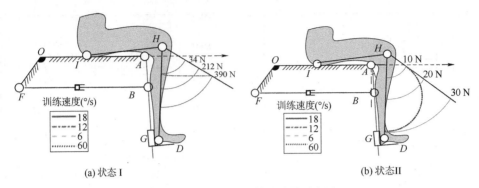

(a) 状态 I   (b) 状态 II

图 5-10　屈膝模式人体膝关节受力图

5.3.3　踏车模式动力学特性分析

如图 5-11 所示，在踏车训练模式下，人体下肢足部运动轨迹为圆形。本书中，设定足部运动轨迹为以 S_o (698 mm，234 mm) 为圆心，100 mm 为半径的圆形。轨迹的起始位置位于圆的最右点（图 5-11 中 Q 点），踏车训练的角速度为 $\dot{\theta}_0 = 60°/s$，θ_0 为旋转角度，顺时针方向为正。

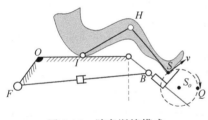

图 5-11　踏车训练模式

（1）人机交互力与驱动力特性

踏车模式交互力及驱动力仿真结果如图 5-12 所示，在踏车训练过程中，人机交互力沿腿部挡板 AD 分力（F_{JSt}）对支撑下肢重量起着关键作用（与状态 I 下的屈膝模式类似），人机交互力沿腿部挡板 AD 分力（F_{JSt}）始终大于垂直腿部挡板 AD 分力（F_{JSn}），其原因在于，在踏车模式下，人体足部始终在坐垫平面下方进行运动，小腿 HG 与水平方向夹角处在 75°～135° 之间，因此人体下肢重量在沿腿部挡板 AD 方向的分量要大于垂直于腿部挡板 AD 方向的分量。当 θ_0 约为 270° 时，足部位于运动轨迹的顶部，此时与重力方向相反方向的惯性力达到最大值，人机交互力 F_{JSt} 达到最小值。如图 5-12(b) 所示，由于踏车训练轨迹为圆形封闭轨迹，因此线性驱动器 1 驱动力 F_B 呈周期性变化，在 θ_0 约为 180° 时达到最小值（160 N），在 θ_0 约为 315° 时达到最大值（560 N）。其主要原因在于线性驱动器 1 驱动力大小与下肢康复机构转动角度 θ_1 正相关。当 θ_0 约为 180° 时，足部位于轨迹最左边，此时 θ_1 达到最小值。而当 θ_0 约为 315° 时，θ_1 达到最大值。

（2）人体关节力学特性分析

如图 5-13 所示为不同踏车训练速度时下肢关节受力特征。在踏车训练过程中，膝关节及髋关节受力受训练位姿影响最大，而训练速度对其数值影响较小。当 θ_0 在 −22.5°～90° 之间时，不同训练速度对髋关节和膝关节的受力影响较大。在这个运动范围内，下肢接近最大伸展状态，这意味着下肢的运行范围距离膝关节更远。因此，速度越高产生的惯

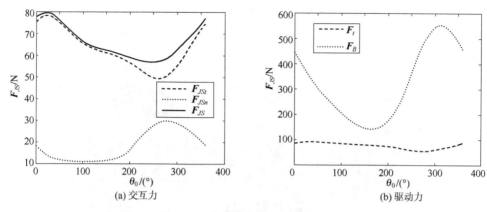

(a) 交互力   (b) 驱动力

图 5-12　踏车模式交互力及驱动力

性力对训练系统的影响更大。在完成踏车一周训练过程中,不同速度下髋关节及膝关节受力波动如表 5-2 所示,速度对关节力波动影响较小,在踏车一周运动过程中,膝关节受力波动最大,最大力波动范围达 29.5 N,髋关节关节受力波动范围达 22.7 N。

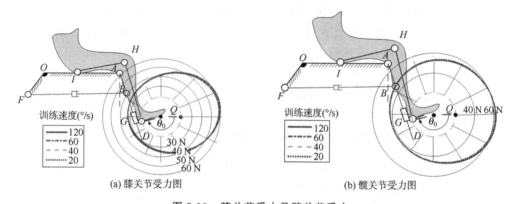

(a) 膝关节受力图   (b) 髋关节受力图

图 5-13　膝关节受力及髋关节受力

表 5-2　力波动

速度	120°/s	60°/s	40°/s	20°/s
膝关节（N）	29.5	27.3	26.9	26.7
髋关节（N）	22.7	22.1	22.0	21.9

5.3.4　实验

为验证动力学建模和分析结果的有效性,本书搭建了实验测试平台,如图 5-14 所示。实验平台由下肢康复机构、拉压力传感器及仿人下肢二连杆机构组成,其中二连杆机构为铝合金型材,并通过在其上增加配重的方式来模拟人体下肢大腿和小腿。在图 5-14 中,下肢踝关节采用铰链模拟,其末端连接有拉压力传感器(DYMH-103(50 kg))

用于测量人机交互力 F_{JSt}。下肢康复机构由线性驱动器 1 和线性驱动器 4 驱动,在线性驱动器 1 末端安装有拉压力传感器(DYMH-103(100 kg))用于测量驱动力 F_B。实验平台参数如表 5-1 所示。

图 5-14　实验测试平台

基于该实验平台,对屈膝、屈髋和踏车过程中的驱动力和交互力进行了测量,实验测量结果与数值仿真结果对照图如所示如图 5-15～图 5-18 所示。图 5-15～图 5-17 中的训练速度为 6°/s,图 5-18 中的训练速度为 60°/s。在条件 II 下的屈膝实验中,由铝合金制成的小腿被设置为与踏板力传感器不接触,因此相互作用力 F_{JSt} 为零。如图 5-15～图 5-18 所示,实验测试数据与数值模拟结果变化趋势相似,证明所建立人机系统动力学模型有效。此外,由于关节摩擦和模型误差的影响(来自髋关节和踝关节的简化模型),实际测量结果与仿真数据存在不同,因此,如果需要下肢康复装置更好的轨迹跟踪能力和训练效果,就必须对髋关节、踝关节和摩擦力进行精确建模。

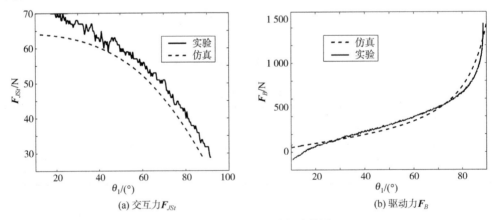

(a) 交互力 F_{JSt}　　　　(b) 驱动力 F_B

图 5-15　屈髋模式训练实验结果

由以上实验结果可推得如下有用结论:
(1)牵引式下肢康复运动中,下肢关节受力主要受到训练位置的影响;
(2)进行屈膝模式训练时,为减小关节受力,应使大腿重量全部由坐垫支撑;
(3)牵引式下肢康复运动中,髋关节受力较膝关节受力大;
(4)踏车训练模式训练中,膝关节受力变化范围较髋关节受力变化范围大。

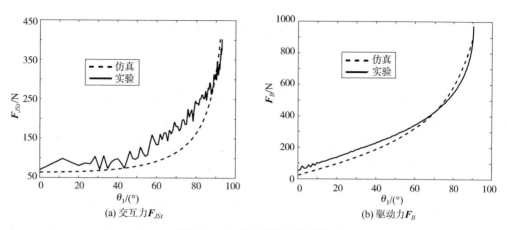

(a) 交互力$\boldsymbol{F}_{JSt}$ (b) 驱动力$\boldsymbol{F}_B$

图 5-16 状态 I 屈膝实验结果

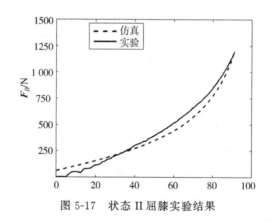

图 5-17 状态 II 屈膝实验结果

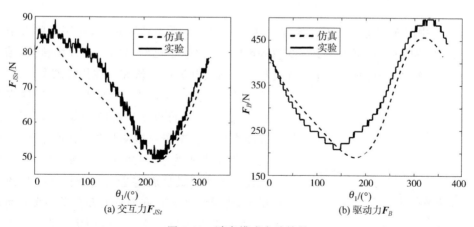

(a) 交互力$\boldsymbol{F}_{JSt}$ (b) 驱动力$\boldsymbol{F}_B$

图 5-18 踏车模式实验结果

5.4 下肢康复训练轨迹优化方法

如 5.3 节所述,牵引式康复训练的牵引力会在下肢关节中产生附加的关节力和力波动,而膝关节是下肢劳损疾病中最易发生病变的部位。研究表明,在进行一些需要受力进行快速变化的任务时,会导致膝关节韧带性能下降。长期进行类似的运动,会积累这种损伤,从而导致使用者交叉前韧带损伤、半月板损伤等疾病,大部分半月板损伤都是由于使用者膝关节频繁并有力地进行屈伸所导致。

本节以人机系统动力学特型为出发点,探讨降低牵引式康复运动中膝关节受力的轨迹规划方法,以优化牵引式康复机构在康复训练中的性能,提高康复效果。

为了降低人体下肢在康复过程中的关节力,本书从膝关节受力及受力变化两个角度进行优化,并提出以下两个轨迹优化的原则:

(1) 低波动原则:由于膝关节受力大小和单位时间内受力的快速变化都会导致人体膝关节韧带性能下降,因此在优化后的结果中,使用者膝关节受力应适当减小,关节力的变化也应适当减小并且保证力曲线处处可微以起到优化作用。

(2) 不发散原则:在设计优化方法的过程中,应考虑设备本身对优化后轨迹带来的限制,如对于轨迹的优化,应使其保持在一定的运动范围内;对于速度的优化,应使其在驱动机构可达到的范围内以保证优化方法的可实施性。

本节将从降低使用者膝关节受力的角度,对下肢康复机器人进行康复训练的运动进行优化。由于屈膝和屈髋运动均为定轴转动,其运动轨迹固定,且仿真结果表明其关节受力受训练速度影响较小,因此本节仅针对踏车运动进行最优轨迹规划研究。

5.4.1 最优轨迹规划

由 5.3 中踏车训练模式不同速度下使用者膝关节受力仿真可知,使用者膝关节受力受训练速度影响较小,而主要受训练轨迹影响,因此基于已给出的踏车训练轨迹,结合如前所述训练优化原则,针对踏车运动过程中的轨迹开展优化研究。在传统踏车训练中,下肢运动轨迹为一个以点 S_o 为圆心,半径固定的理想圆,其优点是可以实现连续康复训练,但运动轨迹曲率相同。本研究拟从改变轨迹曲率入手,开展最优训练轨迹规划,以理想圆为参考轨迹,采用搜索优化方法对最优轨迹进行局部搜索。如图 5-19 所示,将踏车训练轨迹划分为多个微小直线运动轨迹,在每个微小运动轨迹上应用优化算法搜索最优轨迹。选定理想圆轨迹圆心正下方点为训练轨迹的起始点 C_0,并规定点 C_0 处的速度矢量 v_0 与理想

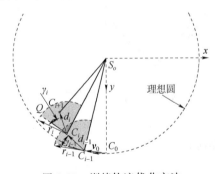

图 5-19 训练轨迹优化方法

圆相切向左。由 C_0 作为第一个优化轨迹的初始点,以每步运动时间 Δt 为时间间隔,以膝关节受力为指标推导出下一轨迹初始点 C_1 的位置,以此类推得到 $C_2,C_3,C_4,\cdots,C_n$,以得到整条训练轨迹。

如图 5-19 所示,d_{i-1} 是从点 C_{i-1} 到 C_i 的偏移矢量。在步骤 i,点 C_i 通过前一个步骤 $i-1$ 推导,并定义以 C_i 为中心的扇区以找到步骤 $i+1(C_{i+1})$ 的起点。为使一定时间 Δt 内每一步运动轨迹长度不会太大,避免速度及加速度过大从而使膝关节产生很大的力,C_i 点应位于以 C_{i-1} 为中心的一定范围内。本书以 C_{i-1} 为圆心,以 $r_{i-1}=|v_{i-1}|\Delta t$ 为限定半径设定搜索扇形区域,扇形区域右边界为半径线 SoC_{i-1},另一条边界从该半径逆时针展开 $90°$。在搜索域内选取合适末位点 C_i 使膝关节受力达到最小。同时为了保证优化后轨迹在康复机器人工作范围内,应使优化轨迹曲率大于等于理想圆。设 C_i 为始点,从 C_i 点到 C_{i+1} 的偏移向量表示为 d_i,足部在 C_i 点的速度向量表示为 v_i,v_i 逆时针旋转到向量 d_i 扫过的夹角表示为 γ_i,则步骤 i 的偏移矢量可定义为 $d_i(\gamma_i,|d_i|)$,由于每一步的运动时间 Δt 是常数且足够短,C_{i+1} 点的速度和加速度可以写成:

$$\dot{d}_i = d_i/\Delta t \qquad |d_i| \in (d_{i-1} \pm \Delta s)$$

$$\ddot{d}_i = (\dot{d}_i - \dot{d}_{i-1})/\Delta t \tag{5-36}$$

在步骤 i 中,C_i 位置和速度加速度已知的条件下,通过人机系统动力学方程和式(5-36)可以求得 C_{i+1} 点处的关节力,对于 C_{i+1} 点,在该点作用在膝关节上的力达到最小值。选择作用在膝关节上的力作为代价函数,并应用梯度下降算法(GD)和拉格朗日乘子(LM)的方法求出 C_{i+1} 点。梯度下降算法是一种无边界条件下求取最小损失函数的优化算法,在机器学习及人工神经网络等领域有着非常广泛的运用。利用函数在梯度方向上的最速下降的特点,进行多次迭代,最终求取最优解。因此代价函数可表示为

$$K = F_k(\gamma_i,|d_i|) = F_{JS} - m_7 a_7 - m_7 g \tag{5-37}$$

本研究选择梯度下降的学习率 $\lambda = -0.001$。因此每次迭代的新坐标点可表示为

$$(\gamma_i',|d_i'|) = \left(\gamma_i + \lambda \frac{\partial K}{\partial \gamma_i}, |d_i| + \lambda \frac{\partial K}{\partial |d_i|} \right) \tag{5-38}$$

迭代后的代价函数可表示为

$$K' = F_k(\gamma_i',|d_i'|) \tag{5-39}$$

本书中,选择迭代最终容差 $\varepsilon = 0.0002$。因此在迭代后的代价函数与迭代前的代价函数满足条件公式(5-40)时停止迭代:

$$|K - K'| \leqslant \varepsilon \tag{5-40}$$

根据式(5-40)迭代得到的新的 $(\gamma_i',|d_i'|)$ 即为 C_{i+1} 点位置。迭代过程中,会有部分新的迭代点超出设定扇形区域,因此本书采用拉格朗日乘数法对圆形区域边界进行代价函数最小值求解。拉格朗日乘数法是一种在约束条件下求取代价函数极值的方法,该算法将约束条件与代价函数进行重新组合以求取最优解,在优化算法中有着广泛运用。对于本书的代价函数公式(5-37),可构建拉格朗日函数:

$$L(\gamma_i,|d_i|) = F_k(\gamma_i,|d_i|) + \sum_{j=1}^{3} \eta_{ij} \varphi_{ij}(\gamma_i,|d_i|) \tag{5-41}$$

式中，η_i 表示边界系数，$\boldsymbol{\varphi}_{ij}(\gamma_i,|\boldsymbol{d}_i|)$ 表示边界限制条件：

$$\boldsymbol{\varphi}_{i1}(\gamma_i,|\boldsymbol{d}_i|)=|\boldsymbol{d}_i|-r_i$$

$$\boldsymbol{\varphi}_{i2}(\gamma_i,|\boldsymbol{d}_i|)=\gamma_i-\pi/2$$

$$\boldsymbol{\varphi}_{i3}(\gamma_i,|\boldsymbol{d}_i|)=\gamma_i$$

从而根据拉格朗日乘数法原理，下一搜索轨迹的最优点应满足：

$$\frac{\partial \boldsymbol{L}}{\partial \gamma_i}=0,\frac{\partial \boldsymbol{L}}{\partial |\boldsymbol{d}_i|}=0,\frac{\partial \boldsymbol{L}}{\partial \eta_{ij}}\bigg|_{j=1,2,3}=0 \tag{5-42}$$

最终求取极值点为边界极值 C_{i+1}。由于每一运动轨迹的运行时间相对于整体训练时间足够短，因此人体足部在 C_{i+1} 点的速度 v_{i+1} 为

$$v_{i+1}=\boldsymbol{d}_i/\Delta t \tag{5-43}$$

基于如上算法，所得到的最优训练路径如图 5-20 所示。

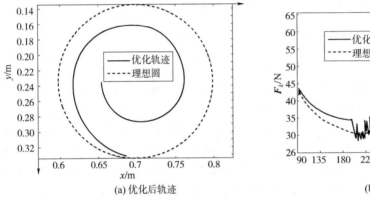

(a) 优化后轨迹　　　　　　(b) 膝关节受力

图 5-20　踏车模式优化后轨迹及膝关节受力

从膝关节受力可看出，在采用扇形搜索域的优化方法之后使用者关节受力平均降低 6.78%，其中最大受力降低 18.13%，但沿优化后轨迹运动膝关节受力会有很大波动。这是由于对于每一运动轨迹的步长仅设置了上限（r_i），而未设下限；并且搜索域角度过大，导致各点运动方向变化过大，使得规定时间（Δt）内相邻轨迹点间长度或速度方向变化过大，导致速度或加速度波动，最终导致膝关节受力波动。此外由于搜索半径 r_i 由当前搜索起点 C_i 处速度 v_i 确定，导致后一轨迹的搜索区域半径永远小于前一搜索区域半径，后续轨迹的搜索半径和速度会持续降低，最终导致轨迹搜索停滞。

为了解决上述问题，可通过设定搜索步长，约束搜索范围的方法对搜索区域进行限制。如图 5-21 所示，引入长度控制变量 Δs 和角度控制变量 $\Delta \gamma$，构建以 C_i 为圆心，$|\boldsymbol{d}_{i-1}|\pm\Delta s$ 为内外径的扇形圆环。圆环左边界为 C_{i-1} 点的速度向量，另一条边界从该边界顺时针展开至 $\Delta \gamma$ 角。由于选取 $|\boldsymbol{d}_{i-1}|+\Delta s$ 为外径范围，因此给予了每个运动步长递增的可能性，避免了优化过程中运动步长收敛于一点的可能。

对于上述改进后的搜索域，选中径与边界半径相交点 Q 作为梯度下降法的搜索起点；对于边界上的拉格朗日乘数法，需要将公式（5-41）变换为

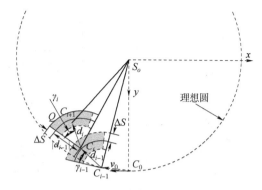

图 5-21 搜索改进方法

$$L(\boldsymbol{\gamma}_i, |\boldsymbol{d}_i|) = \boldsymbol{F}_k(\boldsymbol{\gamma}_i, |\boldsymbol{d}_i|) + \sum_{j=1}^{4} \eta_{ij} \boldsymbol{\varphi}_{ij}(\boldsymbol{\gamma}_i, |\boldsymbol{d}_i|) \tag{5-44}$$

式中边界条件为

$$\boldsymbol{\varphi}_{i1}(\boldsymbol{\gamma}_i, |\boldsymbol{d}_i|) = |\boldsymbol{d}_i| - (|\boldsymbol{d}_{i-1}| + \Delta s) \tag{5-45}$$

$$\boldsymbol{\varphi}_{i2}(\boldsymbol{\gamma}_i, |\boldsymbol{d}_i|) = |\boldsymbol{d}_i| - (|\boldsymbol{d}_{i-1}| - \Delta s) \tag{5-46}$$

$$\boldsymbol{\varphi}_{i3}(\boldsymbol{\gamma}_i, |\boldsymbol{d}_i|) = \gamma_i - \Delta \gamma \tag{5-47}$$

$$\boldsymbol{\varphi}_{i4}(\boldsymbol{\gamma}_i, |\boldsymbol{d}_i|) = \gamma_i \tag{5-48}$$

极值点满足条件为

$$\frac{\partial \boldsymbol{L}}{\partial \gamma_i} = 0, \frac{\partial \boldsymbol{L}}{\partial |\boldsymbol{d}_i|} = 0, \frac{\partial \boldsymbol{L}}{\partial \eta_{ij}}\bigg|_{j=1,2,3,4} = 0 \tag{5-49}$$

对以上算法进行仿真可得到改进后的训练轨迹和膝关节受力如图 5-22 所示。由图 5-22(a)可见,改进后的训练轨迹比改进前轨迹曲率更小。由图 5-22(b)可见在改进算法后的轨迹上运动,膝关节受力曲线明显平滑,并且使用者膝关节受力比理想圆轨迹下平均降低了 3%,最大受力降低 11.18%。可见扇环搜索域下使用者膝关节受力降低并没有扇形搜索域中降低的明显,但是突变明显减少。因此需要使用者根据自身情况对受力突变减小和受力降低这两种对关节有影响的优化中做出权衡。

5.4.2 踏车训练轨迹拟合

由图 5-22 所得到的最优轨迹是一个近似螺旋的曲线,这是由于在搜索的过程中规定了搜索的角度范围使其曲率始终大于上一运动轨迹的曲率。在踏车康复训练中轨迹为封闭曲线以满足周期康复运动需求,因此,对于图 5-22 所示曲线必须对其进行拟合处理。同时,经过以上优化方法得到的最优轨迹由一系列不规律的路径点组成,也需要采用曲线拟合方法对其拟合以形成连续轨迹。

常用的闭合曲线拟合方法有埃尔米特(Hermite curve)、B 样条曲线(B-spline curve)和贝塞尔曲线(Bézier curve)等。由于训练轨迹与三次曲线差别较大且控制点较少,因此选用 Bézier 曲线进行拟合。贝塞尔曲线是一种参数化曲线,其通过在二维平面上选取控

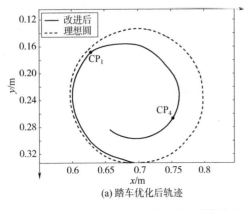

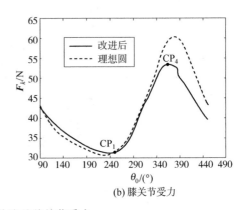

(a) 踏车优化后轨迹　　　　　　　(b) 膝关节受力

图 5-22　搜索改进后轨迹及膝关节受力

制点来生成平滑连续的曲线,其优点是控制点与所生成的曲线之间存在明确的关系,便于改变曲线形状和阶次。其原理如图 5-23 所示,贝塞尔曲线的形状通过特征多边形的各顶点(图 5-23 中控制点 P_1、P_2、P_3、P_4)唯一定义,且在给定组顶点中,只有第一个顶点(P_1)和最后一个顶点(P_4)在曲线上,而其余顶点(P_2、P_3)则用于定义曲线的形状和阶次。贝塞尔曲线定义如下:

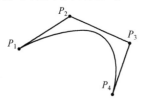

图 5-23　贝塞尔曲线原理

给定空间 $n+1$ 个点的位置矢量 $\boldsymbol{P}_i(i=0,1,2,\cdots,n)$,则贝塞尔曲线可定义为

$$P(t)=\sum_{i=0}^{n}\boldsymbol{P}_i B_{i,n}(t),t\in[0,1]$$

式中,$\boldsymbol{P}_i$ 构成该贝塞尔曲线的特征多边形顶点,称为控制点;$B_{in}(t)$ 是 n 次 Bernstein 基函数:

$$B_{i,n}(t)=C_n^i t^i(1-t)^{n-i}=\frac{n!}{i!(n-1)!}t^i\cdot(1-t)^{n-i}(i=0,1,\cdots,n)$$

由于改进后的优化轨迹并不是闭合曲线,因此优化应选取改进后的部分曲线进行拟合,并选取合适的控制点构造拟合曲线,在不影响关节受力的情况下使轨迹曲线闭合。由于膝关节受力与踏车训练轨迹的强相关性,仅需要控制踏车训练中的最大受力点和最小受力点即可达到对膝关节受力的控制,即只需要使关节极值点固定不变,改变极值点之间的训练轨迹,即可在保证膝关节受力的同时还可以得到具有数值解析式的闭合优化轨迹。

根据图 5-22,在改进后的训练轨迹中,在 $\theta_0=250°$(CP_1)时膝关节受力达到最小,在 $\theta_0=360°$(CP_4)时膝关节受力达到最大,因此拟合路径可以分为两部分,一个是从 $\theta_0=250°$(CP_1)到 $\theta_0=360°$(CP_4)的第 I 部分,另一个是由 $\theta_0=360°$ 到 $\theta_0=250°$ 的第 II 部分。要使得拟合后的轨迹满足轨迹优化的原则(1),则在拟合轨迹上的运动方向不应急剧变化,包括 CP_1 和 CP_4 的连接,这意味着部分 I 和部分 II 必须在连接处彼此相切,这里通过贝塞尔曲线拟合来实现。如图 5-22 所示,选取由 $\theta_0=250°$ 顺时针旋转到 $\theta_0=360°$ 的轨迹部分,并以 CP_1 和 CP_4 作为贝塞尔曲线的两个边界控制点进行拟合。

如图 5-24 为使用 Bezier 曲线拟合的具体方法。将膝关节受力最小值和最大值点设为控制点 1(CP_1)和控制点 4(CP_4)。考虑到在对所选改进轨迹拟合之后,运用贝塞尔曲线对后半段曲线进行闭合处理,因此两端拟合曲线在控制点 1 和控制点 4 的速度方向应相同。将优化轨迹上的控制点 1 和控制点 4 的速度进行延长。在所得直线上选取两个控制点 2(CP_2)和控制点 3(CP_3)。连接 CP_1 与 CP_2 为控制线 1(CL_1);连接 CP_2 与 CP_3 为控制线 2(CL_2);连接 CP_3 与 CP_4 为控制线 3(CL_3);采用三阶贝塞尔曲线对改进路线进行拟合。其中贝塞尔曲线的参数形式为

$$B(t) = CP_1(1-t)^3 + 3CP_2 t(1-t)^2 + 3CP_3 t^2(1-t) + CP_4 t^3, t \in [0,1] \quad (5-50)$$

通过在改进曲线上以 S_o 为圆心等分布角度选取 n 个点,并以 S_o 为起点径向连接 n 个点并延长使之与拟合曲线相交。设改进曲线截得以 S_o 为起点的线段长度为 f_i,优化后曲线截得以 S_o 为起点的线段长度为 b_i,则可构建以线段长度误差构建的曲线拟合代价函数:

$$\zeta = \frac{1}{n} \sum_{i=1}^{n} \frac{\sqrt{(f_i - b_i)^2}}{f_i} \times 100\% \quad (5-51)$$

选取使 $\zeta < 3\%$ 的控制点 2 和控制点 3 的组合即为得到合适的拟合曲线。

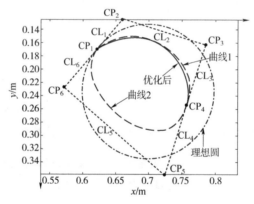

图 5-24　贝塞尔曲线拟合

对于控制点 5(CP_5)和 6(CP_6),则在已知 CP_2 与 CP_3 的基础上,在反向延长 CP_3 与 CP_4 的射线上寻找控制点 5,在反向延长 CP_2 与 CP_1 的射线上寻找控制点 6。为了保证人体膝关节受力在控制点 1 和控制点 4 处不产生跳变,需要使人体足部在经过两个控制点时速度、加速度均连续。因此对于拟合轨迹来说需要优化轨迹在 CP_1 和 CP_4 的曲率等于闭合轨迹在这两点的曲率。将 CP_4 和 CP_5 之间的连线设为控制线 4(CL_4)、CP_1 和 CP_6 之间的连线设为控制线 6(CL_6)。由此在确定了 CP_5 和 CP_6 的选择方向之后,可由两条拟合曲线的曲率关系确定两个剩余控制点的位置。根据曲率公式可得控制点 1 和控制点 4 处的曲率为

$$K|_{t=0,1} = \frac{|\varphi'(t)\psi''(t) - \varphi''(t)\psi'(t)|}{|\varphi'^2(t) + \psi'^2(t)|^{\frac{3}{2}}}|_{t=0,1} \quad (5-52)$$

式中：

$$\psi'(t) = dy/dt, \psi''(t) = d^2y/dt^2$$
$$\varphi'(t) = dx/dt, \varphi''(t) = d^2x/dt^2$$

对于所采用的三阶贝塞尔曲线，闭合曲线的一阶导可表示为

$$B'(t)|_{t=0} = [\psi'(t), \varphi'(t)]|_{t=0} = 3(CP_5 - CP_4) \tag{5-53}$$

$$B'(t)|_{t=1} = [\psi'(t), \varphi'(t)]|_{t=1} = 3(CP_1 - CP_6) \tag{5-54}$$

对于式(5-53)、式(5-54)继续求导可得：

$$B''(t)|_{t=0} = [\psi''(t), \varphi''(t)]|_{t=0} = 6(CP_6 - 2CP_5 + CP_4) \tag{5-55}$$

$$B''(t)|_{t=1} = [\psi''(t), \varphi''(t)]|_{t=1} = 6(CP_1 - 2CP_6 + CP_5) \tag{5-56}$$

由于控制线 4 和控制线 6 的方向已经确定，因此 CP_5 和 CP_6 的横坐标与纵坐标线性相关。因此 $\varphi'(t)$、$\psi'(t)$、$\varphi''(t)$ 和 $\psi''(t)$ 可以由 CP_5 和 CP_6 的坐标推导出，并带入式(5-52)中求得 CP_5 和 CP_6 的坐标。

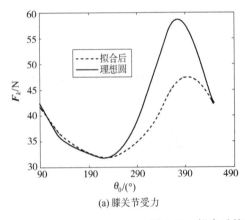

(a) 膝关节受力

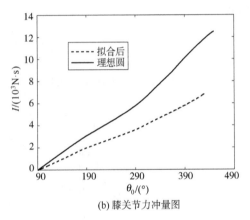

(b) 膝关节力冲量图

图 5-25　拟合后轨迹膝关节受力及冲量图

图 5-25 给出了拟合路径上的关节力曲线，与原始路径(理想圆)上的关节力相比，拟合路径上的膝关节力平均下降 8.79%，最大值下降 19.2%。每一周期内人体膝关节冲量降低约 42.8%。

5.4.3　实验

图 5-26　人机交互实验

为了验证优化算法的有效性，开展了人机交互实验，如图 5-26 所示。受试者为没有肌肉骨骼和神经损伤的健康成年男性(年龄：25 岁，体重 72 kg，身高 172 cm)验，并使用最小二乘法识别动力学参数。实验期间，受试者被要求放松下肢。两个力传感器用于测量人机交互力，一个(DYMH-103(50 kg))安装在踏板上用于测量 $\boldsymbol{F}_{JS}$，另一个(DYMH-103(100 kg))则安装在线性驱动器 1 的输出端，用于测量驱动力 $\boldsymbol{F}_B$。实验中

下肢康复机构应该遵循期望的最优轨迹,选择比例微分(PD)控制器以确保下肢康复机构能够完成轨迹跟踪任务。如图 5-27 所示,下肢康复机构运动学模型从最优轨迹规划器接收位置命令 (x,y) ,并生成线性驱动器的长度 L_d ,然后通过线性驱动器的运动学模型将 L_d 转换为线性驱动器电动机转动角度 θ_d 、θ_d 和线性驱动器电动机的实际位置反馈 θ_a 差值由 PD 控制器处理,以生成下肢康复机构的控制命令。在图 5-27 中,L_0 为线性驱动器的最小长度,s 为线性驱动器螺距。

由于膝关节力 $\boldsymbol{F}_k$ 可以表示为

$$\boldsymbol{F}_k = \boldsymbol{F}_{JS} - m_7 \boldsymbol{a}_7 - m_7 \boldsymbol{g} \tag{5-57}$$

如前所述,速度和加速度对 $\boldsymbol{F}_k$ 的影响可以忽略不计,$m_7 \boldsymbol{g}$ 为常数,因此 $\boldsymbol{F}_{JS}$ 可以直接反映 $\boldsymbol{F}_k$ 的变化。

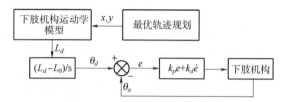

图 5-27 下肢康复机构控制框图

在实验之前,受试者进行了短期下肢康复训练培训,使其熟悉下肢康复机构的实验过程。在人机交互实验中,受试者被要求放松下肢,其下肢由康复机构牵引,分别沿着理想圆和优化路径完成被动踏板康复训练,并记录 10 次重复运动。下肢康复机构分别沿着理想圆和优化路径移动,并计算 $\boldsymbol{F}_{JS}$ 和 $\boldsymbol{F}_B$ 的平均值和标准差,理想圆和优化路径之间的 $\boldsymbol{F}_{JS}$ 和 $\boldsymbol{F}_B$ 的比较如图 5-28 所示。

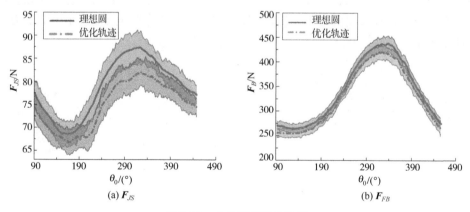

图 5-28 人机交互实验结果

如图 5-28(a)所示,踏车训练实验数据在两条路径上均具有较小的标准偏差,说明实验具有较好的可重复性。人机交互力的最大值在 340°附近,相互作用力的最小差值在 170°附近。这些特征与图 5-24 所示的最优规划方法(点 CP_1 和点 CP_4)一致。在实验过程中,保持下肢放松并不容易,尤其是当下肢被拉到远点(接近 270°)时,人腿会不由自主地想要控制自己的腿以保持平衡(尽管没有不平衡的风险),这一现象可以通过图 5-28(a)中运动最远点附近(接近 340°),实验数据更大的标准偏差来验证。然而,在实验前进行简单的训练是必要的,可以帮助减轻紧张情绪的影响。F_B 的值与相互作用力和力矩臂有关,随着训练半径和相互作用力在最优轨迹上的减小,驱动力也减小,如图 5-28(b)所示。由于相互作用力的力矩臂对驱动力的影响更大,因而驱动力的最大值下降明显。

如图 5-28(a)所示,在最优路径上相互作用力、驱动力和力波动都减小,其最大人机交互力下降 5.8%,力波动下降 19.8%。线性致动器 1(F_B)的驱动力平均下降 5.5%。所提出的最优路径规划算法在人机交互实验中取得较好的效果。

5.5　本章小结

针对下肢康复机构人机系统耦合动力学特性,以足部人机交互力作为关联点采用基于虚功原理的方法建立了以牵引力为驱动力的人机系统动力学模型。为了解牵引力对下肢关节产生的附加力影响,对屈髋、屈膝及踏车模式下人机系统动力学特性进行了研究,得到了如下有效结论:①牵引式下肢康复运动中,下肢关节受力主要受到训练位置的影响;②进行屈膝模式训练时,为减小关节受力,应使大腿重量全部由坐垫支撑;③牵引式下肢康复运动中,髋关节受力较膝关节受力大;④踏车训练模式训练中,膝关节受力变化范围较髋关节受力变化范围大。

为减少康复过程中牵引力波动对关节造成的冲击,提出了一种基于梯度下降和贝塞尔曲线拟合的最优路径规划方法。规划过程基于原始理想圆划分为一系列运动步骤,在此步骤上应用梯度下降和拉格朗日乘子方法搜索最优训练路径。最后,利用贝塞尔曲线对最优路径进行拟合,得到一条闭合的训练路径。为了验证优化算法的有效性,进行了理论分析和实验。仿真和实验结果表明,该训练路径优化算法能有效地减小关节受力,对关节的冲击较小。

第6章
下肢康复人机系统参数辨识

6.1 引　言

　　下肢康复机构与人体下肢是一个运动学及动力学的耦合系统,对于耦合系统运动学、动力学特性及稳定控制的研究离不开建立准确的系统运动学及动力学模型。而运动学及动力学模型的建立需要得到人机系统较为准确的运动学及动力学参数,目前对动力学参数的获取方法主要分为 CAD 方法、实验测量法及理论辨识法。CAD 方法主要用于机器人机械本体运动学及动力学参数的获取,通常通过 CAD 软件建立机器人本体三维模型,通过 CAD 软件提供的测量功能获取机械本体各杆件或组成部分的转动惯量、质量、质心位置、长度等参数。但由于材料差异、加工误差及装配附件等因素影响,软件获取的机械参数往往与实际存在差异。实验测量法则利用专业的测量装置对机器人或人体运动学及动力学参数进行测量,具有准确度高的特点,如我国研究人员通过选用高精度的人体惯性参数测量系统对成年男、女子肢体惯性参数进行了测量,建立了计算中国成年人人体惯性参数关于身高和体重的回归方程,并制定了《成年人人体惯性参数》国家标准。受限于测量装置测量能力及被测对象结构复杂程度,基于测量的方法往往只能获取部分尺寸及惯性参数。

　　理论辨识法则是通过康复机器人与使用者在运动过程中采集的运动数据和交互力数据,根据动力学及运动学关系通过算法实现对动力学参数的识别。随着计算机技术和相关理论的不断发展以及各种构型下肢康复机构系统的不断涌现,人机参数识别方法也不断发展。其中比较广泛的辨识方法有递推最小二乘法、粒子群算法和神经网络算法等。

　　本章通过对人机系统耦合结构进行分析,建立人机系统结构耦合运动学模型,针对利用传感器反馈测量人体下肢姿态时存在的结构性误差,引入误差常量,建立含有误差常量的人机系统运动学参数辨识模型,最后采用递归最小二乘法及粒子群算法对辨识模型的有效性进行了验证。

　　在指定训练动作下的期望交互力数据来自精确的人机系统动力学模型,而建立精确的动力学模型需要得到下肢康复机构各部分尺寸参数以及被试使用者的人体参数。其中使用者下肢的各项惯性参数较难直接获取,中国成年人人体惯性参数标准库中提供了成年人下肢惯性参数计算的回归方程,可由使用者的身高体重计算出使用者下肢惯性参数的估计值。但由于标准库并未考虑每个个体的特异性,因而对于特定的使用者,经由回归方程计算出的下肢惯性参数准确性不足,导致其作为人机动力学模型的参数输入时可能会使期望数据的计算产生较大误差。因此,本章还将建立使用者与下肢康复机构组成的人机系统模型,并在此基础上提出一种人体下肢动力学参数辨识算法并引入国家标准库中人体惯性参数数据,对使用者的下肢惯性参数进行较为精确的辨识。

6.2　下肢康复人机系统耦合运动建模

第3章人机系统运动学建模中,对人机系统之间的相对关系简化处理,如将髋关节转动中心设置于坐垫上,人体足部与脚踏板上滑块重合,采用人体腿部倾角代替简化人体下肢两连杆模型倾角等。简化模型降低了人机系统建模复杂度,可以满足日常下肢康复训练时运动规划需求,但如果需要精确控制人体下肢活动范围即精确控制人体下肢关节运动角度,则这种简化方法会造成建模误差,本节将在人机系统中的耦合结构特征的基础上,建立较为精确的人机系统简化机构模型,并对优化前后运动学模型效果进行对比分析。

6.2.1　人机系统耦合结构特性分析

在第3章建立人体下肢运动学模型中,假设了人体髋关节位于轮椅坐垫上,髋关节转

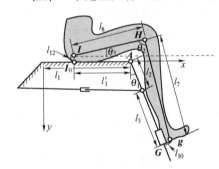

图6-1　人机系统拓扑结构

动中心与坐垫重合,人体足跟则与康复机器人踏板末端重合。但实际上,人体髋关节与坐垫及足跟与康复机器人踏板之间均存在一个垂直距离。如图6-1所示,而实际人体下肢由于肌肉骨骼结构尺寸的限制,如上两者之间并不重合,同时在实际使用中,坐垫及鞋跟厚度还会加重这一影响,这些因素的存在对人机系统运动学建模会带来不可避免的建模误差。这些参数以图6-1所示 l_{12} 及 l_{10} 进行描述。其中 l_{12} 为包含坐垫厚度、人体髋关节厚度在内的参数,表征臀部与坐垫支撑点 I_0 到踝关节转动中心 I 的距离,l_{10} 为由人体足部厚度及鞋跟厚度决定的参数,表征下肢简化模型与脚踏板实际铰接点 g 距滑块 G 的距离。这些参数与人体结构尺寸相关,称之为耦合结构参数。

6.2.2　人机耦合运动学建模

根据6.2.1中人机系统拓扑结构分析,基于新引入的耦合结构参数,本节将考虑这部分因素对人机系统的运动学模型进行优化,同时建立起关节空间与训练空间之间的映射关系。

如图 6-1 所示，以下肢康复机构腿部模块关节空间参数描述的人体下肢足跟点 g 位置方程为

$$\begin{cases} x_g = l_1 + l_3 \sin\theta_1 + l_{10}\cos\theta_1 \\ y_g = l_3\cos\theta_1 - l_{10}\sin\theta_1 \end{cases} \tag{6-1}$$

由式(6-1)，可得：

$$\frac{x_g - l_{10}\cos\theta_1 - l_1}{\sin\theta_1} = \frac{y_g + l_{10}\sin\theta_1}{\cos\theta_1} \tag{6-2}$$

从而有：

$$y_g\sin\theta_1 + (l_1 - x_g)\cos\theta_1 + l_{10} = 0$$

写为简化形式：

$$a\sin\theta_1 + b\cos\theta_1 + c = 0 \tag{6-3}$$

式中，$a = y_g$，$b = (l_1 - x_g)$，$c = l_{10}$。

对式(6-3)做如下变形处理：

$$\frac{1+\cos\theta_1}{2}\left(2a\frac{\sin\theta_1}{1+\cos\theta_1} + 2b\frac{\cos\theta_1}{1+\cos\theta_1} + 2c\frac{1}{1+\cos\theta_1}\right) = 0$$

进一步有：

$$\frac{1+\cos\theta_1}{2}\left(2a\tan\frac{\theta_1}{2} + 2b\frac{\cos^2\frac{\theta_1}{2} - \sin^2\frac{\theta_1}{2}}{2\cos^2\frac{\theta}{2}} + 2c\frac{\cos^2\frac{\theta_1}{2} + \sin^2\frac{\theta_1}{2}}{2\cos^2\frac{\theta_1}{2}}\right)$$

$$= \frac{1+\cos\theta_1}{2}\left(2a\tan\frac{\theta_1}{2} + b - b\tan^2\frac{\theta_1}{2} + c + c\tan^2\frac{\theta_1}{2}\right)$$

$$= \frac{1+\cos\theta_1}{2}\left[(c-b)\tan^2\frac{\theta_1}{2} + 2a\tan\frac{\theta_1}{2} + (b+c)\right]$$

$$= (c-b)\tan^2\frac{\theta_1}{2} + 2a\tan\frac{\theta_1}{2} + (b+c) = 0$$

对上式利用求根公式可得：

$$\tan\frac{\theta_1}{2} = \frac{-2a \pm \sqrt{4a^2 - 4(c^2 - b^2)}}{2(c-b)} = \frac{a \pm \sqrt{a^2 - c^2 + b^2}}{b-c}$$

从而可得以足跟位置(x_g, y_g)描述的关节空间广义坐标(θ_1, l_3)表达式：

$$\begin{cases} \theta_1 = 2\arctan\left(\dfrac{y_g - \sqrt{y_g^2 - l_{10}^2 + (l_1 - x_g)^2}}{l_1 - x_g - l_{10}}\right) \\ l_3 = \sqrt{(x_g - l_1)^2 + y_g^2 - l_{10}^2} - l_2 \end{cases} \tag{6-4}$$

在下肢康复训练空间中，足跟位置还与下肢简化模型广义坐标(θ_2, θ_3)有关，如图 6-1 所示，以训练空间广义坐标为描述的人体下肢足跟 g 的表达式为

$$\begin{cases} x_g = l_1 - l_1' + l_8 \cos \theta_3 - l_7 \cos(\theta_2 + \theta_3) \\ y_g = -l_{12} - l_8 \sin \theta_3 + l_7 \sin(\theta_2 + \theta_3) \end{cases} \tag{6-5}$$

式(6-5)写为矩阵形式：

$$\begin{pmatrix} x_g \\ y_g \end{pmatrix} = \begin{pmatrix} l_8 & -l_7 \\ -l_8 & l_7 \end{pmatrix} \begin{pmatrix} \cos \theta_3 & \cos(\theta_2 + \theta_3) \\ \sin \theta_3 & \sin(\theta_2 + \theta_3) \end{pmatrix} + \begin{pmatrix} l_1 - l_1' \\ -l_{12} \end{pmatrix}$$

将式(6-5)代入式(6-4)，则可得到即可得到包含耦合结构参数的训练空间(θ_2, θ_3)到关节空间(θ_3, l_3)的映射关系。

$$\begin{pmatrix} \theta_1 & l_3 \end{pmatrix}^{\mathrm{T}} = f_{JT}\left(\begin{pmatrix} \theta_2 & \theta_3 \end{pmatrix}^{\mathrm{T}} \right) \tag{6-6}$$

引入耦合结构参数后，训练空间与关节空间的速度映射关系可通过对如上推导的运动学模型求导得到。对式(6-1)两端求导可得：

$$\begin{cases} v_{gx} = l_3 \cos \theta_1 \omega_1 + v_3 \sin \theta_1 - l_{10} \sin \theta_1 \omega_1 \\ v_{gy} = -l_3 \sin \theta_1 \omega_1 + v_3 \cos \theta_1 - l_{10} \cos \theta_1 \omega_1 \end{cases} \tag{6-7}$$

由式(6-7)可关节空间中足跟速度(v_{gx}, v_{gy})与广义坐标之间的映射关系：

$$\begin{cases} \omega_1 = \dfrac{v_{gx} \cos \theta_1 - v_{gy} \sin \theta_1}{l_3} \\ v_3 = v_{gx}\left(\sin \theta_1 + \dfrac{l_{10} \cos \theta_1}{l_3} \right) + v_{gy}\left(\cos \theta_1 - \dfrac{l_{10} \sin \theta_1}{l_3} \right) \end{cases}$$

将上式改写成矩阵形式有：

$$\begin{pmatrix} \omega_1 \\ v_3 \end{pmatrix} = \boldsymbol{A} \begin{pmatrix} v_{gx} \\ v_{gy} \end{pmatrix} \tag{6-8}$$

式中：

$$\boldsymbol{A} = \begin{pmatrix} \dfrac{\cos \theta_1}{l_3} & -\dfrac{\sin \theta_1}{l_3} \\ \sin \theta_1 + \dfrac{l_{10} \cos \theta_1}{l_3} & \cos \theta_1 - \dfrac{l_{10} \sin \theta_1}{l_3} \end{pmatrix}$$

训练空间中，对式(6-5)两端求导可得到足跟速度(v_{gx}, v_{gy})与广义坐标(θ_2, θ_3)之间的映射关系：

$$\begin{cases} v_{gx} = l_7 \sin(\theta_2 + \theta_3) \omega_2 + [l_7 \sin(\theta_2 + \theta_3) - l_8 \sin \theta_3] \omega_3 \\ v_{gy} = l_7 \cos(\theta_2 + \theta_3) \omega_2 + [l_7 \cos(\theta_2 + \theta_3) - l_8 \cos \theta_3] \omega_3 \end{cases}$$

写为矩阵形式有：

$$\begin{pmatrix} v_{gx} \\ v_{gy} \end{pmatrix} = \boldsymbol{B} \begin{pmatrix} \omega_2 \\ \omega_3 \end{pmatrix} \tag{6-9}$$

式中：

$$\boldsymbol{B} = \begin{pmatrix} l_7 \sin(\theta_2 + \theta_3) & l_7 \sin(\theta_2 + \theta_3) - l_8 \sin \theta_3 \\ l_7 \cos(\theta_2 + \theta_3) & l_7 \cos(\theta_2 + \theta_3) - l_8 \cos \theta_3 \end{pmatrix}$$

依据式(6-8)、式(6-9)可得训练空间与关节空间的速度间的映射关系如下：

$$\begin{pmatrix} \omega_1 \\ v_3 \end{pmatrix} = A \begin{pmatrix} v_{gx} \\ v_{gy} \end{pmatrix} = AB \begin{pmatrix} \omega_2 \\ \omega_3 \end{pmatrix} = C \begin{pmatrix} \omega_2 \\ \omega_3 \end{pmatrix} \tag{6-10}$$

由式(6-8)、式(6-9)可知，虽然在运动学模型中引入了耦合结构参数，但当人体下肢与下肢康复机构位置固定后，下肢髋关节简化中心 l 与下肢康复机构铰链 A 的相对位置 l_1'、人体下肢参数 l_7、l_8、耦合结构参数度 l_8 及 l_{10} 均为与结构有关的常量，人体下肢足跟 g 的位置、速度以及人体下肢简化模型关节角度 (θ_2, θ_3) 和角速度 (ω_2, ω_3) 是关节空间广义坐标 (θ_1, l_3) 的函数，仍然可以通过控制广义坐标 (θ_1, l_3)，实现对下肢运动的规划及控制，从而实现不同的训练功能。

6.3 基于传感器反馈的运动学参数辨识

6.3.1 人机系统参数辨识模型

6.2 节中建立可包含耦合结构参数的人机系统优化运动学模型，但也引入了新的未知参数，本节将基于传感器反馈，对优化后的运动学模型中所涉及的运动学参数进行辨识。

下肢康复机构人机系统运动学模型(6-6)中，l_7、l_8、l_1'、l_{12} 和 l_{10} 这 5 个参数在实际应用中无法通过测量手段获取。因此在应用该式进行人体下肢运动规划时需要对这 5 个运动学参数进行辨识。

根据式(6-1)、式(6-5)，机器人关节空间与人体下肢训练空间之间的关系式为

$$\begin{cases} l_1 + l_3 \sin\theta_1 + l_{10}\cos\theta_1 = l_1 - l_1' + l_8\cos\theta_3 - l_7\cos(\theta_2 + \theta_3) \\ l_3\cos\theta_1 - l_{10}\sin\theta_1 = -l_{12} - l_8\sin\theta_3 + l_7\sin(\theta_2 + \theta_3) \end{cases} \tag{6-11}$$

由(6-11)可知，若可以实时获取人体下肢广义坐标 (θ_2, θ_3)，结合下肢康复机构关节空间广义坐标 (θ_1, l_3)，则可以通过下肢康复机构牵引人体下肢完成一组已知运动实现对 l_7、l_8、l_1'、l_{12} 和 l_{10} 的辨识。

本书中将人体下肢简化为平面两连杆机构 IHg，该机构实际上是基于人体肌肉骨骼结构的导出参数，描述其特征的连杆长度、转动角度信息无法直接测量得到。穿戴式下肢康复机构人体下肢关节运动与机器人关节运动同步，机器人关节运动信息可反映人体下肢关节运动。如第 3 章所述，本书中牵引式下肢康复机构关节运动通过人机耦合运动方式传递至人体下肢，耦合运动方式以运动学映射矩阵体现。在对运动学映射矩阵中未知的下肢简化模型连杆长度进行辨识时需要获知下肢关节转动角度信息，这通过在下肢表面安装倾角传感器获取。但这种获取方式显然存在问题，即下肢表面倾角并不能代表下肢简化模型连杆倾角。基于倾角传感器下肢姿态测量方案如图 6-2 所示，在人体下肢上

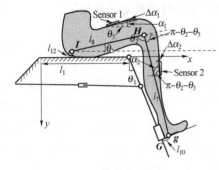

图 6-2　下肢姿态检测原理

安装倾角传感器 Sensor 2 和 Sensor 1,图中 α_1、α_2 为传感器 1、2 测量得到的人体下肢与水平面间的倾角。可显见,由于人体肌肉骨骼组织的限制,传感器 1、2 测量基准平面与患者下肢骨骼简化连杆模型的连杆并不平行,其测量值不能准确反映患者下肢的真实角度。

在图 6-2 所示测量原理中,当传感器 1、2 在下肢大腿及小腿上固定后,传感器测量基准平面与人体下肢连杆所呈角度偏差在下肢康复训练过程中为常量。从而若能够得到该角度偏差,则仍然可以利用倾角传感器测量下肢关节角。此处设该角度偏差分别为 $\Delta\alpha_1$、$\Delta\alpha_2$,则下肢关节角度与传感器 1、传感器 2 测量角度之间可用如下关系式描述:

$$\theta_3 = \alpha_1 + \Delta\alpha_1$$
$$\theta_2 = \pi - \alpha_2 + \Delta\alpha_2 - \theta_3 \tag{6-12}$$

将式(6-12)代入到式(6-11)可得:

$$CX = D \tag{6-13}$$

式中:

$$X = (l_{12}, l_{10}, l_1', l_7\cos\Delta\alpha_2, l_7\sin\Delta\alpha_2, l_8\cos\Delta\alpha_1, l_8\sin\Delta\alpha_1)^T$$

$$C = \begin{pmatrix} 0 & \cos\theta_1 & 1 & -\cos\alpha_2 & \sin\alpha_2 & -\cos\alpha_1 & \sin\alpha_1 \\ 1 & -\sin\theta_1 & 0 & -\sin\alpha_2 & -\cos\alpha_2 & \sin\alpha_1 & \cos\alpha_1 \end{pmatrix}$$

$$D = \begin{pmatrix} -l_3\sin\theta_1 \\ -l_3\cos\theta_1 \end{pmatrix}$$

式(6-13)中,矩阵 C、D 中的变量 θ_1、l_3、α_2、α_2 在实际应用中可通过传感器测量得到,向量 X 中参数则全部为无法测量得到的常量,可通过参数辨识的方法得到。对比式(6-13)和式(6-6)可见,当引入测量角度偏差 $\Delta\alpha_1$、$\Delta\alpha_2$ 后,下肢康复人机系统运动学模型中需要辨识的参数由 5 个增加至 7 个,其中大小腿长度 l_7、l_8 在辨识矩阵中与测量角度偏差 $\Delta\alpha_1$、$\Delta\alpha_2$ 存在耦合关系,在依据式(6-13)完成参数辨识后,$\Delta\alpha_1$、$\Delta\alpha_2$、l_7、l_8 的值可通过如下式确定:

$$\begin{cases} \Delta\alpha_2 = \arctan\left(\dfrac{X_5}{X_4}\right) \\ \Delta\alpha_1 = \arctan\left(\dfrac{X_7}{X_6}\right) \end{cases}$$

$$\begin{cases} l_7 = \sqrt{X_5^2 + X_4^2} \\ l_8 = \sqrt{X_6^2 + X_7^2} \end{cases}$$

式中,X_i 分别为辨识参数向量 X 中第 i($i=4,5,6,7$)个元素。

6.3.2 参数辨识方法

机器人运动学参数辨识方法比较广泛的辨识方法有递推最小二乘法、粒子群算法和神经网络算法等,本书采用粒子群方法对运动学参数及性辨识,并对传统粒子群算法进行改进,提出了一种改进的自收敛粒子群算法用于人机系统耦合参数识别。

1. 粒子群算法起源

粒子群算法(PSO)源自于人类对鸟群捕食行为的研究。在自然界中,鸟群在搜索食物的过程中,通过分享传递个体信息,使鸟群中其他个体实时掌握自己的位置,从而通过群体协作引导群体逐步接近食物源。1990 年,生物学家 Frank Heppner 建立了鸟类栖息模型。即当鸟群为找到合适的栖息地在空中飞行时,若群体中有小鸟发现较为合适的栖息地,则它会将该信息分享给鸟群的其他小鸟并飞向这个栖息地,收到该信息的鸟群也追随该小鸟快速向该栖息地聚集,最终整个鸟群找到较为合适的栖息地。

1995 年,美国社会心理学家 James Kennedy 博士和电气工程师 Russell Eberhart 博士在上述动物群体行为研究的基础上,提出了粒子群算法(PSO)。PSO 算法中,每个优化问题的解都是搜索空间中的一只鸟,称之为"粒子",粒子质量为零。所有的粒子都被赋予一个由被优化函数决定的适应度值,每个粒子还被赋予一个速度决定它们飞翔的方向和距离。之后所有粒子在运动中追随当前的最优粒子在解空间中进行搜索,直至达到最优解。粒子群算法以鸟群群体搜索行为为算法基础,其算法尚不具备完备的数学理论基础,但算法原理简单,所须调整的参数少,无须建立求解问题的精确数学模型,因此在参数优化领域得到了广泛应用。鸟群觅食与粒子群算法对应关系如表 6-1 所示。

表 6-1　鸟群觅食与粒子群算法的对应关系

鸟群觅食	粒子群算法	鸟群觅食	粒子群算法
鸟	粒子	每个位置食物的量	目标函数值
森林	求解空间	食物量最多的位置	全局最优解
鸟所处的位置	空间中的一个解		

2. 算法原理

标准粒子群算法原理如下,对于最优化问题:

$$\min f(x), \quad x \in (x_{\min}, x_{\max})$$

设在 n 维空间中,有 m 个粒子,其中第 i 个粒子的具有如下特征:

(1) 粒子的位置:$x_i = (x_{i_1}, x_{i_2}, \cdots, x_{i_n})$。

(2) 粒子的速度:$v_i = (v_{i_1}, v_{i_2}, \cdots, v_{i_n})$。

(3) 粒子 i 在历经 k 次飞行后最佳位置:$\mathrm{pbest}_i = (p_1, p_2, \cdots, p_n)$,在该位置,对应粒子 i 的适应度函数 $f_i(\mathrm{pbest}_i)$ 最小,该位置为个体局部历史最好位置。

（4）群体在历经 k 次飞行过程中的最佳位置：gbest $=(g_1,g_2,\cdots,g_n)$，在该位置，群体的适应度函数 $f(\mathrm{gbest}_i)$ 取得最小，该位置为群体全局历史最好位置，即

$$f(\mathrm{gbest})=\min(f_i(\mathrm{pbest}_i))$$

粒子 i 第 $k+1$ 次飞行时，其位置及速度更新公式：

$$x_i^{k+1}=x_i^k+v_i^k$$
$$v_i^{k+1}=\omega \cdot v_i^k+c_1 \cdot \mathrm{rand}_1()\cdot[\mathrm{pbest}_i-x_i^k]+c_2\cdot\mathrm{rand}_2()\cdot[\mathrm{gbest}-x_i^k]\tag{6-14}$$

式中，c_1、c_2 为加速因子或学习因子，$\mathrm{rand}_1()$、$\mathrm{rand}_2()$ 为 $[0,1]$ 之间的随机数，ω 为惯性因子。PSO 算法核心在于速度更新，对于式（6-14），其包含 3 个部分，第一部分为粒子当前速度，第二部分为"认知"部分，标识粒子自身的思考，可理解为粒子 i 当前位置与自己最好位置之间的距离。第三部分为"会"部分，表示粒子间的信息共享与合作，可理解为粒子 i 当前位置与群体最好位置之间的距离。

3. 算法流程

标准粒子群算法的流程图如图 6-3 所示，PSO 算法的流程如下：

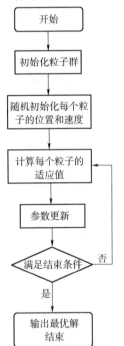

图 6-3　粒子群算法流程

（1）粒子群初始化。根据需求确定种子粒子群种群规模。

（2）随机初始化。对种群中各粒子初始位置、速度进行初始化。

（3）评价每个粒子的适应度值。

（4）参数更新。更新粒子的最佳位置、种群最佳位置，并依据速度和位置更新公式更新粒子位置。

（5）判断是否达到结束条件。结束条件为满足最大迭代次数或适应度值最小，满足则停止，并输出最优值，否则返回步骤3。

4. 参数选择

（1）种群规模

种群规模影响搜索速度，一般取 10~50，对于大部分优化问题 10 到 20 个粒子即可获得满意效果，对于比较复杂的优化问题可以取到 50 以上。

（2）惯性因子

惯性因子 ω 由 Shi 和 Eberhart 引入，其目的是使粒子保持运动惯性，具有扩展搜索空间的能力。当 ω 较大时，具有较强的全局寻优能力强，但局部寻优能力弱；ω 较小时具有较强的局部搜索能力，但全局寻优能力弱。当 $\omega=0$ 时，速度只取决于当前位置和历史最好位置，速度本身没有记忆性。通常认为在搜索初始阶段，为提高全局搜索能力，PSO 算法设置较大惯性因子，以获取合适的种子粒子，搜索行为快速收敛则设置较小惯性因子，较为一般的方法是通过设定线性递减的方法来动态调整惯性因子大小，即

$$\omega=\omega_{\min}+(\omega_{\max}-\omega_{\min})\frac{k_{\max}-k}{k_{\max}}\tag{6-15}$$

式中，$k_{\max}$ 表示最大迭代次数，$\omega_{\max}$、$\omega_{\min}$ 则表示所设置的最大和最小惯性因子。

（3）学习因子

学习因子c_1、c_2代表每个粒子向个体和全局最优位置靠拢的程度。当$c_1=0$时，PSO算法称为"无私"型PSO算法，此时，速度更新公式只有"社会"没有"认知"，通常会造成算法迅速丧失群体多样性而陷入局部最优。当$c_2=0$时，PSO算法称为"自我认知"型PSO算法，此时，速度更新公式只有"认知"没有"社会"，即粒子之间无信息共享，通常会造成算法收敛速度缓慢。通常学习因子在0～4之间取值。Shi和Eberhart研究中则取为$c_1=c_2=2$，也有研究认为开始迭代时，粒子在一个较大的空间进行搜索，应保证c_1较大，c_2较小，加快粒子群搜索速度；在迭代后期，粒子群的重心在全局最优解，保证c_1较小，c_2较大。

（4）最大搜索速度

最大搜索速度限制PSO算法每步步长，影响决定当前位置与最好位置之间的区域分辨率（精度）。速度如果太快，粒子有可能越过极小点；如果太慢，又有可能陷入局部极值区域。在采用PSO算法时应设置合适最大速度以保证的搜索精度与速度。

（5）停止条件

粒子群算法有两种终止条件可以选择，一是最大迭代次数，另一种是适应度函数满足指定的约束条件。

5. 改进 PSO 算法

采用粒子群算法时，通过给定下肢康复运动轨迹，在下肢康复机构牵引下肢运动过程中，采集多个时刻下肢康复机构和人体下肢广义坐标信息，从而获得N组采样点的数据。

根据PSO算法的原理，在通过粒子群算法辨识人机耦合系统运动学参数时，需要根据实际情况对粒子的初始化操作以及迭代过程中的边界条件进行限制，所有粒子的初始化位置也应该在这个范围内进行随机选择。设定PSO算法的适应度函数为

$$J = \sum_{i=1}^{N} \frac{1}{2}(D_i - \hat{D}_i)^\mathrm{T}(D_i - \hat{D}_i) \tag{6-16}$$

式中，D_i为由式（6-13）定义的参数矩阵，由测量得到的变量θ_1经直接计算得到的理论值，$\hat{D}_i$则为通过式（6-13）左侧矩阵变换计算得到的估计值。

根据式（6-14）设定好惯性因子ω和学习因子c_1、c_2的值，并设定好迭代过程停止的条件后，按照图6-3所示步骤进行粒子群的迭代过程。

如果粒子群中的部分粒子在位置更新和速度更新后超出设定的合理范围，通过限制条件将其拉到合理的边界处。每次迭代过程中，粒子的位置更新后，重新计算各个粒子的适应度，然后根据适应度的数值对局部最优解和全局最优解进行更新，再进行下一轮的迭代，直到某个粒子的适应度函数达到迭代停止条件的要求，根据该粒子的信息计算得到的即为式（6-13）中所需辨识的参数X的最优值。

PSO算法中惯性因子ω和学习因子c_1、c_2的选择对算法最终的收敛性和精度有很大影响。本书中提出了一种改进的方法，对惯性因子ω、学习因子c_1、c_2的取值非线性动态改变，提高了算法的收敛速度和精度。

由上节 PSO 算法分析可知，惯性因子 ω 参数决定了在下一步搜索中应保留多少上一搜索步骤的速度，与全局搜索能力有关。ω 参数的值与粒子群算法的全局搜索能力成正比，与局部搜索能力成反比。为了在开始阶段能够使用较大的惯性因子来加强粒子群算法的全局搜索能力，并在后续阶段能够使用较小的惯性因子来细化搜索，我们在迭代过程中实时调整 ω 参数的数值，可调 ω 参数的表达式可以写成如下形式：

$$\omega = \left[1 - \left(\frac{J_{\min}}{J_{\max}} \right)^k \right] (\omega_{\max} - \omega_{\min}) + \omega_{\min} \tag{6-17}$$

式中：$J_{\min}$ 和 $J_{\max}$ 分别为第 i 次迭代后，该次迭代的适应度函数的全局最小值和全局最大值；k 是一个非负常数，用于提高粒子群算法在初始粒子较为分散时的全局搜索能力；该方法与其他粒子群方法不同，ω 参数的值与适应度函数间存在函数关系，并可以根据粒子的分散情况调整惯性因子 ω。

相应的，学习因子 c_1、c_2 的取值同样被设计为可调整的，通过在迭代过程中的实时调整，使学习因子 c_1 随着迭代由大到小变化，学习因子 c_2 随着迭代由小到大变化，在前期保证全局搜索能力，在后期保证能够快速收敛到全局最优值，可调 c_1、c_2 参数的表达式可以写成如下形式：

$$\begin{cases} c_1 = c_{1\min} + \left(1 - \left(\frac{J_{\min}}{J_{\max}} \right)^k \right) (c_{1\max} - c_{1\min}) \\ c_2 = c_{2\min} + \left(\frac{J_{\min}}{J_{\max}} \right)^k (c_{1\max} - c_{1\min}) \end{cases} \tag{6-18}$$

式中：$c_{1\min}$ 和 $c_{1\max}$ 分别为 c_1 的初值和终值，$c_{2\min}$ 和 $c_{2\max}$ 分别是 c_2 的初值和终值，其他符号与惯性因子 ω 表达式中含义相同。

对比式(6-14)，在使用式(6-17)、式(6-18)更新学习因子和惯性因子时，在参数更新阶段，还需要获取当次迭代全局最小适应度 $J_{\min}$ 和全局最大适应度 $J_{\max}$。随着 PSO 算法的迭代进行，$J_{\min}$ 与 $J_{\max}$ 之间的差值逐渐缩小，直至达到最优解，即 $J_{\min} = J_{\max}$。该方法借鉴了粒子群算法生物学原理中，鸟群由分散到聚集的觅食特征，以适应度函数作为学习因子与惯性因子全局变化的引导变量，在算法开始前无须设定迭代次数，算法初始时，粒子分散度大，则 $J_{\min}$ 与 $J_{\max}$ 之间差异性大，相应的惯性因子 ω 与学习因子 c_1 数值较大，而学习因子 c_2 数值较小，表现为粒子自我认知能力高，算法全局搜索能力强。而随着算法迭代，粒子群体由无序逐渐转为有序，分散度降低，$J_{\min}$ 与 $J_{\max}$ 之间的差值逐渐缩小，相应的惯性因子 ω 与学习因子 c_1 数值较小，而学习因子 c_1 数值较大，表现为粒子社会性能力增强，算法局部搜索能力强，进而快速引导算法收敛于最优值。

6.3.3 模型有效性验证

1. 模型有效性验证

对于 6.2.2 中所建立的含有耦合结构参数的人机系统运动学模型，通过在训练空间规划屈膝运动、屈髋运动、踏车运动 3 种康复运动，并利用运动学模型将期望的训练空间轨迹映射为关节空间轨迹,再使用人机系统运动学模型反向求解训练空间广义坐标参数,以此验证人机系统运动学模型的准确性。仿真实验参数如表 6-2 所示。

表 6-2 仿真实验参数

参数	l_1'	l_1	l_2	l_5	l_8	l_7	l_{10}	l_{12}	$\Delta\alpha_1$	$\Delta\alpha_2$
数值/mm	485	527	97.3	587.1	505	403	35	25	2°	3°

（1）屈髋运动

在屈髋运动仿真中,设定髋关节 θ_3 运动范围 0～30°,角速度 $\omega_3 = 10°/s$,膝关节角度 θ_2 保持 30°,在屈髋运动过程中,训练空间与关节空间运动轨迹如图 6-4 所示。

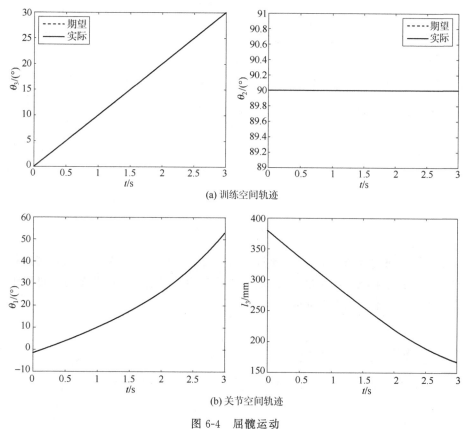

(a) 训练空间轨迹

(b) 关节空间轨迹

图 6-4 屈髋运动

（2）屈膝运动

屈膝模式仿真中设定膝关节 θ_2 运动范围 87°～180°,角速度 $\omega_2 = 10°/s$,髋关节角度 θ_3 保持 0°,在屈膝运动过程中,训练空间与关节空间运动轨迹如图 6-5 所示。

（3）踏车运动

在踏车运动仿真中设定康复路径为圆弧,根据下肢康复机构的工作区间,选取踏车运动仿真的圆心 $O(698 \text{ mm}, 234 \text{ mm})$,半径 $r = 100 \text{ mm}$,运动起点为圆心 O 的正下方,顺时针运动,角速度为 10°/s。踏车运动模式下运动轨迹为连续封闭轨迹,在踏车运动仿真中

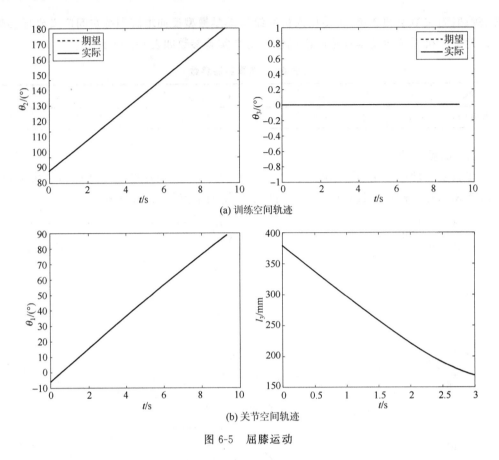

(a) 训练空间轨迹

(b) 关节空间轨迹

图 6-5　屈膝运动

将踏车运动轨迹映射至训练空间,并通过人机耦合运动模型计算关节空间轨迹,再将关节空间的运动映射为下肢足跟轨迹,验证足跟按照期望轨迹运行。在踏车运动过程中,足跟与关节空间运动轨迹如图 6-6 所示。

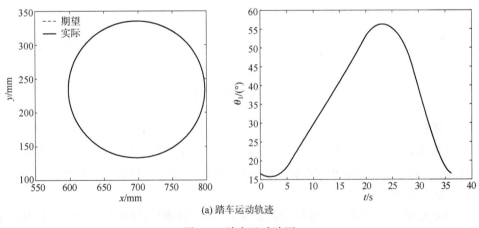

(a) 踏车运动轨迹

图 6-6　踏车运动验证

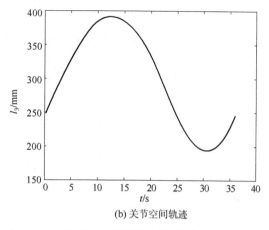

(b) 关节空间轨迹

图 6-6 踏车运动验证(续)

如图 6-4~图 6-6 所示,在屈髋运动、屈膝运动、踏车运动 3 种模式下规划轨迹与通过运动学模型映射后计算轨迹重合,证明引入耦合结构参数的下肢康复机构人机耦合运动学模型有效。

2. 耦合结构参数影响度分析

本书就是否考虑人机耦合结构提出了两种下肢康复机构人机系统运动学模型,本节将对耦合结构参数大小对人机系统运动的影响进行研究评价。

在本节中,以本章中建立的较为精确的人机耦合系统运动学模型(称之为优化后运动学模型)为参考,通过规划人机系统训练空间轨迹,并将其映射为关节空间轨迹,再使用未考虑耦合结构参数的运动学模型(称之为优化前运动学模型)将其映射至训练空间,形成新的训练空间轨迹,并比较分析优化前后训练空间运动轨迹差异,来对引入耦合结构参数的运动学模型精度的影响进行评价。

(1) 屈髋模式

在执行屈髋运动时,膝关节保持 90°,髋关节以 10°/s 从 0°运动至 30°,为实现这一轨迹,优化后模型计算得到的下肢康复机构关节轨迹如图 6-7 所示。

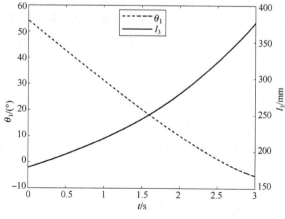

图 6-7 屈髋运动驱动轨迹

对于图 6-7 所示的屈髋运动驱动轨迹,膝关节和髋关节优化前轨迹与优化后轨迹如图 6-8 所示。优化前的运动学模型在训练空间产生的位置误差如图 6-9 所示。

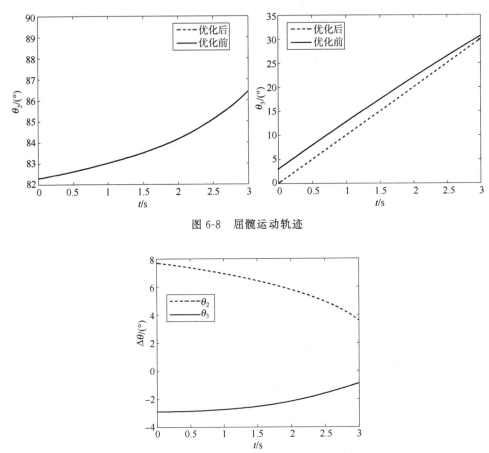

图 6-8　屈髋运动轨迹

图 6-9　屈髋角度误差

由图 6-9 可以见,在屈髋运动训练时,随屈髋角度增大,由耦合结构参数所造成的膝关节和髋关节角度误差逐渐减小。耦合结构参数对于膝关节和髋关节角度误差影响不同,在屈髋运动中,耦合结构参数对膝关节角度影响最大,最大误差可达 8°,而对于髋关节,其误差最高接近 3°左右。在执行屈髋运动过程中,膝关节角速度 ω_2 与髋关节角速度 ω_3 变化情况如图 6-10 所示,优化前的运动学模型在训练空间产生的速度误差如图 6-11 所示。

如图 6-11 所示,屈髋运动时,优化前的运动学模型,随屈髋角度增大,在膝关节及髋关节造成的速度误差增大。与角度误差不同,模型误差对髋关节关节角速度产生的影响较对膝关节角速度影响大,髋关节角速度误差最大接近 6°/s,膝关节角速度的误差最大约 2°/s。

（2）屈膝模式

在执行屈膝运动时,髋关节保持 0°,膝关节以 20°/s 从 87° 运动至 170°,为实现这一轨迹,优化后模型计算得到的下肢康复机构关节轨迹如图 6-12 所示。

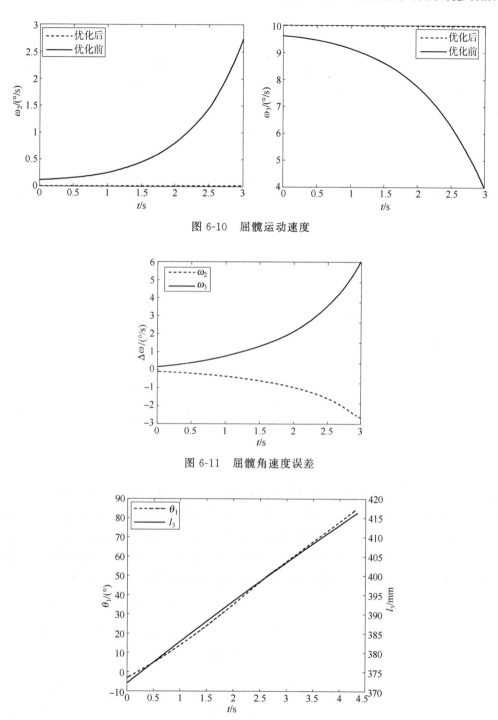

图 6-10　屈髋运动速度

图 6-11　屈髋角速度误差

图 6-12　屈膝运动驱动轨迹

　　在图 6-12 所示屈膝运动驱动轨迹下,膝关节与髋关节优化前轨迹与优化后轨迹如图 6-13 所示。优化前的运动学模型在训练空间产生的位置误差如图 6-14 所示。

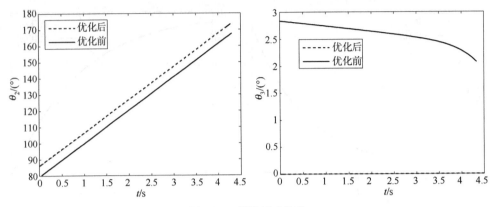

图 6-13　屈膝运动轨迹

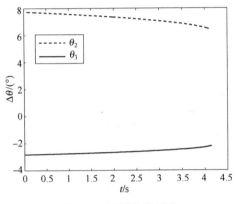

图 6-14　屈膝角度误差

　　由图 6-14 可见,与屈髋运动类似,随屈膝角度增大,由耦合结构参数所造成的膝关节和髋关节角度误差逐渐减小。耦合结构参数对于膝关节和髋关节角度误差影响不同,在屈膝运动中,耦合结构参数对膝关节角度影响最大,最大误差可达 8°,而对于髋关节,其最大误差接近 3°。在执行屈膝运动过程中,膝关节角速度 ω_2 与髋关节角速度 ω_3 变化情况如图 6-15 所示,优化前的运动学模型在训练空间产生的角速度误差如图 6-16 所示。

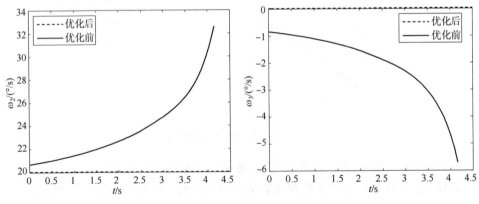

图 6-15　屈膝运动速度

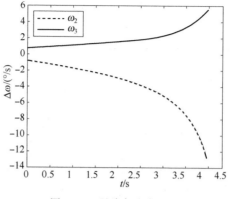

图 6-16　屈膝角速度误差

如图 6-16 所示,屈膝运动时,优化前的运动学模型,随屈膝角度增大,在膝关节及髋关节造成的速度误差增大。与屈髋运动相反,耦合结构参数对膝关节角速度产生的影响较对髋关节角速度影响大,膝关节角速度误差最大接近 12°/s,而髋关节角速度的误差最大约 6°/s。

(3) 踏车模式

踏车运动中下肢足跟康复路径为圆弧,根据下肢康复机构的工作区间,选取下肢足跟圆弧运动圆心为 $O(698\,\mathrm{mm}, 234\,\mathrm{mm})$,半径 $r = 100\,\mathrm{mm}$,起点为圆心 O 的正下方,顺时针运动,圆周运动角速度为 12°/s。优化后模型计算得到的下肢康复机构关节轨迹如图 6-17 所示。

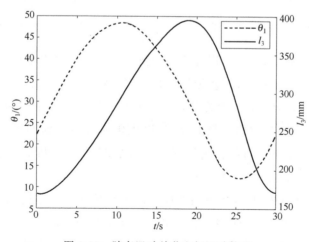

图 6-17　踏车运动关节空间运动轨迹

在图 6-17 所示下肢康复机构关节驱动轨迹牵引下,膝关节与髋关节优化前轨迹与优化后轨迹如图 6-18 所示,优化前的运动学模型在训练空间产生的位置误差如图 6-19 所示,优化前踏车运动足跟轨迹和期望轨迹如图 6-20 所示。

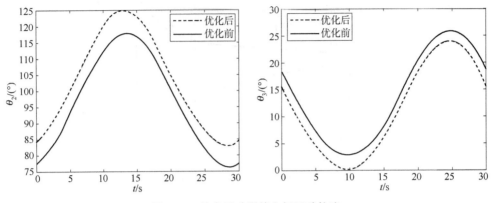

图 6-18 踏车运动训练空间运动轨迹

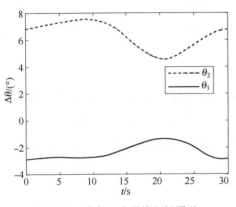

图 6-19 踏车运动训练空间误差

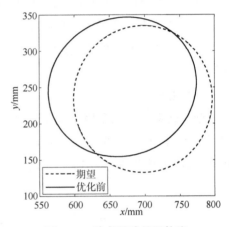

图 6-20 踏车运动足跟轨迹

由图 6-19 可见,踏车运动中,耦合机构参数对膝关节轨迹造成的误差大于对髋关节造成的误差,在踏车一周过程中,膝关节与髋关节轨迹误差呈现出波动趋势,在执行踏车运动时,优化前的运动学模型在膝关节处产生最高达近 7°的位置误差,在髋关节处的误差最高接近 3°。由于耦合结构参数的存在,以优化前模型得到的足跟轨迹已经不是圆形,这一结论也可从式(6-1)推得。由于耦合结构参数的存在,踏车轨迹与期望圆周轨迹出现较大偏移,最大偏移距离约 40 mm。

在执行踏车运动过程中,膝关节角速度与髋关节角速度变化情况如图 6-21 所示,优化前的运动学模型在训练空间产生的速度误差如图 6-22 所示。

由图 6-22 可以看出,在执行踏车运动时,优化前的运动学模型对关节速度也会造成影响,其造成的速度误差随踏车运动周期性波动,在−90°~180°期间,由耦合结构参数造成的速度误差呈增加趋势,而在 180°~270°期间,由耦合结构参数造成的速度误差呈减小趋势。忽略耦合结构参数在膝关节处最高产生 1.3°/s 的角速度误差,耦合结构参数髋关节的角速度造成的误差则最高约为 0.8°/s。

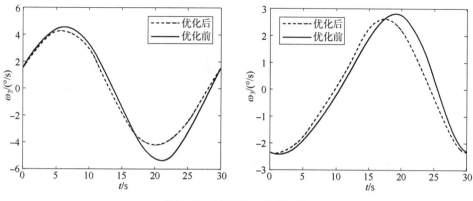

图 6-21　踏车运动关节速度

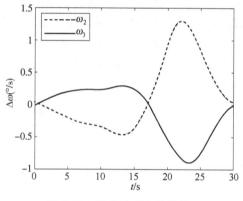

图 6-22　踏车运动速度误差

通过如上分析可见,在运动学建模时,忽略髋关节与坐垫的垂直高度 l_{12} 和足跟与踏板末端的距离 l_{10} 在训练空间产生较大的位置及速度误差,在对训练轨迹有较高要求的场景,则显然应考虑将该参数融入建模过程。

6.3.4　人机系统参数敏感度分析

如前 6.3.3 节所述,耦合结构参数对建模精度和训练空间运动存在较大影响,但该影响对不同的下肢关节影响程度不同,本节将对耦合结构参数大小对建模精度的影响进行进一步研究,以研究两个耦合机构参数对建模精度的影响程度。参照《中国成年人人体尺寸》(GB/T 10000—2023)中人体下肢数据,取 l_{10} 最大值为 100 mm, l_{12} 最大值 70 mm。

（1）耦合结构参数 l_{10} 敏感度分析

人机系统对耦合结构参数 l_{10} 的敏感度分析中,设膝关节期望角度为 120°,期望角速度为 4°/s;髋关节期望角度为 15°,期望角速度为 1°/s。 l_{12} 固定不变, l_{10} 由 0 变化至 70 m,下肢关节角度误差随 l_{10} 的变化情况如图 6-23 所示。

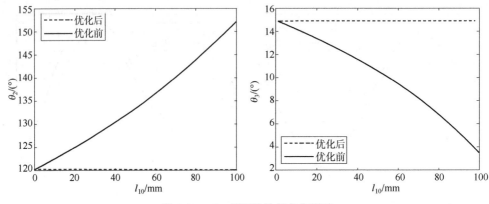

图 6-23 l_{10} 对下肢关节角度影响

由图 6-23 可以见,随 l_{10} 的增大,膝关节、髋关节角度误差逐渐增大,但实际关节角度变化趋势相反,随 l_{10} 增大,膝关节角度相对于期望角度逐渐增大,即 l_{10} 越大则膝关节越伸展,最大误差可达到 32°,而对于髋关节而言,随 l_{10} 增大髋关节角度相对于期望角度逐渐减小,即 l_{10} 越大则髋关节越向坐垫摆动,最大摆动角度 10.5°。训练空间下肢关节速度随 l_{10} 变化情况如图 6-24 所示。

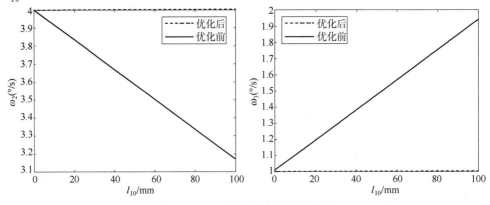

图 6-24 l_{10} 对下肢关节角速度影响

由图 6-24 可知,膝关节角速度与髋关节角速度误差与 l_{10} 程线性比例关系,随 l_{10} 增大膝关节角速度相对于期望角速度逐渐减小,而髋关节角速度则逐渐增大。

(2) 耦合结构参数 l_{12} 敏感度分析

分析参数 l_{12} 变化对建模精度的影响。仿真中,l_{10} 固定,l_{12} 由 0 变化至 70 mm,设膝关节期望角度为 120°,期望角速度为 4°/s,髋关节期望角度为 15°,期望角速度为 1°/s,训练空间位置误差随 l_{12} 的变化情况如图 6-25 所示。

由图 6-25 可以见,随 l_{12} 的增大,膝关节、髋关节角度误差逐渐增大,但实际关节角度变化趋势相反,随 l_{12} 增大,膝关节角度相对于期望角度逐渐增大,即 l_{12} 越大则膝关节越伸展,最大误差可达到 4°,而对于髋关节而言,随 l_{12} 增大髋关节角度相对于期望角度逐渐减小,即 l_{12} 越大则髋关节越向坐垫摆动,最大摆动角度 9.7°。训练空间下肢关节速度随 l_{12} 变化情况如图 6-26 所示。

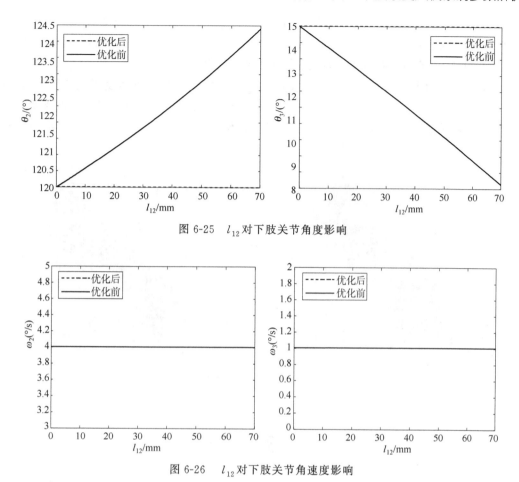

图 6-25 l_{12} 对下肢关节角度影响

图 6-26 l_{12} 对下肢关节角速度影响

由图 6-26 可知,l_{12} 对下肢关节速度没有影响,从式(6-5)中可看到,参数 l_{12} 以线性叠加方式耦合在运动学模型中,只对实际位置的垂直坐标产生影响。

(3) l_{10} 与 l_{12} 复合敏感度

l_{10} 与 l_{12} 共同作用时,下肢关节角度随 l_{10} 与 l_{12} 变化产生的位置误差如图 6-27 所示。

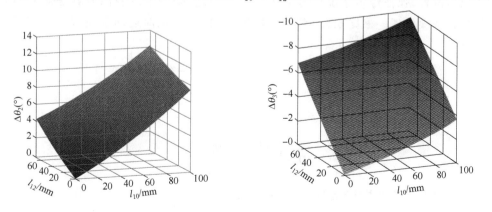

图 6-27 l_{10} 与 l_{12} 对下肢关节角度误差影响

由图可见,膝关节和髋关节的角度误差随着 l_{10} 和 l_{12} 的增加而增加,当 l_{10} 和 l_{12} 达到最大值时角度误差达到最大值。l_{10} 和 l_{12} 对膝关节和髋关节的角度误差的影响不同。与 l_{10} 相比,l_{12} 对膝关节的影响较小,对髋关节的角度影响较大。

l_{10} 与 l_{12} 共同作用时,下肢关节角度随 l_{10} 与 l_{12} 变化产生的角速度误差如图 6-28 所示。由图可见参数 l_{12} 对膝关节和髋关节的角速度没有影响,膝关节和髋关节角速度随着 l_{10} 的增加而增加。根据式(6-1),足跟位置与 l_{12} 没有关系。在训练空间中,l_{12} 是一个独立的参数,不与任何其他参数耦合。

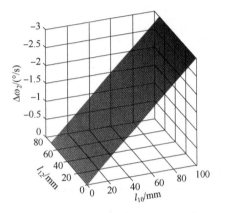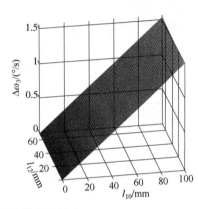

图 6-28　l_{10} 与 l_{12} 对下肢关节速角度误差影响

6.4　实　　验

对本节所提出的优化运动学模型以实验验证其有效性。实验中,实验人员(180 cm,70 kg)坐在康复机器人上,足部固定于足部交互模块,佩戴倾角传感器。选择踏车训练模式进行运动学参数的辨识,踏车轨迹中心:(698 mm,234 mm),轨迹半径:100 mm。运动起始点位于轨迹中心正下方,顺时针转动,运动角速度 12°/s。实验测试前调整倾角传感器位置,保证传感系统信号采集正常并固定,采用卡尔曼滤波算法对采集到的数据进行降噪处理。根据 6.3.1 节中参数辨识模型,优化前运动学模型的参数辨识矩阵如下:

$$\boldsymbol{X} = \left(l'_1, l_7 \cos \Delta \alpha_2, l_7 \sin \Delta \alpha_2, l_8 \cos \Delta \alpha_1, l_8 \sin \Delta \alpha_1 \right)^{\mathrm{T}}$$

$$\boldsymbol{C} = \begin{pmatrix} 1 & -\cos \alpha_2 & \sin \alpha_2 & -\cos \alpha_1 & \sin \alpha_1 \\ 0 & -\sin \alpha_2 & -\cos \alpha_2 & \sin \alpha_1 & \cos \alpha_1 \end{pmatrix}$$

$$\boldsymbol{D} = \begin{pmatrix} -(l_2 + l_3) \sin \theta_1 \\ -(l_2 + l_3) \cos \theta_1 \end{pmatrix}$$

最终辨识结果如表 6-3 所示。

表 6-3 参数辨识结果

参数	优化后模型	优化前模型	参数	优化后模型	优化前模型
l_7	399.7 mm	414.93 mm	l_{10}	55.3 mm	0
l_8	515.7 mm	501.46 mm	$\Delta\alpha_1$	2.54°	2.67°
l_1'	480.2 mm	446.72 mm	$\Delta\alpha_2$	1.75°	4.57°
l_{12}	25.7 mm	0			

采用屈髋和屈膝运动实验验证优化前和优化后运动学模型的有效性。根据表 6-3 识别结果，使用优化前和优化后模型来计算 (θ_1, l_3)，采用比例微分(PD)位置控制器来确保下肢康复机构能够跟踪 (θ_1, l_3) 的轨迹。

屈髋实验中，控制髋关节角度 6 s 内由 3°伸展至 20°，再按原速度返回。同时膝关节保持 115°不变，观察训练空间的运动情况，实验结果如图 6-29 所示。如图 6-29 所示，通过使用优化后模型，θ_2 和 θ_3 的最大角度误差分别约为 2.4°和 0.8°。然而，使用优化前模型，θ_2 和 θ_3 的最大角度误差分别约为 5°和 1.8°，约为优化后角度误差的两倍。

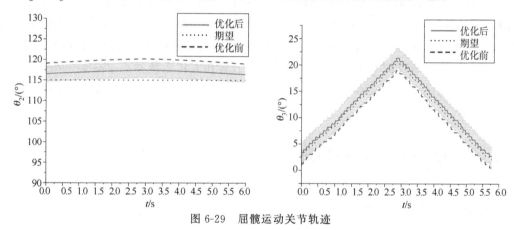

图 6-29 屈髋运动关节轨迹

屈膝实验中，控制膝关节角度 6 s 内由 115°伸展至 155°，再按原速度返回。同时髋关节保持 15°不变，观察训练空间的运动情况，实验结果如图 6-30 所示。如图 6-30 所示，通过使用优化后模型，θ_2 和 θ_3 的最大角度误差分别约为 4.2°和 3°。然而，使用优化前模型，θ_2 和 θ_3 的最大角度误差分别约为 10°和 7.2°，约为优化后模型误差的 2.5 倍。

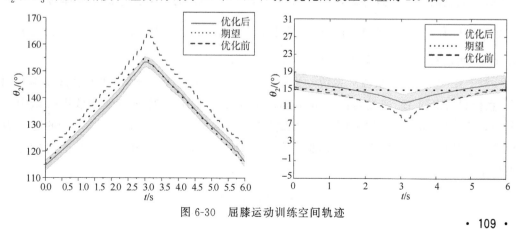

图 6-30 屈膝运动训练空间轨迹

6.5 下肢康复机构动力学参数辨识

下肢康复机构在牵引人体下肢运动中的期望动力学特性有赖于精确的人机系统动力学模型,而建立精确的动力学模型不仅要得到下肢康复机构各部分尺寸参数,还需要获取人机系统动力学参数。其中机器人动力学参数可通过 CAD 建模方法获取,但对于人体下肢动力学参数则无法通过测量或建模方法获取。中国成年人人体惯性参数标准库中提供了成年人下肢惯性参数计算的回归方程,可由使用者的身高体重计算出使用者下肢惯性参数的估计值。但由于标准库并未考虑每个个体的特异性,因而对于实际动力学模型的精确建模,由回归方程计算出的下肢惯性参数显然不能满足建模要求。

因此理论辨识方法成为人体下肢动力学参数辨识最为可行的方法,理论辨识方法通过实际测试获得实验数据采用参数辨识模型对动力学参数进行辨识,通常对当前实验系统动力学参数具有较好的识别精度,且辨识所需要的测量数据通常可通过多种手段获取,因此在实际应用中得到了较为广泛的应用。本节将在人机系统动力学模型基础上,提出一种融合国家标准库中人体惯性参数数据的人体下肢动力学参数辨识算法,以提高下肢动力学参数的准确性并实现动力学参数解耦。

6.5.1 动力学参数识别方法

1. 动力学模型线性化

动力学参数理论辨识法方法通常基于系统的动力学模型,对于机器人系统其动力学模型通常可写为如下形式:

$$M(\theta)\ddot{\theta}+C(\theta,\dot{\theta})\dot{\theta}+G(\theta)+F_f(\dot{\theta})=\tau \tag{6-19}$$

式中,τ 为机器人驱动力/力矩,$\theta=\left(\theta_1,\theta_2,...,\theta_n\right)^{\mathrm{T}}\in\boldsymbol{R}^n$ 为机器人系统广义坐标,$\ddot{\theta}$、$\dot{\theta}$ 为广义速度和加速度。$M(\theta)\in\boldsymbol{R}^{n\times n}$ 为惯性矩阵,$C(\theta,\dot{\theta})\dot{\theta}\in\boldsymbol{R}^n$ 为离心力和科氏力的组合,$G(\theta)$ 表示重力,$F_f(\dot{\theta})$ 则为与速度有关的黏性阻力。

对于式(6-19)所示机器人系统动力学模型为一个非线性系统,其动力学参数相互耦合,直接利用式(6-19)通过传感器获取驱动力矩及广义坐标对动力学参数进行识别十分困难。Atkeson 指出,如果可以忽略摩擦力或可建模计算摩擦力,则机器人的驱动力矩是其连杆惯性参数的线性函数,即机器人的动力学方程可以用惯性参数的线性方程来表示:

$$\tau=\phi(\theta,\dot{\theta},\ddot{\theta})X$$

式中，$X \in R^{N \times 1}$ 为基本惯性参数集，$\phi(\theta, \dot{\theta}, \ddot{\theta}) \in R^{n \times N}$ 为回归矩阵。但通常回顾矩阵 $\phi(\theta, \dot{\theta}, \ddot{\theta})$ 不满秩，即不是所有的惯性参数都对机器人的动力学特性有影响，因而存在最小惯性参数集，该惯性参数集是将惯性参数中对机器人的动力学特性不产生影响部分去掉，剩下的部分重新线性组合就是最小惯性参数集。通过去除 $\phi(\theta, \dot{\theta}, \ddot{\theta})$ 中线性相关参列，以最小惯性参数集 X_S 表示的动力学方程可写为

$$\tau = \phi_S(\theta, \dot{\theta}, \ddot{\theta}) X_S \tag{6-20}$$

式中，$\phi_S(\theta, \dot{\theta}, \ddot{\theta})$ 由 $\phi(\theta, \dot{\theta}, \ddot{\theta})$ 中线性无关列组成，X_S 中的惯性参数是惯性参数的组合值而非独立惯性参数。

2. 最小二乘法

对于式(6-20)所述的动力学方程，常用的参数辨识方法为递推最小二乘法，递推最小二乘法是在最小二乘法基础上发展而来。通常最小二乘法需要解决的问题是对于式(6-20)所述模型，已知 τ 和 ϕ_S 的一系列数据，求解参数 $\boldsymbol{X}_S$ 的估计。写为矩阵形式有

$$\begin{pmatrix} \tau_1 \\ \vdots \\ \tau_k \end{pmatrix} = \begin{pmatrix} \phi_{S1} \\ \vdots \\ \phi_{Sk} \end{pmatrix} \boldsymbol{X}_S \tag{6-21}$$

式中，k 表示有 k 组输出数据。ϕ_{Si} 表示第 i 组数据的输入观测矩阵，τ_i 代表第 i 组数据的输出观测量。若令

$$\boldsymbol{Y} = \begin{pmatrix} \tau_1 \\ \vdots \\ \tau_k \end{pmatrix}, \Theta = \begin{pmatrix} \phi_{S1} \\ \vdots \\ \phi_{Sk} \end{pmatrix}$$

Y 为采样数据。对于式(6-21)，设计目标函数：

$$J(X_S) = \frac{1}{2}(\Theta X_S - Y)^{\mathrm{T}}(\Theta X_S - Y)$$

则满对参数 X_S 的估计应满足目标函数 J 值最小，对于目标函数 J 作如下处理：

$$\nabla_{XS} J(X_S) = \nabla_{XS}\left[\frac{1}{2}(\Theta X_S - Y)^{\mathrm{T}}(\Theta X_S - Y)\right]$$

$$= \nabla_{XS}\left[\frac{1}{2}(X_S^{\mathrm{T}}\Theta^{\mathrm{T}} - Y^{\mathrm{T}})(\Theta X_S - Y)\right]$$

$$= \nabla_{XS}\left[\frac{1}{2}(X_S^{\mathrm{T}}\Theta^{\mathrm{T}}\Theta X_S - X_S^{\mathrm{T}}\Theta^{\mathrm{T}}Y - Y^{\mathrm{T}}\Theta X_S + Y^{\mathrm{T}}Y)\right]$$

式中，$X_S^{\mathrm{T}}\Theta^{\mathrm{T}}Y$ 和 $Y^{\mathrm{T}}\Theta X_S$ 为标量，因此两者相等，即：$X_S^{\mathrm{T}}\Theta^{\mathrm{T}}Y = Y^{\mathrm{T}}\Theta X_S$，所以上式最终简化为

$$\nabla_{XS} J(X_S) = \frac{1}{2}(2\Theta^{\mathrm{T}}\Theta X_S - 2\Theta^{\mathrm{T}}Y)$$

$$= \Theta^{\mathrm{T}}\Theta X_S - \Theta^{\mathrm{T}}Y = 0$$

对于如上式,满足条件的参数 X_S 的最优估计值为

$$\hat{X}_S = (\Theta^T \Theta)^{-1} \Theta^T Y \tag{6-22}$$

式中,矩阵 $\Theta^T \Theta$ 会存在不可逆的情形,此时最小二乘法的解析解无法得到。导致其不可逆的原因是 Θ 中的列向量存在线性相关项,即在进行激励轨迹选择时,采样轨迹点存在冗余,某些点数据可通过其他轨迹点数据组合得到。除了不可逆外,当 $\Theta^T \Theta$ 为病态矩阵时,通常最小二乘法也会失效。常见的处理方法有岭回归方法,岭回归对最小二乘法 $\Theta^T \Theta$ 矩阵进行了修正,即

$$\hat{X}_S = (\Theta^T \Theta + \lambda I)^{-1} \Theta^T Y$$

式中通过加入对角阵 λ 为超参数,称为岭系数,I 为单位矩阵。通过 λI 对原病态或不可逆矩阵进行修正,新矩阵 $\Theta^T \Theta + \lambda I$ 可逆。虽然该方法放弃了最小二乘法无偏估计优点,但提高了最小二乘法的稳定性,在实际中更常使用。

对于式(6-22),通常需要离线采集数据,通过对数据进行处理后再进行动力学参数的识别。但在实际应用中通常希望在线识别,即采样数据不断更新使得最优估计 $\hat{X}_S$ 不断迭代,如通过不断构建如式(6-22)的逆矩阵进行参数迭代,显然无法满足实时性要求,因此需要采用递推形式的最小二乘法来实现 $\hat{X}_S$ 的在线实时更新。对于递推形式最小二乘法,设在 $k-1$ 和 k 时刻系统的参数估计结果为

$$\hat{X}_{Sk-1} = (\Theta_{k-1}^T \Theta_{k-1})^{-1} \Theta_{k-1}^T Y_{k-1}$$
$$\hat{X}_{Sk} = (\Theta_k^T \Theta_k)^{-1} \Theta_k^T Y_k \tag{6-23}$$

式中,$\hat{X}_{Sk}$ 和 $\hat{X}_{Sk-1}$ 分别为根据 $t-1$ 和 t 时刻观测/采样数据得到的最优估计值,

$$\Theta_{k-1} = (\phi_{S1}, \phi_{S2}, \dots, \phi_{Sk-1})^T$$
$$Y_{k-1} = (Y_{S1}, Y_{S2}, \dots, Y_{Sk-1})^T$$
$$\Theta_k = (\phi_{S1}, \phi_{S2}, \dots, \phi_{Sk-1}, \phi_{Sk})^T = (\Theta_{k-1}^T, \phi_{Sk})^T$$
$$Y_k = (Y_{S1}, Y_{S2}, \dots, Y_{Sk-1}, Y_{Sk})^T = (Y_{k-1}^T, \tau_k)^T$$

令

$$P_k = (\Theta_k^T \Theta_k)^{-1}$$

展开上式可得

$$\begin{aligned} P_k &= ([\Theta_{k-1}^T, \phi_{Sk}][\Theta_{k-1}^T, \phi_{Sk}]^T)^{-1} \\ &= (\Theta_{k-1}^T \Theta_{k-1} + \phi_{Sk} \phi_{Sk}^T)^{-1} \\ &= (P_{k-1}^{-1} + \phi_{Sk} \phi_{Sk}^T)^{-1} \end{aligned} \tag{6-24}$$

式进一步简化可得递推形式计算式:

$$P_k = \left(I - \frac{\phi_{k-1} \phi_{k-1}^T P_{k-1}}{1 + \phi_{k-1}^T P_{k-1} \phi_{k-1}} \right) P(k-1)$$

上式带入式(6-23)得

$$\hat{X}_{Sk} = P_k \Theta_k^T Y_k \tag{6-25}$$

上式展开可得

$$\hat{\boldsymbol{X}}_{Sk} = P_k \left(\Theta_{k-1}^{\mathrm{T}}, \phi_{Sk} \right) \left(Y_{k-1}^{\mathrm{T}}, \tau_k \right)^{\mathrm{T}}$$

$$= P_k \left(\Theta_{k-1}^{\mathrm{T}} Y_{k-1} + \phi_{Sk} \tau_k \right)$$

由式(6-25)可得

$$\boldsymbol{P}_{k-1}^{-1} \hat{\boldsymbol{X}}_{Sk-1} = \Theta_{k-1}^{\mathrm{T}} \boldsymbol{Y}_{k-1}$$

上式及式(6-24)代入可得

$$
\begin{aligned}
\hat{\boldsymbol{X}}_{Sk} &= P_k \left(P_{k-1}^{-1} \hat{X}_{Sk-1} + \phi_{Sk} \tau_k \right) \\
&= P_k \left(P_{k-1}^{-1} \hat{X}_{Sk-1} + \phi_{Sk} \tau_k \right) \\
&= P_k \left((P_k^{-1} - \phi_{Sk} \phi_{Sk}^{\mathrm{T}}) \hat{X}_{Sk-1} + \phi_{Sk} \tau_k \right) \\
&= \hat{X}_{Sk-1} + P_k \phi_{Sk} \left(\tau_k - \phi_{Sk}^{\mathrm{T}} \hat{X}_{Sk-1} \right) \\
&= \hat{X}_{Sk-1} + K_k \varepsilon_k
\end{aligned}
\tag{6-26}
$$

式(6-26)即为递推形式的最小二乘法表达式,式中:

$$K_k = P_k \phi_{Sk}, \quad \varepsilon_k = \tau_k - \phi_{Sk}^{\mathrm{T}} \hat{X}_{Sk-1}$$

由式(6-26)可见,当前最优参数等于上一次迭代最优参数叠加与观测值偏差比例的修正量。

6.5.2　人体下肢惯性参数回归方程

在人体下肢惯性参数获取方法中,基于测量统计的方法给出了标准化的人体惯性参数获取方法。区别于传统的测量方式,中国《成年人人体惯性参数》国家标准通过测量统计手段提供了人体下肢惯性参数计算的回归方程,可通过被测人的身高和体重经由回归方程计算出各惯性参数数值。所提供的惯性参数计算方法给出了不同身高体重人体肢体惯性的参考数值,这些参考数值为本书中准确估计人体下肢动力学参数提供了约束条件。《成年人人体惯性参数》国家标准中给出的人体下肢惯性参数计算的回归方程如下:

$$y = B_0 + B_1 \times X_1 + B_2 \times X_2$$

式中,y 为被测者各环节的惯性参数,X_1 为被测者体重,单位为 kg,X_2 为被测者身高,单位为 mm。B_0 为回归方程常数项,B_1 为体重回归系数、B_2 为身高回归系数。中国成年男子和女子下肢惯性参数回归方程系数如表 6-4、表 6-5 所示。

表 6-4　中国成年男子惯性参数回归方程系数表

体段	惯性参数		B_0	B_1	B_2	复相关系数 R
大腿	质量		−0.0930	0.1520	−0.0004	0.756
	质心		−122.5200	−0.3100	0.2350	0.808
	转动惯量	l_x	−370537.7	428.4	286.21	0.834
		l_y	−366488.9	554.9	280.78	0.831
		l_z	6527.0	716.5	−14.61	0.674

体段	惯性参数		B_0	B_1	B_2	复相关系数 R
小腿	质量		−0.8340	0.0610	−0.0002	0.735
	质心		23.4700	0.5000	0.0950	0.520
	转动惯量	l_x	−30104.4	299.0	20.12	0.461
		l_y	−29916.4	293.0	20.09	0.459
		l_z	−1777.6	79.2	−0.33	0.615
足	质量		−0.7150	0.0060	0.0007	0.813
	质心		35.1300	−0.0200	0.0030	0.377

表 6-5 中国成年女子惯性参数回归方程系数表

体段	惯性参数		$B0$	$B1$	$B2$	复相关系数 R
大腿	质量		−3.1930	0.1450	0.0022	0.755
	质心		63.7000	0.0400	0.1140	0.390
	转动惯量	l_x	−192693.4	2537.4	103.31	0.926
		l_y	−58860.9	385.9	37.73	0.811
		l_z	19736.3	954.8	−31.77	0.626
小腿	质量		−2.7020	0.0420	0.0018	0.737
	质心		−43.5700	0.3500	0.1410	0.776
	转动惯量	l_x	−62188.5	357.8	40.44	0.825
		l_y	−58860.9	385.9	37.73	0.811
		l_z	−1516.6	74.9	0	0.612
足	质量		−0.6840	0.0100	0.0006	0.484
	质心		−0.5900	0.1500	0.0190	0.448

* 表中 l_x、l_y、l_z 分别表示各环节通过其质心绕额状轴、矢状轴、垂直轴的转动惯量，单位为 kg·mm²。

　　根据国家标准库中提供的回归方程，可以计算出下肢康复机构人机交互动力学模型中所需要的人体下肢各惯性参数值。但由于个体的差异，相同身高体重的使用者的身体惯性参数并不完全相同，因而其结果与真实值相比会存在一定的误差。在本书中，将以回归方程计算值作为人体惯性参数辨识参考数值，提出基于惯性参数参考值的人体惯性参数辨识方法。

6.5.3　基于神经网络的人机系统建模

　　对下肢惯性参数辨识的目的是建立精确的人机动力学模型，进而实现下肢康复训练运动过程中机器人末端位置/速度与末端交互力之间的精确映射。目前应用比较广泛的辨识方法有递推最小二乘法，粒子群算法和神经网络算法。递推最小二乘法应用最为广泛且辨识精度较高，但运算过程较慢，且可能受到异常数据干扰导致精度降低甚至结果发散；粒子群算法是一种参数优化算法，智能搜寻指定区域附近空间内的最优解，收敛速度较快,但其高度依赖于搜索空间的划定,不当的搜索空间可能会导致收敛至局部最优解,影响辨识效果;神经网络算法是参数辨识领域新兴的方法,基于大量神经元组成的网络模型,具有强大的拟合能力,且具有良好的容错能力,个别数据的误差对结构并不会产生很大的影响。本节对基于神经网络的人机系统动力学建模展开研究。

在实际的康复训练过程中,安装在人体及下肢康复机构末端的传感器所采集的位置、速度以及交互力数据均为运动过程中的真实数据。因此,通过设定激励轨迹,由下肢康复机构牵引下肢完成激励轨迹上的运动,通过传感器采集到下肢位置、速度和人机交互力数据集,并对数据集进行训练,构建出输入数据集与输出数据集之间的关系模型,即可实现使用者下肢康复训练运动过程中机器人末端位置、速度和末端交互力之间的精确映射。

对于输入数据集与输出数据集间映射关系的建立应用较为广泛的方法为构建神经网络模型。其由多个带权重的神经元节点相互连接组成,神经元节点组成不同的层,每层的基本结构为非线性变化单元,从输入到输出逐层激活,具有很强的非线性映射能力,其在理论上能够逼近任意函数。本节以 BP 神经网络对下肢惯性参数开展识别研究。

BP 神经网络是一种有监督的多层前馈结构神经网络。其基本结构分为输入层、隐藏层、输出层三个部分,如图 6-31 所示。

图 6-31 中,输入层为测量得到的人体下肢关节角度、角速度及角加速度信息,输入层集合用 U 表示;输出层为神经网络输出的末端交互力预测值,输出层预测值集合用 T 表示;隐藏层的 $z_n^{(k)}$ 表示第 k 层第 n 个神经元节点,其激活函数表示为 Z_k。w_k、w_f 分别表示第 k 层神经元的权重系数和输出层的权重系数,用 X_k 表示第 k 层的输入集合。则第 k 层的输出集合 H_k 计算为

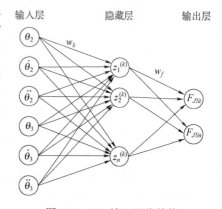

图 6-31 BP 神经网络结构

$$H_k = Z_k \left(\sum w_k X_{k-1} + b_k \right) \tag{6-27}$$

神经网络的预测输出集合 T 计算为

$$T = \sum w_f H_f + b_f \tag{6-28}$$

式中,H_f 表示输出层的输入集合,将神经网络的预测输出集合 T 与训练集的期望力集合 Ψ 利用均方差法构建损失函数:

$$J = \frac{1}{2m} \sum_{j=1}^{n} \sum_{i=1}^{m} (\Psi - T)^2 \tag{6-29}$$

式中,m 表示训练集的数据组数,n 表示输出集合的维数。为了最小化损失函数,采用误差反向传播更新神经网络模型,反向传播计算过程表示为

$$\frac{\partial J}{\partial w_k} = \frac{\partial J}{\partial Z_k} \frac{\partial Z_k}{\partial w_k} \tag{6-30}$$

利用梯度下降法迭代更新各层的权重系数,更新方程为

$$w_k^{(i+1)} = w_k^{(i)} - \gamma \frac{\partial J}{\partial w_k^{(i)}} \tag{6-31}$$

式中，γ 表示学习率，$w_k^{(i)}$ 和 $w_k^{(i+1)}$ 分别表示第 i 次和第 $i+1$ 次迭代的神经网络第 k 层权重系数。由此在不断迭代更新的过程中，损失函数 J 的值逐渐收敛，当收敛至接受度阈值内，神经网络模型则训练完成，此时构建好的模型即可实现由期望输入数据到期望输出数据的精确映射。

采用 BP 神经网络训练的方式其本质上是构造了一个人体下肢与下肢康复机构的人机系统黑箱模型，虽然能够实现由期望输入数据到期望输出数据的映射，但并不能确切的描述其内部具体的数学关系，且对人体下肢各惯性参数的确切数据没有办法实现真正的辨识。另外，随着神经网络层数和神经元个数的增多，计算量也会大大增加，导致模型的训练效率降低。若能够确定神经网络的具体结构，则只需对网络中具体的未知权重进行训练，进而大幅提高模型的训练速度和模型精度。

6.5.4　基于人工神经网络参数辨识算法设计

第 5 章中已实现了对于使用者与下肢康复机构的人机系统动力学模型的完整且准确的推导和建立过程，只需要确定使用者下肢惯性参数的准确数据，即可构建准确的动力学模型。因而只需确定动力学模型的输入与输出，则可将已建立的动力学模型视为一种已确定函数关系的人工神经网络模型，将使用者的下肢各惯性参数视为网络模型中各部分的权重系数，通过采集的训练数据集，对使用者的下肢各惯性参数进行迭代训练，得到收敛后的模型即为准确的人机交互动力学模型，各权重系数为动力学参数。

该人工神经网络辨识方法目前已经有相关深入的研究，合肥工业大学和中国科学技术大学的研究团队提出了一种人工神经网络的参数辨识方法，设计了与实际系统结构相吻合的人工神经网络，并赋予网络权重以实际意义，即由多个惯性参数组成的耦合项，并实现了对耦合惯性参数的精确辨识。但该研究并未对惯性参数的耦合值进行解耦，而由于各惯性参数对于耦合值并不存在特解，因而解耦过程难以实现。对于本章建立的动力学模型，若要对使用者惯性参数的耦合项进行辨识，则需要经过解耦才能得到使用者各惯性参数的独立项，难度较大，而若对使用者各惯性参数进行独立的辨识，采用传统的神经网络训练方法必然会存在多个局部最优解，难以判断辨识结果的有效性。为解决此问题，本章基于《中国成年人人体惯性参数》标准库中提供的回归方程所计算出的惯性参数估计值，对独立惯性参数的局部变化范围进行约束，从而通过神经网络方法得到独立惯性参数的最优值。

仍用 U 表示训练集的输入数据集，Ψ 表示训练集的期望力输出数据集，T 表示模型预测输出集合，用 w 表示使用者的下肢各惯性参数集合，即

$$U=\left(\theta_2,\dot{\theta}_2,\ddot{\theta}_2,\theta_3,\dot{\theta}_3,\ddot{\theta}_3\right) \tag{6-32}$$

$$\Psi=\left(F_{Jst},F_{JSn}\right) \tag{6-33}$$

$$T=\left(\hat{F}_{JSt},\hat{F}_{JSn}\right) \tag{6-34}$$

$$w=\left(m_7,l_7,J_7,\beta,m_8,l_8,J_8,\alpha\right) \tag{6-35}$$

根据以上推导关系,模型的预测输出集合 T 仅由输入数据集 U 与使用者下肢惯性参数集合 w 以及下肢康复机构已知机构的参数计算得出。因此只需对该模型中使用者下肢惯性参数集合 w 的数据进行迭代训练,即可获得准确的动力学模型。

对模型的预测输出集合 T 和训练集的期望力输出数据集 Ψ 仍采用均方差法构建损失函数,由于动力学模型中的使用者下肢各惯性参数均存在耦合关系,因而在最小化损失函数的过程中,各惯性参数会收敛至局部最优解,因此需要对惯性参数设置合适的初始值进而保证其收敛的局部最优解更加接近真实值,同时为了进一步约束各惯性参数的收敛范围,对损失函数引入关于使用者下肢惯性参数估计值 w_e 的正则项,确保使用者下肢惯性参数收敛至估计值附近。该估计值由中国成年人人体惯性参数标准库中提供的回归方程计算得出。则改进后的损失函数 J_0 表示为

$$J_0 = \frac{\alpha}{2m} \sum_{j=1}^{n} \sum_{i=1}^{m} (\Psi - T)^2 + \beta \sum_{k=1}^{t} (w_e - w)^2 \tag{6-36}$$

式中,t 表示待辨识的惯性参数数量,α 和 β 分别表示均方差项和正则项的权重系数。利用梯度下降法对各惯性参数的更新,为保证损失最小时的惯性参数收敛值与真实值不产生过大的偏差,各惯性参数的初始值为由中国成年人人体惯性参数标准库中提供的回归方程所计算所得的估计值。迭代更新使用者下肢各惯性参数,收敛损失函数 J_0 的值至接受度阈值内,则使用者下肢各惯性参数均收敛至接近真实值的最优解,由此实现各独立动力学参数的辨识。

6.5.5 仿真分析

1. 人体下肢惯性参数回归值动力学特性分析

对于上文提出的人体下肢动力学参数辨识算法在仿真平台进行分析。取男性身高为 1720 mm,体重为 65 kg。通过中国成年人人体惯性参数标准库中的回归方程计算出的下肢惯性参数估计值以及设定的各惯性参数的真实值如表 6-6 所示。

表 6-6 下肢惯性参数估计值和真实值

参数	l_7	βl_7	m_7	J_7	l_8	αl_8	m_8	J_8
估计值	443.2	219.4	2.787	23 937	476.1	261.5	9.183	149 590
设定值	460.3	228.7	3.213	29 767	483.2	244.5	8.091	135 762

注:表中长度单位 mm,质量单位 kg,转动惯量单位 kg·mm²。

令给定的激励轨迹为一踏车模式下的理想匀速圆周运动轨迹。在已建立的下肢康复训练空间坐标系下,圆心坐标为(698 mm,234 mm),半径为 100 mm。令逆时针方向为正,圆周角加速度为 0,角速度为 -0.104 72 rad/s,圆周初始角度为 -0.8 rad。将各下肢惯性参数的估计值和真实值作为已建立的动力学模型输入,规定仿真运动时长为 60 s,得到人体下肢在给定输入轨迹下的各运动数据如下,其中膝关节角度 θ_2,角速度 $\dot{\theta}_2$ 和角加速度 $\ddot{\theta}_2$,髋关节角度 θ_3,角速度 $\dot{\theta}_3$ 和角加速度 $\ddot{\theta}_3$ 如图 6-32 所示。

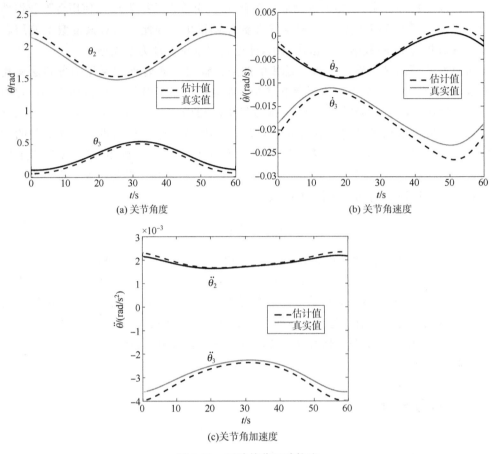

(a) 关节角度 (b) 关节角速度

(c)关节角加速度

图 6-32　下肢关节运动轨迹

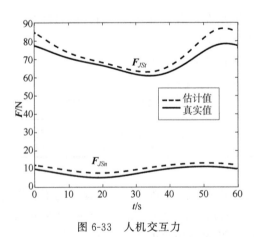

图 6-33　人机交互力

下肢足部与下肢康复机构末端交互力沿腿部挡板方向分力 F_{JSt} 和垂直腿部挡板方向分力 F_{JSn} 如图 6-33 所示。

2. 基于 BP 神经网络的人机系统建模分析

本节采用 BP 神经网络方法建立关节输入运动信息与末端交互力信息的映射模型并进行仿真效果分析。基于图 6-32 和图 6-33 得到的输入数据集，作为神经网络的训练集，为模拟真实系统数据采集中存在的干扰问题，在关节运动数据和交互力数据的理论真实值引入一定高斯扰动来模拟被测者在实际康复训练运动过程中采集数据存在的扰动，得到的训练集输入数据集如图 6-34 所示，训练集输出期望力数据集如图 6-35 所示。

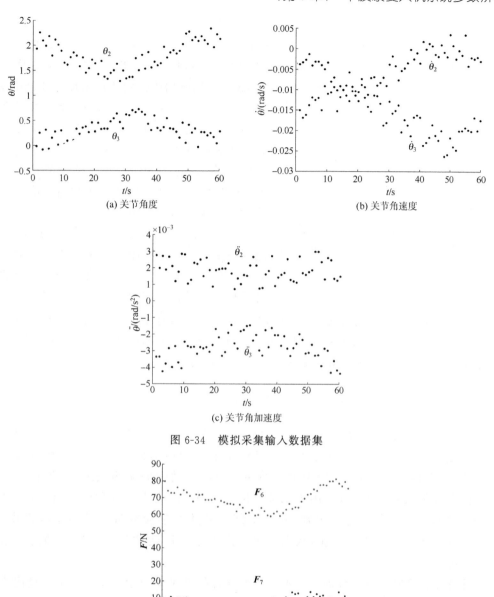

(a) 关节角度

(b) 关节角速度

(c) 关节角加速度

图 6-34　模拟采集输入数据集

图 6-35　模拟采集输出数据集

搭建 BP 神经网络对训练数据集进行训练,首先对数据集做标准化处理:

$$x_i = \frac{x_{i0} - \mu}{\sigma} \qquad (6\text{-}37)$$

式中,μ 表示数据集的均值,σ 表示数据集的标准差。选用 sigmoid 函数作为 BP 神经网络的激活函数:

$$S(x_i) = \frac{1}{1 + e^{-x_i}} \qquad (6\text{-}38)$$

对神经网络的输出和训练集的输出期望力数据集利用均方差构建损失函数,采用图 6-36 所示的神经网络模型,设置神经网络的隐藏层数为 10,将标准化后的数据作为神经网络的训练集输入,利用梯度下降法更新神经网络各层权重,损失函数在第 53 次后收敛,经神经网络训练得到的输出如图 6-36 所示。

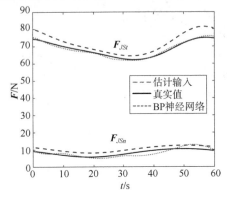

图 6-36　BP 神经网络模型输出交互力

由图 6-36 可见,经过 BP 神经网络训练后的模型在给定训练轨迹下,其输出的末端交互力在沿腿部挡板和垂直腿部挡板两个方向上的分力(F_{JSt} 和 F_{JSn})与理论真实值的平均误差分别为 1.37% 和 18.83%,相对于采用惯性参数估计值作为动力学模型输入的输出力两个方向上的平均误差 7.62% 和 29.13% 有明显降低。然而 BP 神经网络对力变化趋势的拟合,特别是末端交互力垂直腿部挡板方向上分力 F_{JSn} 的变化趋势拟合效果并不理想,可见 BP 神经网络模型仅建立了一个运动数据和末端交互力之间的简单映射,并不能确切地描述交互力和给定运动轨迹之间的关系,由于一个运动周期内末端交互力在垂直踏板方向上的分力变化趋势并不明显,因而受扰动的影响,BP 神经网络在该方向上的拟合效果变差。

3. 基于人工神经网络动力学参数辨识算法仿真分析

由上节所述,采用无模型的 BP 神经网络方法,虽然可以实现对人机系统动力学模型的建模,但由于 BP 神经网络模型仅建立了一个运动数据和末端交互力之间的简单映射,在存在扰动时,该模型由于不存在力与运动间的明确关系,导致在测试集上的拟合效果较差。对此,采用人工神经网络方法,尝试从动力学模型出发,对动力学模型中的动力学参数进行识别,并将识别后的动力学参数带入动力学模型中,验证方法的有效性。为方便对比,数据集仍采用上小节所述的带有高斯扰动的数据集作为训练集。

对输入数据集和输出数据集在本章中所设计的基于动力学模型的人工神经网络辨识算法下进行训练。为验证本章所设计的辨识算法的优越性,首先不对损失函数做进一步的优化,仍采用均方差法对模型的输出和训练集的输出期望力数据集构建损失函数,各惯性参数的更新仍遵循梯度下降规则,考虑到随机选定惯性参数的初始值可能会导致损失发散,为了确保损失函数收敛,各惯性参数的迭代初始值设置如表 6-7 所示。

表 6-7　下肢惯性参数初始值

参数	l_7	βl_7	m_7	J_7	l_8	αl_8	m_8	J_8
初始值	200	80	1	10 000	300	100	6	100 000

注:表中长度单位 mm,质量单位 kg,转动惯量单位 kg·mm²

经过训练,损失函数在第 27 次后收敛,可见基于动力学模型的人工神经网络收敛速度相对于 BP 神经网络更快,训练速度有较大提升。仍采用上小节的验证轨迹对网络模型进行验证,取运动过程中的关节运动数据作为训练后网络模型的验证集输入,得到的输出如图 6-37 所示。

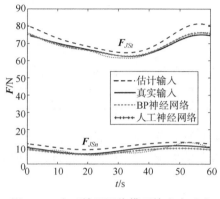

图 6-37 人工神经网络模型输出力对比　　图 6-38 改进损失函数模型输出力对比

由图 6-37 可得,人工神经网络模型输出的末端交互力在沿腿部挡板和垂直腿部挡板两个方向上的分力(F_{JSt} 和 F_{JSn})与理论真实值的平均误差分别为 1.15% 和 11.53%,相对于 BP 神经网络训练模型的误差进一步降低,并且由于动力学模型内末端交互力与运动轨迹之间存在明确的数学关系,因而力的变化趋势上并未受到影响,交互力变化曲线与理论交互力变化曲线基本吻合。由此可见采用人工神经网络模型训练能够快速有效地搭建出实现末端交互力与运动轨迹准确映射的动力学模型。经过辨识后的下肢各惯性参数如表 6-8 所示。

表 6-8　下肢惯性参数真实值和辨识值

参数	l_7	βl_7	m_7	J_7	l_8	αl_8	m_8	J_8
真实值	460.3	228.7	3.213	29 767	483.2	244.5	8.091	135 762
辨识值	427.5	206.8	2.198	21 443	508.2	274.3	9.887	171 279
误差	7.13%	9.58%	31.59%	27.96%	5.17%	12.19%	22.19%	26.16%

如表 6-8 所示,辨识后的各惯性参数与真实值的平均误差为 17.75%,而估计值与真实值的平均误差为 9.09%,有明显增加,可以看出,虽然经过训练后的动力学模型能够实现末端交互力与运动轨迹之间的准确映射,但采用标准的均方差法构建的损失函数,如在保证损失函数收敛的前提下不对惯性参数初始值做进一步约束,各参数会收敛至局部最优解且与真实值存在较大偏差。

对此采用国家标准回归方程计算得出的惯性参数估计值正则项的改进后的损失函数(式 6-36),同时将各惯性参数的初始值均设置为估计值,经过训练,损失函数在第 34 次后收敛,经过训练后的动力学模型在验证数据集输入下得到的输出如所图 6-38 所示,改进损失函数后人工神经网络模型输出的末端交互力在沿腿部挡板和垂直腿部挡板两个方向上的分力(F_{JSt} 和 F_{JSn})与理论真实值的平均误差分别为 1.02% 和 7.95%,相对于改进前误差略有降低。改进损失函数后辨识的被测者的下肢各惯性参数如表 6-9 所示。

表 6-9　下肢惯性参数真实值和改进损失函数前后辨识值

参数	l_7	βl_7	m_7	J_7	l_8	al_8	m_8	J_8
真实值	460.3	228.7	3.213	29 767	483.2	244.5	8.091	135 762
改进前辨识值	427.5	206.8	2.198	21 443	508.2	274.3	9.887	171 279
改进后辨识值	463.2	231.6	2.997	27 585	486.1	253.1	8.383	141 790
改进后误差	0.63%	1.27%	6.72%	7.33%	0.60%	3.52%	3.61%	4.44%

由表 6-9 可得,辨识后的各惯性参数与真实值的平均误差为 3.52%,相较于估计值有明显降低,至此可证明本章所设计的参数辨识算法能够起到很好的效果,辨识出的被测者下肢各惯性参数已基本接近理论真实值。

6.6　本章小结

针对下肢康复机构与人体下肢组成的人机系统简化模型中,由于忽略下肢肌肉骨骼特征导致的人机系统运动学模型不准确问题,提出了引入耦合结构参数描述人机系统结构拓扑模型的方法,建立了较为精确的人机系统运动学模型,并提出基于传感器反馈的人机系统运动学参数辨识方法。最后通过仿真对人机系统耦合结构参数对模型精度的影响进行了分析,并实验验证了所建立模型的有效性。

为准确辨识人体下肢动力学参数,提出了一种以建立的动力学模型为人工神经网络的人机系统动力学参数辨识算法,将使用者下肢各惯性参数视为权重参数,并利用《成年人人体惯性参数》标准库中提供的回归方程所计算出的惯性参数估计值,对独立惯性参数的局部变化范围进行约束,从而通过神经网络方法得到独立惯性参数的最优值。最后在仿真平台上对设计的人体下肢动力学参数辨识算法进行仿真分析,验证了其准确性和优越性。

7.1 引　言

　　康复机器人在应用时通常有 3 种康复模式,即被动训练模式、主动训练模式以及按需辅助训练模式。其中被动训练模式通常用于康复早期,主要由康复医师设计康复运动轨迹,由下肢康复机器人带动下肢准确地跟踪给定运动轨迹,完成康复训练运动,康复训练过程中,下肢松弛被动参与康复训练。该模式下机器人控制的主要任务是对康复机器人的运动末端进行精确位置控制。与被动康复模式相反,主动康复模式针对下肢具备一定的自主运动能力,机器人主要依据下肢的运动意图来辅助完成康复训练,或由使用者主导完成康复训练而机器人处于随动跟踪状态。在主动康复模式下机器人控制的主要特点是机器人与人体下肢之间存在人机交互,通过检测人机之间的交互力信息,机器人与人体下肢实现人机共融,其主要研究任务是如何实现人机之间的柔顺与协同。按需辅助训练模式是近年来康复机器人研究的热点,其主要特征是康复机器人按照设定的康复需求为其完成康复训练任务提供所需的助力,其控制策略研究的主要任务是最大程度发挥使用者能动性而最小化机器人助力,从而更促进其主动参与康复训练。

　　移动式下肢康复机器人下肢康复机构采用末端牵引方式辅助人体下肢完成康复运动,机器人关节空间的运动不直接反映为人体下肢运动,人机系统运动存在驱动空间、关节空间与训练空间的映射关系,本节将基于移动式下肢康复机构牵引式康复运动特点,研究建立基于人机运动映射关系模型的下肢康复轨迹跟踪控制方法及基于末端牵引力反馈的主控康复训练控制方法,实现移动式下肢康复机构稳定运动控制,从而提高其康复训练效果。

7.2 下肢康复机构康复运动简化

移动式下肢康复机器人下肢康复机构的运动由线性驱动器 1、4 驱动实现,线性驱动器 1 伸缩驱动腿部挡板前后摆动,线性驱动器 4 则带动脚踏板上下移动。由于机构的限制,脚踏板运动存在极限位置,如第 3 章图 3-2 中曲线 abcd 所围成的工作空间,该空间大小由线性驱动器 4 和线性驱动器 1 驱动长度确定,即 l_3 及 l_4 长度应满足:$l_{3\min} \leqslant l_3 \leqslant l_{3\max}$,$l_{4\min} \leqslant l_4 \leqslant l_{4\max}$。

由于下肢康复机构采用两自由度机构牵引人体下肢在矢状面内运动,可实现屈膝、屈髋、踏车等康复运动,受限于线性驱动器 1、4 驱动长度和下肢康复机构结构 3 种运动模式的规划轨迹均需要限制在下肢康复机构工作空间以内。对于踏车模式,脚踏板以工作空间内一点为圆心做圆周运动,而屈膝运动模式和屈髋运动模式均可以等效为踏车模式的两种特殊情况,即其中屈膝模式下脚踏板以膝关节点 H 为圆心,小腿长度为半径的部分圆周运动,屈髋模式下脚踏板以臀部与下肢康复机构坐垫模块接触点 I 为圆心,以 IG 为半径做圆周运动。对于下肢康复机构三种运动模式的轨迹规划和运动分析均可以简化为圆周运动一部分,如图 7-1 所示。

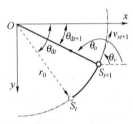

图 7-1 康复运动轨迹
简化圆周运动

在图 7-1 所示下肢康复训练空间坐标系下,规定脚踏板圆周运动轨迹圆心 O 坐标为 (x_0, y_0),半径为 r_0,圆周运动的逆时针为正。对于任意时刻 t,若其当前时刻圆周运动角加速度为 α_{dt},角速度初值为 ω_{dt},角度初值为 θ_{dt},单位运动时间为 dt,则下一时刻的圆周角速度与圆周角度为

$$\begin{cases} \omega_{dt+1} = \omega_{dt} + \alpha_{dt}\,dt \\ \theta_{dt+1} = \theta_{dt} + \omega_{dt}\,dt \end{cases} \tag{7-1}$$

进而下一时刻脚踏板位置为

$$\begin{cases} x_{st+1} = x_o + r_0 \cos\theta_{dt+1} \\ y_{st+1} = y_o + r_0 \sin\theta_{dt+1} \end{cases} \tag{7-2}$$

脚踏板速度及加速度为

$$\begin{cases} v_{st+1} = r_0 \omega_{dt+1} \\ a^n_{st+1} = r_0 \omega^2_{st+1} \end{cases} \tag{7-3}$$

$$\theta_v = \theta_{dt+1} + \frac{\pi}{2}$$

$$\theta_a = \theta_{dt+1} + \pi$$

式中,x_{st+1} 表示下肢康复运动脚踏板点 S_{t+1} 的横坐标,y_{st+1} 表示 S_{t+1} 的纵坐标,v_{st+1} 表示运动末端的瞬时速度,a^n_{st+1} 表示运动末端的瞬时加速度,θ_v 表示点 S 瞬时速度的正方向与 x 轴正方向之间的夹角,θ_a 表示点 S 瞬时法向加速度与 x 轴正方向之间的夹角。则

任意瞬时脚踏板运动状态可由上述参数描述。而通过第 3 章中所建立的训练空间与驱动空间中的运动学映射关系,可确定线性驱动器 1、4 在该时刻的运动状态,并作为实现位置控制输入。同时对于规划的下肢康复训练运动轨迹需在驱动空间下完成验证且需要确保脚踏板运动轨迹保持在下肢康复机构工作区间内。

7.3 下肢康复机构轨迹跟踪控制

7.3.1 下肢康复机构轨迹跟踪控制

轨迹跟踪控制是下肢康复机构被动控制的核心,其关键是如何平稳跟踪给定的轨迹,在众多控制方法中 PID 控制方法为最常用。本节将基于 PID 控制器实现对下肢康复机构各关节的位置控制,其结构简单,易于实现,通过检测的运动误差实时反馈给 PID 控制器,输出调整后的控制信号,实现对期望运动位置的稳定跟踪。PID 控制器内部通过比例环节、积分环节、微分环节进行联合控制,下肢康复机构位置控制结构如图 7-2 所示。

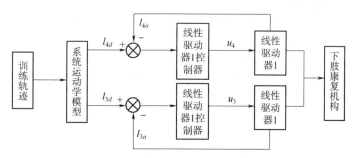

图 7-2 下肢康复机构位置控制结构

对于图 7-2 所示控制结构,首先基于康复需求设定下肢康复机构人机系统训练空间训练轨迹,并利用驱动空间与训练空间之间的逆映射关系获得线性驱动器 1、4 运动位移并通过线性驱动器线位移与角位移之间的运动关系转换为电动机转动角度,进而根据PID 位置控制器对各线性驱动器电动机进行控制,实现下肢康复机构位置精确控制。

PID 控制器模型的数学表达如下:

$$u(t) = K_P e(t) + K_i \int e(t) \mathrm{d}t + K_d \frac{\mathrm{d}e(t)}{\mathrm{d}t} \tag{7-4}$$

式中,$e(t)$ 表示当前时刻运动期望位置与实际位置之间的误差,K_P 为比例系数,K_i 为积分系数,K_d 为微分系数。PID 控制器通过整定 3 个环节的基本输入参数,实现对被控对象的不同控制效果。比例系数 K_p 用于缩短系统响应时间,积分系数 K_i 用于提高控制精度,降低稳态误差,但会增加系统的响应时间,微分系数 K_d 用于加快系统的响应速度,提高动态性能。通过调整 PID 控制器的 3 个控制参数,使各环节参数保持在合适的数值来保证系统的运动维持较好的控制效果。

对于本书所面向的下肢康复机构,其下肢康复训练驱动空间的执行机构由线性驱动器 1、4 组成,因而要对两个执行机构的驱动方向上分别做 PID 控制,将线性驱动器 1、4 的伸长量误差转换为线性驱动器 1、4 电动机的驱动信号。下肢康复机构的位置控制器 PID 结构如图 7-3 所示。

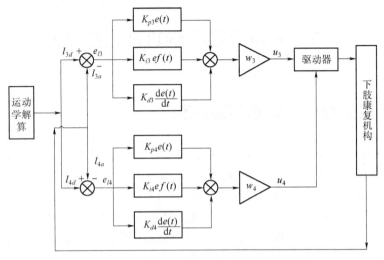

图 7-3　下肢康复机构 PID 位置控制器结构图

根据图 7-3 搭建的位置 PID 控制器结构,需要将脚踏板实际位置与期望位置之间偏差通过已建立的人机交互运动学模型解算为线性驱动器驱动 1 长度实际值与期望值之间的偏差及线性驱动器驱动 4 驱动长度实际值与期望之间偏差,作为 PID 误差输入,即

$$\begin{cases} e_{l3}(t) = l_{3d}(t) - l_{3a}(t) \\ e_{l4}(t) = l_{4d}(t) - l_{4a}(t) \end{cases} \tag{7-5}$$

带入式(7-4)有

$$\begin{cases} u_3(t) = w_3 \left(K_{p3}(l_{3d}(t) - l_{3a}(t)) + K_{i3} \int (l_{3d}(t) - l_{3a}(t)) \mathrm{d}t + \right. \\ \left. \qquad\qquad K_{d3} \dfrac{\mathrm{d}(l_{3d}(t) - l_{3a}(t))}{\mathrm{d}t} \right) \\[2ex] u_4(t) = w_4 \left(K_{p4}(l_{4d}(t) - l_{4a}(t)) + K_{i4} \int (l_{4d}(t) - l_{4a}(t)) \mathrm{d}t + \right. \\ \left. \qquad\qquad K_{d4} \dfrac{\mathrm{d}(l_{4d}(t) - l_{4a}(t))}{\mathrm{d}t} \right) \end{cases} \tag{7-6}$$

式中,$l_{4d}(t)$ 与 $l_{3d}(t)$ 分别表示当前时刻线性驱动器 1、4 的期望长度,其由期望轨迹经人机交互运动学模型解算得出。$l_{4a}(t)$ 与 $l_{3a}(t)$ 分别为下肢康复机构实际运动过程线性驱动器 1、4 实际长度,其由实时获取的运动末端坐标经运动学模型解算得出。w_3 和 w_4 为预设权重,所得控制信号 u_3 和 u_4 分别输出到线性驱动器 1、4 驱动电动机完成康复训练运动。

通过以上设计的基于误差反馈的位置控制器,对 PID 各环节参数进行调节,即可保证对期望运动轨迹的稳定跟踪。但该位置控制器仅实现了对期望运动位置的精确控制,而对运动过程中的速度并没有进行约束,因而在运动过程中会存在速度抖动的情况,进而对下肢的康复训练效果产生影响。因此,需要对已建立的基于误差反馈的位置控制器做进一步改进,在保证其位置跟踪效果的基础上对运动速度进行调控。

7.3.2　位置速度双闭环控制器设计

下肢康复机构速度控制采用 PID 控制器,将运动轨迹的速度误差作为反馈输入,再经 PID 控制模型输出驱动信号,这种方式保证了运动过程中的速度稳定性。位置速度双闭环控制不仅能保证对设计的期望轨迹的稳定跟踪,还能实现速度跟踪,控制器以上节所设计的位置 PID 控制器为基础,增加速度环反馈 PID,改进后的控制器如图 7-4 所示。

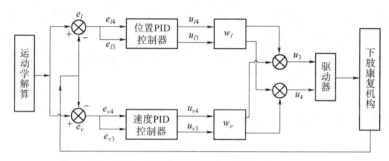

图 7-4　位置速度双反馈 PID 控制器结构图

如图 7-4 所示位置速度双闭环控制器,其输入分别为当前时刻下肢康复训练轨迹经人机运动学模型解算后的线性驱动器 1、线性驱动器 4 期望驱动速度 v_d 与实际运动过程中的驱动速度之间 v_a 的偏差

$$\begin{cases} e_{v3}(t) = v_{3\mathrm{d}}(t) - v_{3a}(t) \\ e_{v4}(t) = v_{4\mathrm{d}}(t) - v_{4a}(t) \end{cases} \tag{7-7}$$

速度闭环 PID 输出信号:

$$\begin{cases} u_{v3}(t) = K_{p3}e_d(t) + K_{i3}\displaystyle\int e_d(t)\mathrm{d}t + K_{d3}\dfrac{\mathrm{d}e_d(t)}{\mathrm{d}t} \\ u_{v4}(t) = K_{p4}e_{v4}(t) + K_{i4}\displaystyle\int e_{v4}(t)\mathrm{d}t + K_{d4}\dfrac{\mathrm{d}e_{v4}(t)}{\mathrm{d}t} \end{cases} \tag{7-8}$$

由于下肢康复机构线性驱动器在实际运动过程中的驱动速度难以测量,因而用实时位置数据进行计算,即

$$v_{3a}(t) = \frac{l_{3a}(t) - l_{3a}(t-1)}{\mathrm{d}t}$$

$$v_{4a}(t) = \frac{l_{4a}(t) - l_{4a}(t-1)}{\mathrm{d}t}$$

式中，$l_{ia}(t)$ 和 $l_{ia}(t-1)(i=1,4)$ 分别表示当前时刻与上一时刻线性驱动器长度。经过位置速度双反馈 PID 控制器输出的线性驱动器 1、线性驱动器 4 驱动信号分别为

$$
\begin{cases}
u_3 = w_{l3}u_{l3} + w_{v3}u_{v3} \\
u_4 = w_{l4}u_{l4} + w_{v4}u_{v4}
\end{cases}
\tag{7-9}
$$

式中，w_{vi} 和 $w_{li}(i=1,4)$ 分别为位置 PID 控制器和速度 PID 控制器输出信号的预设权重。

7.4 下肢康复机构主动控制

下肢康复机构的主动控制主要是通过下肢康复训练运动过程中实时检测的人机交互力，与期望的康复交互力进行对比，判断下肢康复意图变化。通过实时检测的交互力与期望交互力之间的偏差，调整运动状态，进而实现末端交互力的修正。本节对主动控制模式进行分析，提出一种基于末端交互力偏差的主动控制方法。另外考虑到不同使用者的身体状况，以及康复训练过程中受到的各种扰动因素影响，因而在实现基本的主动控制模型基础上提出一种自适应的改进方法，实现对不同使用者不同条件下的运动状态进行自适应调节，达到更好的训练效果。

7.4.1 下肢康复机构主动控制模式分析

下肢康复机构的主动控制分为助力方式主动控制和阻力方式主动控制两部分。助力方式主动控制应用于康复训练中期阶段，此时的待康复人员在经过前期的被动康复训练已经具备了一定运动能力，但下肢仍然存在很大损伤，无法产生足够的力独立完成运动。因此，此阶段的主要控制方法是线性驱动器驱动脚踏板输出一定的助力，同时下肢自身也输出一部分力进行主动运动，通过下肢和康复机器人共同完成康复训练。助力方式主动控制如图 7-5 所示，图中 F_e 表示下肢完成康复运动所需的期望力，F_p 表示下肢提供的主动力，F_r 表示康复机器人所提供的补偿力。

阻力方式主动控制应用于康复训练末期阶段，此时的人体下肢在经过前期的康复训练后已经能够独立完成简单的训练运动，为了能够进一步增加下肢运动的肌肉力量，需要对其加一定阻力来增大康复训练的强度。在经过一段时间的训练后待康复人员的下肢力量有所增强，便再进一步增大合适的阻力来提高训练强度。阻力方式的主动控制如图 7-6 所示。

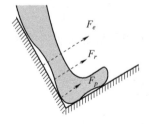
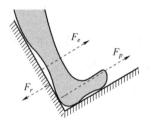

图 7-5　助力方式主动控制示意图　　　　图 7-6　阻力方式主动控制示意图

下肢康复机构主动控制训练中,人机之间的相互作用力是控制的关键部分。对于图 7-5、图 7-6 所示的助力或阻力方式主动控制,F_e、F_p、F_r 之间的关系应满足:

$$F_r = F_e - F_p \tag{7-10}$$

因此,对于两种主动控制模式,机器人其需要提供的补偿力为期望轨迹上人机系统动力学模型解算的末端期望力与实际康复运动过程中采集到的末端交互力的偏差,因而主动控制模式的主要任务即为当产生力偏差时改变下肢康复机构的运动状态,进而产生补偿力,使末端交互力恢复到期望水平。

由于在主动控制模式下,需要控制末端交互力维持于期望力附近,同时对末端运动位置进行调整,对交互力和位置均有要求,其实现方法主要包括力位混合控制和阻抗控制。力位混合控制需要对机器人工作空间分为位置子空间和力子空间,然后对位置和力在两个独立的子空间内分别同时进行控制达到混合控制的目的。该方法需要进行大量的任务规划并在执行的过程中需要在位置控制与力控制频繁切换,实现过程较为复杂。而阻抗控制的基本控制思想是实时调整机器人末端位置与力两者之间的动态关系,进而实现柔顺控制。与力位混合控制相比,阻抗控制不需要做过多的规划与控制任务切换,实现简单,且抗干扰能力强,本书选用阻抗控制模型来实现下肢康复机构的主动控制。

7.4.2 下肢康复机构阻抗控制模型设计

1. 阻抗控制原理

阻抗控制是目前广泛使用的一种机器人柔顺控制方法,通过建立机器人末端力和位置之间的动态关系来实现力控制。人机系统阻抗控制中,下肢康复机构与人体下肢之间的牵引力也反映为人机交互力,通过将下肢康复机构等效为一个弹簧质量阻尼系统,使用该系统来描述下肢康复机构与人体下肢之间的交互力,并通过调节阻抗控制器惯性参数、阻尼参数和刚度参数来调节人机之间的交互力大小。对于基于位置的阻抗控制,其力与运动之间的阻抗关系可表示为

$$Z(X - X_e) = F \tag{7-11}$$

式中,F 为人机交互力,Z 为期望的阻抗模型,X 为机器人末端实际位置,X_e 为机器人末端期望位置。对于实际人机系统,通常使用二阶微分方程的形式描述机器人阻抗系统等效数学模型。机器人末端交互力与末端运动位置,速度和加速度的二阶阻抗特性关系式如下:

$$\begin{cases} M\ddot{X} + B\dot{X} + K(X - X_e) = F \\ M\ddot{X} + B(\dot{X} - \dot{X}_e) + K(X - X_e) = F \\ M(\ddot{X} - \ddot{X}_e) + B(\dot{X} - \dot{X}_e) + K(X - X_e) = F \end{cases} \tag{7-12}$$

3 种阻抗模型表达式分别表示只考虑位置偏差的阻抗模型(弹簧系统)、考虑位置及速度偏差的阻抗模型(弹簧-阻尼系统)及综合考虑位置、速度加速度偏差的阻抗模型(弹簧-质量-阻尼系统)。式中 X、$\dot{X}$、$\ddot{X}$ 分别表示机器人末端在实际运动过程中的位置、速

度和加速度,X_e、$\dot{X}_e$、$\ddot{X}_e$ 分别表示机器人末端的期望位置、期望速度与期望加速度,F 表示机器人末端交互力,M 表示惯性参数,其物理含义为表示机器人存储能量的能力大小,增大 M 可以提高控制系统对位置的控制精度并增加力控制的稳定性,但会降低力的修正效果;B 表示阻尼参数,其物理含义为表示机器人消耗能量的速度快慢,增大 B 可以降低力响应的超调,使力峰值显著下降,适用于机器人消耗能量较多的情况,但过大的阻尼参数会增加响应时间;K 表示刚度参数,其物理含义为表示环境的刚度大小,增大 K 适用于系统与外界环境之间需要较大交互力的情况,而减小 K 会使整体交互力变小。在对 3 个阻抗参数进行调节时,需要根据控制系统对控制效果的要求来进行不同的调整。

阻抗控制在结构上分为基于位置的阻抗控制和基于力的阻抗控制。基于力的阻抗控制将运动末端位置数据作为控制系统的反馈,经阻抗模型计算得到力的修正量,并作用于力控制内环。其结构如图 7-7 所示。

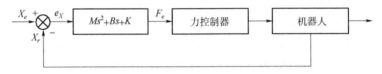

图 7-7　基于力的阻抗控制结构图

这种控制结构需要机器人控制系统具有力控能力,因而对机器人结构和控制系统都有很高要求,实际应用中并不广泛。基于位置的阻抗控制则是将运动末端的力数据作为控制系统的反馈,经阻抗模型计算得到位置修正量,并作用于位置控制内环。其结构如图 7-8 所示。

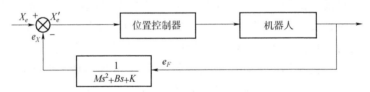

图 7-8　基于位置的阻抗控制结构图

基于位置的阻抗控制结构简单,对系统要求低,因而在实际应用中较为常见。由于本书所设计的下肢康复机构已建立了完善的位置控制器,因此选用基于位置的阻抗控制方法实现下肢康复机构的主动控制。

2. 下肢康复机构阻抗控制模型

对于基于位置的阻抗控制最常见的实现方式为将力的变化量转化为位置修正量,通过改变末端位置进而调整末端交互力。然而机器人在运动过程中速度的变化对末端交互力也会产生影响,仅对机器人末端位置进行修正会导致末端交互力的调整速度缓慢。一些康复机器人控制系统的主要控制目标为机器人的运动速度,采用的阻抗控制方式为将力的变化量转化为速度修正量,这种方法在末端运动速度进行修正后能迅速改变末端交互力,调整速度较快。但由于下肢康复训练运动主要为低速运动,机器人末端交互力主要受末端运动位置的影响,仅对速度进行修正可能会导致末端交互力调整量的不足,对速度过大的修正也会影响运动过程中的速度稳定性。为解决此问题,本书采用的阻抗控制方法为对下肢康复机构的末端运动位置进行主要修正,对运动速度进行辅助修正。另外,基于人体下肢与下肢康复机构准确的人机系统动力学模型可计算得到给定轨迹上所需要的末端期望交互力。为了使末端交互力的控制效果更加精确,阻抗控制的末端交互力输入采用运动过程中的实际末端交互力与期望交互力之间的偏差,输出分别转化为末端位置修正量和速度修正量,修正后的位置和速度作为本书中位置速度双反馈控制器的输入实现运动控制,由此设计一种位置速度双重修正的阻抗控制模型,其控制结构如图 7-9 所示。

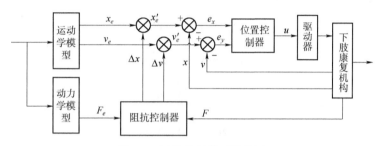

图 7-9 阻抗控制模型结构图

根据阻抗控制模型,在已建立的下肢康复训练空间坐标系下,由于下肢足部与下肢康复机构脚踏板的末端交互力在运动平面内可分为沿腿部挡板方向的分力 $\boldsymbol{F}_{JSt}$ 和垂直腿部挡板方向的分力 $\boldsymbol{F}_{JSn}$,而腿部挡板绕其与下肢康复机构坐垫模块连接点 A 转动,则力 $\boldsymbol{F}_{JSn}$ 作用于腿部挡板上的转动力矩为

$$\boldsymbol{T}_7 = \boldsymbol{F}_{JSt} l_3 \tag{7-13}$$

由于转动力矩 $\boldsymbol{T}_7$ 影响腿部挡板的旋转角度,即其与 X 轴正方向的夹角 θ_1,力 $\boldsymbol{F}_{JSt}$ 影响踏板在腿部挡板上移动位置,即踏板沿腿部挡板长度 l_3,因此式(7-12)在两个方向上的阻抗特性关系转化为

$$\begin{cases} M_\theta(\ddot{\theta}_1 - \ddot{\theta}_{1e}) + B_\theta(\dot{\theta}_1 - \dot{\theta}_{1e}) + K_\theta(\theta_1 - \theta_{1e}) = \boldsymbol{T}_{7e} - \boldsymbol{T}_7 \\ M_3(\ddot{l}_3 - \ddot{l}_{3e}) + B_3(\dot{l}_3 - \dot{l}_{3e}) + K_3(l_3 - l_{3e}) = \boldsymbol{F}_{JSte} - \boldsymbol{F}_{JSt} \end{cases} \tag{7-14}$$

式中,θ_1、$\dot{\theta}_1$、$\ddot{\theta}_1$ 分别表示运动过程中实际采集的旋转角度、角速度和角加速度,θ_{1e}、$\dot{\theta}_{1e}$、$\ddot{\theta}_{1e}$ 分别表示由期望轨迹经已建立的人机系统运动学模型解算出的腿部挡板期望旋转角度,角速度和角加速度,l_3、$\dot{l}_3$、$\ddot{l}_3$ 分别表示运动过程中脚踏板在腿部挡板上的位置、速度和加速度,l_{3e}、$\dot{l}_{3e}$、$\ddot{l}_{3e}$ 分别表示脚踏板期望的位置、速度和加速度。$\boldsymbol{F}_{JSte}$ 表示期望轨迹经已建立的人机交互动力学模型解算出的末端交互力沿腿部挡板方向分力期望,$\boldsymbol{T}_{7e}$ 表示腿部挡板的转动力矩期望,由垂直腿部挡板方向上的分力期望 $\boldsymbol{F}_{JSne}$ 求得

$$\boldsymbol{T}_{7e} = \boldsymbol{F}_{JSne} l_{3e}$$

由于下肢康复机构运动过程中的末端加速度难以测量,且期望的训练轨迹为低速度下的匀速运动,因此不考虑加速度期望以及运动过程中的加速度的变化影响,为维持阻抗特性关系,将两个方向上的位置误差、速度误差以及力和力矩的误差作为阻抗控制环的输入,得到两个方向上的加速度修正量,则式(7-14)可表示为

$$
\begin{cases}
\Delta\ddot{\theta}_1 = -\dfrac{1}{M_\theta}(\boldsymbol{T}_{7e} - \boldsymbol{T}_7 - B_\theta(\dot{\theta}_1 - \dot{\theta}_{1e}) - K_\theta(\theta_1 - \theta_{1e})) \\[3mm]
\Delta\ddot{l}_3 = -\dfrac{1}{M_3}(\boldsymbol{F}_{JSte} - \boldsymbol{F}_{JSt} - B_3(\dot{l}_3 - \dot{l}_{3e}) - K_3(l_3 - l_{3e}))
\end{cases} \tag{7-15}
$$

则速度修正量与位置修正量为

$$
\Delta\omega_1 = \Delta\dot{\theta}_1 = \int \Delta\ddot{\theta}_1 \, \mathrm{d}t
$$

$$
\Delta v_3 = \Delta\dot{l}_3 = \int \Delta\ddot{l}_3 \, \mathrm{d}t
$$

$$
\Delta\theta_1 = \int \Delta\dot{\theta}_1 \, \mathrm{d}t
$$

$$
\Delta l_3 = \int \Delta\dot{l}_3 \, \mathrm{d}t
$$

因此修正后的腿部挡板转动角速度期望和踏板延伸速度期望为

$$
\omega_1' = \omega_1 + \Delta\omega
$$

$$
v_3' = v_3 + \Delta v_3
$$

修正后的腿部挡板期望转动角度和脚踏板期望位置为

$$
\theta_1' = \theta_1 + \Delta\theta_1
$$

$$
l_3' = l_3 + \Delta l_3
$$

其中腿部挡板的转动角度和角速度期望分别经被测者和下肢康复机构的人机系统运动学模型解算到驱动空间的腿部推杆延伸长度 l_4' 和驱动速度 v_4'。v_4' 和 v_3' 则作为内环控制器的新的速度期望输入,l_4' 和 l_3' 则作为内环控制器新的位置期望输入。由此达到对末端运动位置和速度的双重修正,改变实时的运动状态,调整下肢足部与下肢康复机构的末端交互力维持在期望力附近,实现柔顺控制。

7.4.3　下肢康复机构自适应控制

对于不同的使用者,其人机系统动力学参数、阻抗参数不同,同时在使用下肢康复机构进行康复运动过程中,环境及下肢状态也会对轨迹跟踪控制和阻抗控制产生影响。因此在康复运动中,人机系统控制参数及阻抗参数应能依据系统状态变化情况自动调整,来适应使用者和外部环境产生的扰动以及康复机器人动态特性的变化,使康复训练运动过程有更强的稳定性和柔顺性,并实现对于不同使用者的康复训练运动控制的个性化。

对于机器人控制领域的自适应控制方法,应用比较广泛的有模糊控制和基于神经网络的控制。模糊控制针对运动数据,依据控制的专家经验设计模糊规则,构建合适的模糊规则库,对实时训练采集的信息模糊化并进行模糊推理,根据隶属度函数来调整控制参

数,再将解模糊后的控制信号施加到康复机器人运动执行器上,进而实现实时的自适应控制。基于神经网络的控制针对系统的运动数据则采用自适应迭代算法,构建神经元节点,对期望的函数模型进行逼近,并能够根据外界环境信息的变化自适应改变内部结构,拟合出最优控制参数,实现控制的自适应调整。

基于神经网络的自适应控制虽然能够实现对最优参数方程更好拟合,达到更优的控制效果,但需要大量的训练数据集作为支撑,对数据准确性及一致性要求高,且神经网络的训练以及拟合模型的运算都需要大量的时间,对于实时性要求较高的下肢康复机器人控制系统并不合适;而模糊控制构建的模糊规则库需要的数据集相对较小,并且结构简单,实时性比较高,适用于本书所设计的下肢康复机构控制系统,因而本书采用模糊规则对阻抗控制参数进行整定,实现自适应控制。

在下肢康复训练运动过程中,下肢与下肢康复机构末端交互力与期望力的偏差,以及康复运动末端实际位置和速度与期望位置和速度的偏差,能够一定程度上反映康复运动过程中的舒适程度,因此,对阻抗控制参数与康复运动过程中末端的交互力、位置、速度与期望之间的偏差关系,根据康复训练人员的经验建立模糊规则。同时,由于康复训练运动的速度相对较慢,因此忽略加速度的影响,即不对阻抗控制模型的惯性参数进行修正。对阻抗控制环的阻尼参数和刚度参数建立双输入单输出的模糊规则表,为使模糊规则的基本论域在 $[-1,1]$ 的区间内,各参数的模糊规则输入与输出均为偏差量与期望量的比值,确定阻尼系数的模糊规则输入为

$$
\begin{cases}
E_F = \dfrac{F - F_e}{F_e} \\[3mm]
E_{\dot{X}} = \dfrac{\dot{X} - \dot{X}_e}{\dot{X}_e}
\end{cases}
\tag{7-16}
$$

输出为

$$
E_B = \frac{\Delta B}{B}
\tag{7-17}
$$

刚度系数的模糊规则输入为 E_F 与

$$
E_X = \frac{X - X_e}{X_e}
\tag{7-18}
$$

输出为

$$
E_K = \frac{\Delta K}{K}
\tag{7-19}
$$

式中,ΔB 与 ΔK 分别表示模糊规则阻尼参数和刚度参数的修正量。模糊规则表如表 7-1 所示,对每个模糊规则的输入和输出均分为 5 个模糊集,其中 NB、NS、ZO、PS、PB 分别表示负大、负小、零、正小、正大。

对于每个模糊变量的输入和输出,进行模糊化处理,对于将原始变量转化为模糊变量的隶属度函数,对每个输入均采用高斯隶属度函数,输出采用三角隶属度函数,如图 7-10 所示。

表 7-1　阻抗参数模糊规则表

E_B		E_F				
		NB	NS	ZO	PS	PB
$E_{\dot{X}}$	NB	NB	NS	NS	ZO	ZO
	NS	NS	NS	ZO	ZO	PS
	ZO	NS	NS	ZO	PS	PS
	PS	NS	ZO	ZO	PS	PS
	PB	ZO	ZO	PS	PS	PB
E_K		E_F				
		NB	NS	ZO	PS	PB
E_X	NB	NB	NS	NS	PS	PS
	NS	NS	NS	ZO	ZO	PS
	ZO	NS	ZO	ZO	ZO	PS
	PS	NS	ZO	ZO	PS	PS
	PB	NS	NS	PS	PS	PB

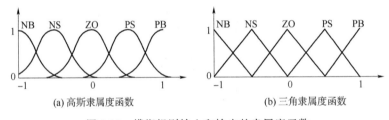

　　(a) 高斯隶属度函数　　　　　　　　　(b) 三角隶属度函数

图 7-10　模糊规则输入和输出的隶属度函数

　　根据建立的模糊规则表,采用 Mamdani 算法进行模糊推理,得到在对应模糊输入下的模糊输出。最后对输出的模糊量 E_B 和 E_K 做解模糊运算,得到其在论域内的精确数值。解模糊的过程采用面积重心法:

$$u = \frac{\sum x_i \mu_N(x_i)}{\sum \mu_N(x_i)} \tag{7-20}$$

式中,$\mu_N(x_i)$ 表示输出集合的隶属度函数。经过以上过程得到各阻抗参数的修正量,因而修正后的二阶阻抗特性关系为

$$M(\ddot{X} - \ddot{X}_e) + (B + \Delta B)(\dot{X} - \dot{X}_e) + (K + \Delta K)(X - X_e) = F_e - F \tag{7-21}$$

　　以上方法实现了对基本阻抗控制模型的优化,改进后的模糊阻抗控制模型即可根据不同使用者以及下肢康复训练运动过程中的不同状况实时调整阻抗参数,实现康复运动的自适应主动控制。

7.5 仿真分析

7.5.1 阻抗控制模型仿真分析

对下肢康复机构的阻抗控制模型以踏车模式为例,进行仿真分析。踏车模式下,期望轨迹为一理圆周运动轨迹,圆心坐标为(698 mm,234 mm),半径为 100 mm,顺时针方向为正,踏车初始角度为 45°。规定圆周角加速度为 0,角速度为 0.104 72 rad/s。设置末端期望位置更新时间间隔为 1 s,规定仿真运动时长为 60 s,根据本文已建立的人机系统运动学模型对期望轨迹进行运动学解算,得到下肢康复机构末端各运动参数,将其作为人机系统动力学模型输入,解算出整个踏车模式圆周运动过程中,下肢足部与下肢康复机构末端交互力在沿腿部挡板方向上的分力 F_{JSt} 和垂直腿部挡板方向上的分力 F_{JSn} 如图 7-11 所示。

为模拟实际状态下的踏车模式阻抗控制,每间隔 1 秒对两个方向上的期望力引入 5 N 的高斯扰动来表示下肢康复机构在实际运动过程中使用者主动力意图的变化以及环境因素产生的力干扰。为了调整末端交互力至期望力附近,每间隔 1 秒进行阻抗控制的修正并更新末端期望位置与期望速度,在每两个阻抗环修正期望之间为位置控制环,通过所设计的位置速度双反馈 PID 控制器控制下肢康复机构运动末端跟随已修正的期望轨迹,控制周期为 0.1 s。根据经验设置沿腿部挡板方向的阻抗参数分别为:惯性参数 $M=800$,阻尼参数 $B=300$,刚度参数 $K=20$;垂直腿部挡板方向的阻抗参数分别为:惯性参数 $M=300$,阻尼参数 $B=100$,刚度参数 $K=10$;经过阻抗控制后下肢足部与下肢康复机构末端交互力如图 7-12 所示。

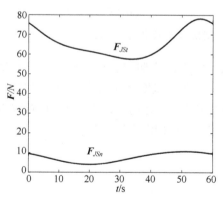
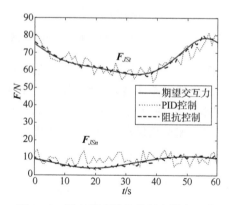

图 7-11　踏车模式末端期望交互力　　　图 7-12　踏车模式阻抗控制末端交互力

图 7-12 末端交互力沿腿部挡板方向分力与期望力误差曲线和垂直腿部挡板方向分力与期望力误差曲线如图 7-13 所示,两个方向上的交互力平均误差分别为 0.12% 和 1.04%,相对于不采用阻抗控制两个方向上的扰动误差,4.42% 和 9.86% 有明显降低。由此可见阻抗控制下的下肢康复机构能够很好地控制末端交互力于期望力附近,消除力扰动,防止下肢足部受力产生过大偏差,保证控制的柔顺性。

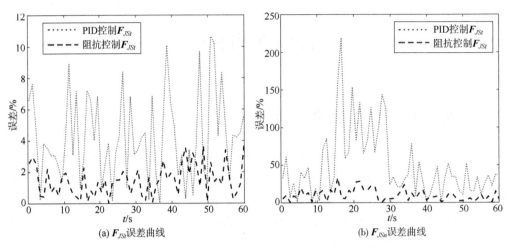

(a) F_{JSt}误差曲线　　　　　　　　　(b) F_{JSn}误差曲线

图 7-13　踏车模式阻抗控制末端交互力误差曲线

经过阻抗控制后的踏车模式下肢康复机构末端运动轨迹与运动速度如图 7-14 所示。

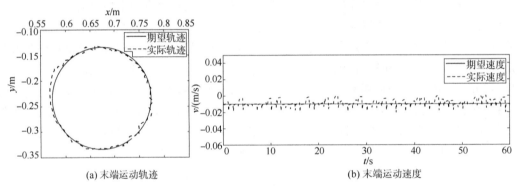

(a) 末端运动轨迹　　　　　　　　　(b) 末端运动速度

图 7-14　踏车模式阻抗控制末端运动轨迹和运动速度

由图 7-14，下肢康复机构末端轨迹上的点到踏车模式期望轨迹圆心的距离与期望圆周半径之间的误差曲线，以及末端运动速度与期望运动速度之间的误差曲线如图 7-15 所示，平均误差分别为 3.07％和 36.75％，可见阻抗控制下，为调整末端交互力，对末端运动轨迹和运动速度均做出了修正，与期望运动轨迹、运动速度产生了偏差。

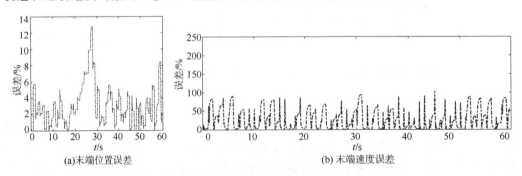

(a)末端位置误差　　　　　　　　　(b)末端速度误差

图 7-15　踏车模式阻抗控制末端运动位置和速度误差曲线

7.5.2 阻抗控制参数对控制效果的影响分析

在验证了阻抗控制效果的基础上进一步分析改变阻抗参数对控制效果的影响。

（1）改变惯性参数的影响

保持阻尼参数和刚度参数不变,将沿腿部挡板方向的惯性参数修改为 1500,垂直腿部挡板方向的惯性参数修改为 800,增大阻抗控制惯性参数后末端交互力沿腿部挡板方向分力与期望力误差曲线和垂直腿部挡板方向分力与期望力误差曲线如图 7-16 所示,两个方向上的平均误差分别为 2.28％和 4.98％,相对于增大惯性参数前误差明显增大。

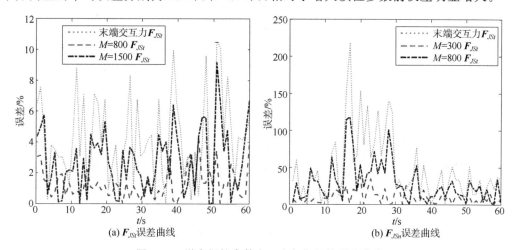

(a) F_{JSt}误差曲线   (b) F_{JSn}误差曲线

图 7-16　增大惯性参数交互力与期望的误差曲线

增大阻抗控制惯性参数后末端轨迹和末端速度如图 7-18 所示。

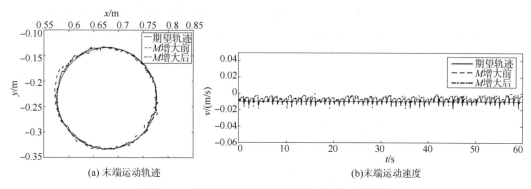

(a) 末端运动轨迹   (b)末端运动速度

图 7-17　增大惯性参数末端运动轨迹和运动速度

由图 7-17,增大阻抗控制惯性参数后末端运动位置和速度与期望误差曲线如图 7-18 所示,平均误差分别为 1.24％和 28.9％,相对于增大惯性参数前的误差有明显降低,可见增大惯性参数后,阻抗环对期望轨迹的修正量降低,下肢康复机构运动末端运动状态不易改变,因而末端运动轨迹和运动速度更加接近给定的期望轨迹和期望速度,而对末端交互力扰动的修正也变得不够明显。

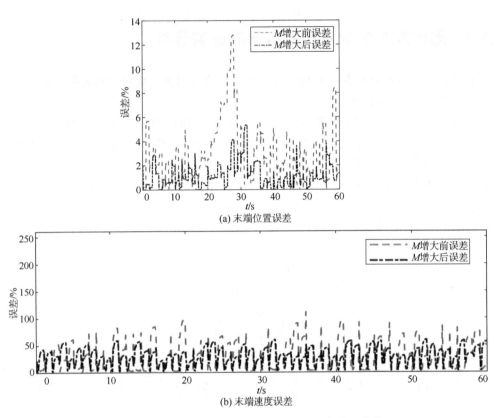

(a) 末端位置误差

(b) 末端速度误差

图 7-18　增大惯性参数末端运动位置和速度误差曲线

（2）改变阻尼参数的影响

保持惯性参数和刚度参数不变，将沿腿部挡板方向的阻尼参数增大至 800，垂直腿部挡板方向的阻尼参数增大至 500，增大阻抗控制阻尼参数后末端交互力沿腿部挡板方向分力与期望力误差曲线和垂直腿部挡板方向分力与期望力误差曲线如图 7-19 所示，两个

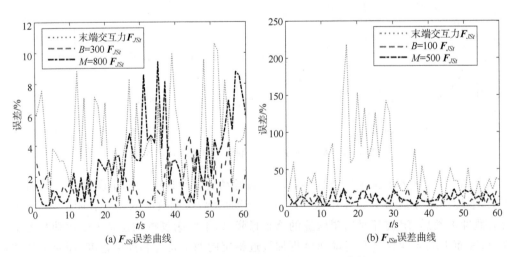

(a) F_{JSt}误差曲线

(b) F_{JSn}误差曲线

图 7-19　增大阻尼参数末端交互力误差曲线

方向上的平均误差分别为 0.86％和 1.26％,可见增大阻抗控制阻尼参数后,由于系统阻尼特性变大,末端交互力的修正速度变慢,整个运动过程中的末端交互力的变化趋于平稳,因此在末端交互力幅值和变化幅度较大的区间内表现出较大的误差。较大的阻尼参数对于希望足部受力变化幅度不大的使用者能够表现出良好的控制效果。

增大阻抗控制阻尼参数后末端运动轨迹与运动速度如图 7-20 所示。

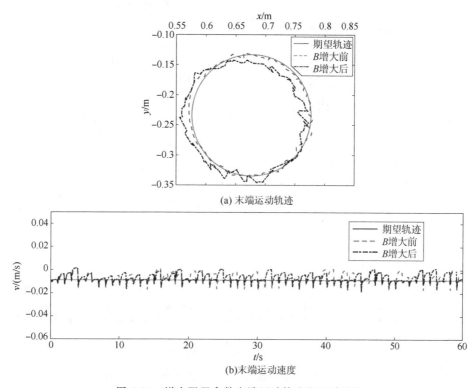

图 7-20 增大阻尼参数末端运动轨迹和运动速度

由图 7-20,增大阻尼参数后末端运动位置和速度与期望误差曲线如图 7-21 所示,平均误差分别为 6.9％和 26.3％,可见增大阻尼参数后,由于对末端交互力的修正速度变慢,整个末端运动轨迹发生了偏移,平均误差增加,而末端运动速度的平均误差则明显降低,运动速度相对于期望的修正速度变慢。

(3) 改变刚度参数的影响

保持惯性参数和阻尼参数不变,将沿腿部挡板方向的刚度参数增大至 80,垂直腿部挡板方向的刚度参数增大至 50,增大阻抗控制刚度参数后末端交互力沿腿部挡板方向分力与期望力误差曲线和垂直腿部挡板方向分力与期望力误差曲线如图 7-22 所示,两个方向上的平均误差分别为 0.27％和 1.21％,误差略有增加,可见增大刚度参数后,由于系统的刚性增强,末端交互力修正过程中的抖动变得更加剧烈,在末端交互力幅值和变化幅度较大的区间抖动更加明显,因此较大的刚度参数不利于保持康复训练运动过程中的平稳性。

增大阻抗控制刚度参数后末端运动轨迹与运动速度如图 7-23 所示。

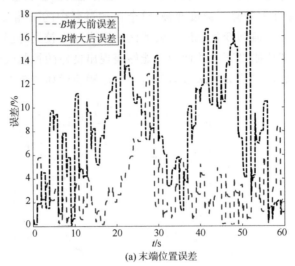

(a) 末端位置误差

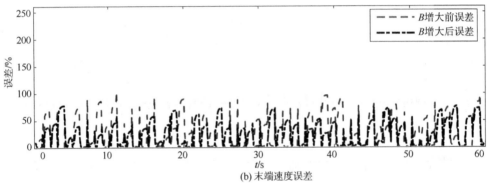

(b) 末端速度误差

图 7-21　增大阻尼参数末端运动位置和速度误差曲线

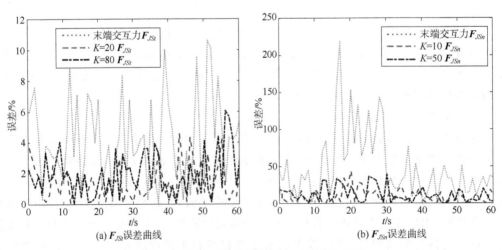

(a) F_{JSt}误差曲线　　　　　　　(b) F_{JSn}误差曲线

图 7-22　增大刚度参数末端交互力误差曲线

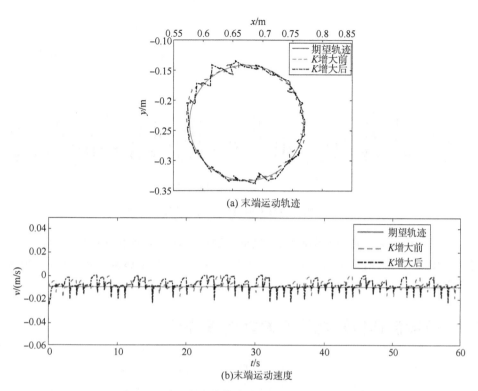

(a) 末端运动轨迹

(b)末端运动速度

图 7-23　增大刚度参数末端运动轨迹和运动速度

由图 7-23,增大阻抗控制刚度参数后末端运动位置和速度与期望误差曲线如图 7-24
所示,平均误差分别为 4.27% 和 49.64%,可见增大刚度参数后,阻抗环对末端运动位置和
速度的修正同样变得更加剧烈,相比于末端交互力有更加明显的抖动,运动过程的平稳性
变差。

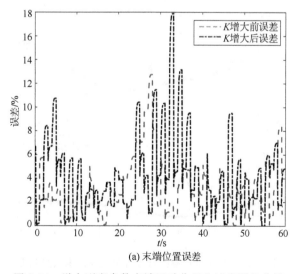

(a) 末端位置误差

图 7-24　增大刚度参数末端运动位置和速度误差曲线

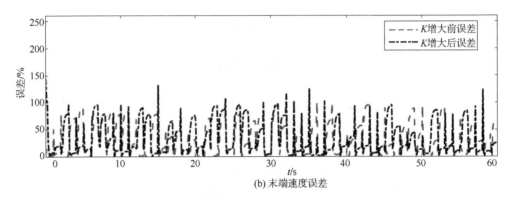

图 7-24　增大刚度参数末端运动位置和速度误差曲线（续）

由以上分析可见，阻抗控制模型中，阻抗参数的选择对人机交互系统轨迹跟踪控制由稳定性及交互力特性有很大影响，因此在外部环境因素变化或康复主体变化时，阻抗参数能自适应变化，显然可以大大提高人及系统交互性能。

7.5.3　模糊自适应阻抗控制模型仿真分析

本节针对所建立的模糊自适应阻抗控制模型进行仿真对比分析。依据所建立的模糊规则，确定输入、输出的隶属度函数并搭建模糊控制模型，将运动过程中末端交互力与期望之间的偏差作为输入、输出阻抗环阻尼参数和刚度参数的修正量，以实现模糊自适应阻抗控制。以踏车模式进行仿真分析，阻抗模型各参数的初始值设置为沿腿部挡板方向的惯性参数 $M=800$，阻尼参数 $B=300$，刚度参数 $K=20$；垂直腿部挡板方向的惯性参数 $M=300$，阻尼参数 $B=100$，刚度参数 $K=10$；在踏车模式下，经模糊自适应阻抗控制下肢康复机构与足部末端交互力如图 7-25 所示。

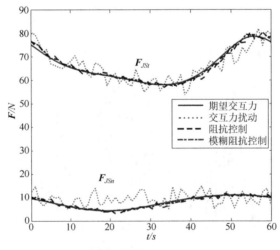

图 7-25　踏车模式模糊自适应阻抗控制末端交互力

由图 7-25,踏车模式下经模糊自适应阻抗控制的末端交互力沿腿部挡板方向分力与期望力误差曲线和垂直腿部挡板方向分力与期望力误差曲线如图 7-26 所示,两个方向上的平均误差分别为 0.08％和 0.44％,相对于不采用模糊规则自整定阻抗参数的阻抗控制模型交互力误差进一步降低,可见模糊自适应阻抗控制模型用实时、期望末端交互力之间的偏差作为输入,在对阻抗参数进行实时整定后,末端交互力更加接近给定期望,对力扰动的整体修正效果更好,并弥补了在交互力变化幅度较大位置修正能力较差的不足。

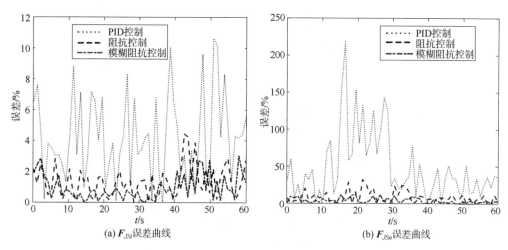

(a) F_{JSi}误差曲线   (b) F_{JSn}误差曲线

图 7-26 模糊自适应阻抗控制末端交互力误差

模糊自适应阻抗控制下的末端轨迹和速度以及误差曲线分别如图 7-27 和图 7-28 所示。由图可见采用莫胡子适应阻抗控制方法,下肢康复机构末端轨迹平均误差及速度平均误差分别为 3.81％和 31.92％,其中末端轨迹速度误差相较于普通阻抗控制有所降低。

踏车模式下普通阻抗控制模型和模糊自适应阻抗控制模型控制人机系统交互力和运动误差对比如表 7-2 所示,可见,采用模糊自适应阻抗控制后,系统控制性能明显提升。

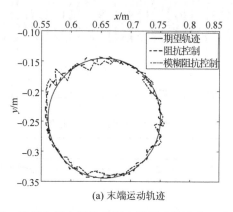

(a) 末端运动轨迹

图 7-27 模糊自适应阻抗控制末端运动轨迹和运动速度

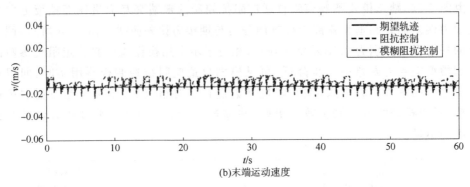

图 7-27　模糊自适应阻抗控制末端运动轨迹和运动速度(续)

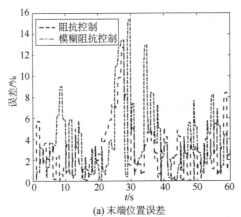

(a)末端位置误差

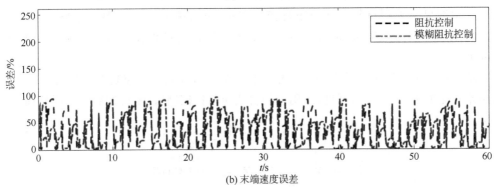

(b)末端速度误差

图 7-28　模糊自适应阻抗控制末端运动位置和运动速度误差曲线

表 7-2　控制误差对比表

方法	项目			
	F_{JSt} 平均误差	F_{JSn} 平均误差	末端位置平均误差	末端速度平均误差
普通阻抗控制	0.12%	1.04%	3.07%	36.75%
模糊自适应阻抗控制	0.08%	0.44%	3.81%	31.92%

7.6 实 验

为验证所提出控制方法的有效性,本书建立图 7-29 所示实验平台。实验前,测试人员基于康复设备对设备状态进行熟悉。测试人员足部与下肢康复机构末端的足部交互模块固定,采用倾角传感器(MPU6050)测量髋关节与膝关节的旋转角度及腿部挡板旋转角度。足部交互模块与脚踏板在两个垂直方向上安装有拉压力传感器(大洋 DYMH-103),用于测量末端交互力在沿腿部挡板和垂直腿部挡板两个方向上的拉压力。

图 7-29 下肢康复训练实验

下肢康复机构参数如表 7-3 所示。

表 7-3 下肢康复机构参数

参数	l_{IA}	l_{OA}	l_{AB}	l_{AF}	$\angle OAF$
数值	485 mm	527 mm	97.3 mm	587.1 mm	10.7°

经由动力学参数辨识得到的测试人员下肢惯性参数如表 7-4 所示。

表 7-4 被测者下肢惯性参数

参数	l_7	m_7	J_7	l_8	m_8	J_8
数值	427.5	2.198	21 443	508.2	9.887	171 279

注:长度参数单位 mm,重量参数单位 kg,惯量参数单位 kg·mm²

实验过程中,测试人员正坐于坐垫模块,并保持上身与机器人的相对位置不变,其下肢由机器人牵引完成匀速圆周踏车运动,其轨迹圆心坐标为(0.698 m,0.284 m),半径为 0.05 m 。圆周运动角速度为 0.104 72 rad/s,圆周初始角度为 1.5708 rad。运动过程中的传感器数据采用卡尔曼滤波方法处理以减少扰动误差。

康复运动过程采用本文所设计的模糊自适应阻抗控制模型,阻抗环各参数的初始值设置为沿腿部挡板方向的惯性参数 $M=800$,阻尼参数 $B=300$,刚度参数 $K=20$;垂直腿部挡板方向的惯性参数 $M=300$,阻尼参数 $B=100$,刚度参数 $K=10$。对于阻抗控制模型修正后的机器人控制采用位置速度双闭环 PID 控制器。图 7-30 所示为一个运动周期内,经由动力学模型计算的期望交互力曲线、采用本书设计的模糊自适应阻抗控制模型后的交互力曲线以及采用普通位置速度双闭环 PID 控制器的交互力曲线，其力误差曲线如图 7-31 所示。如图 7-31 所示，采用普通位置速度双闭环 PID 控制器进行位置跟踪，末端交互力与期望交互力存在较大波动，尤其在力 F_{JSn} 上。如图 7-31 (b) 所示，由于力 F_{JSn} 期望值较小，其受外部扰动作用影响大。采用普通位置速度双闭环 PID 控制器时末端交互力 F_{JSn} 相对于期望力的波动可达 66%。而采用本书设计的模糊自适应阻抗控制方法，力 F_{JSn} 相对于期望力的波动大大减小，最大波动为 23.5%。在力 F_{JSt} 跟踪方面，如图 7-31 (a) 所示，本书方法可以将力波动由最大 6.8% 降低至 4.7%。

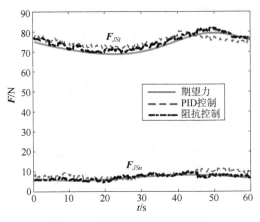

图 7-30　踏车模式末端交互力

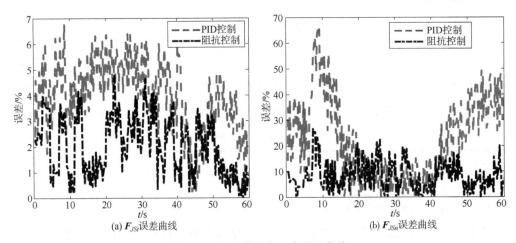

图 7-31　踏车模式交互力误差曲线

　　踏车模式主动控制下的机器人末端运动轨迹与运动速度如图 7-32 所示。图 7-33(a) 所示为不同控制方法下机器人末端轨迹与期望轨迹之间的误差曲线，图 7-33(b) 为不同控制方法下机器人末端运动速度与期望运动速度之间的误差曲线。

　　由图 7-33 可见，本书提出的模糊自适应阻抗控制方法为修正末端交互力，在机器人末端轨迹跟踪方面产生了较大误差，其位置和运动跟踪误差分别为 7.69% 和 73.75%，相对于基于位置速度的 PID 控制出现了明显偏差，但也说明为了实现对人机交互力期望的跟踪，本书所设计的阻抗控制器通过牺牲位置跟踪精度达到了实现力跟踪控制的目的。

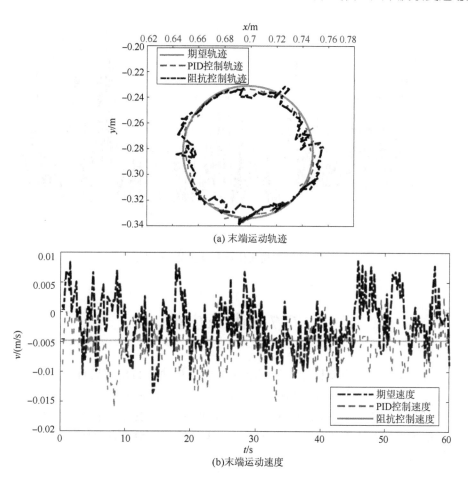

(a) 末端运动轨迹

(b)末端运动速度

图 7-32　踏车模式运动轨迹和运动速度

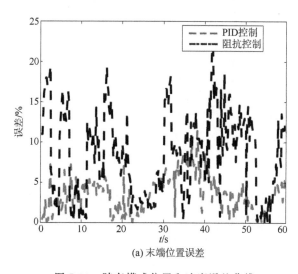

(a) 末端位置误差

图 7-33　踏车模式位置和速度误差曲线

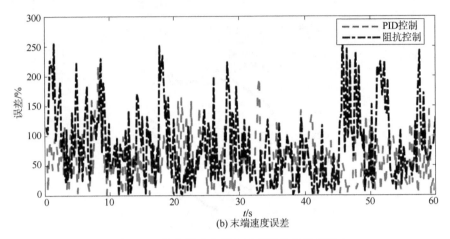

(b) 末端速度误差

图 7-33　踏车模式位置和速度误差曲线(续)

7.7　本章小结

　　本章对移动式下肢康复机器人下肢康复机构主被动控制模式进行了分析,建立了基于位置速度双闭环的下肢康复机构被动控制器和基于阻抗模型的人机交互系统主动控制模型。针对阻抗控制模型中,阻抗参数的自适应调节需求,设计了阻抗参数调节自适应模糊规则。最后通过仿真和实验验证了所设计的阻抗控制模型的有效性。

第8章
柔性软驱动机构及特性分析

8.1 引　言

传统机器人采用刚性关节及连杆,具有高精度和大负载特性,但随着机器人应用领域从工业拓展到人类生活方方面面,对机器人的灵活性、环境适应性、安全性等提出了更高要求,传统刚性机器难以在复杂多变的非结构化环境中柔顺工作。受自然界启发,机器人学家开始设计具有顺从性和工作环境适应性的机器人。柔性/软体机器人是机器人学家越来越关注的一种机器人,它具有连续变形的结构,能够使其形状适应环境。这些特性使它们能够自适应地抓住不同形状的物体,像毛毛虫一样产生滚动动量,像有腿的动物一样行走,或者以蠕动的方式移动。

柔性机器人仿照蛇、象鼻、章鱼等动物的运动形式,能够通过自身弹性变形而灵活改变自身构型,实现空间运动,对狭窄及非结构化环境具有独特的适应能力,在工业、医疗健康、应急救援乃至军事等领域具有广阔的应用前景,是当前机器人研究的热点方向。柔性驱动是构成柔性机器人的核心部件,其特有的柔性可变形特性使由其构成的柔性机器人具有良好的环境适应性和灵活性。

本节将首先介绍基于柔性软轴和螺旋驱动方式的柔性软驱动机构,分析其运动特性,并对其实现柔性传动过程中的摩擦损失、弹性势能损失及传动效率进行分析和建模。

8.2 柔性软驱动机构及软轴变形特性分析

8.2.1 柔性软驱动机构

柔性软驱动机构(FSM)主要由软轴、滚子和螺母组成,其中软轴为特殊设计的螺旋圆柱弹簧。阵列式滚子以圆周螺旋方式径向嵌入螺母,并可相对螺母转动。软轴与螺母同轴安装,且软轴螺距间嵌入滚子。软轴、滚子和螺母组成螺旋传动装置,基于螺旋传动原理,螺母旋转并通过滚子带动软轴轴向运动。由于软轴可变形特性,其可随外界荷载的情况发生弯曲变形,使得驱动力可以向不同的方向传递,从而实现曲线传动。螺母与软轴之间通过带轴承的滚子接触,从而将滑动摩擦转化为滚动摩擦,有效降低了机构中的摩擦损耗,提高了传动效率和使用寿命。

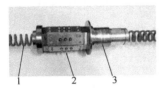

图 8-1　柔性软驱动机构

1—软轴;2—滚子;3—螺母

区别于传统螺旋传动,本书所指柔性软驱动存在着刚柔耦合特性。在传动过程中,螺母外部的软轴在荷载作用下会发生轴向和弯曲变形,而位于螺母内部的软轴则由于刚性滚子的支撑而保持形状不变。同时在传动过程中,软轴各部位交替发生形变,软轴弹性势能的波动会造成能量的损失,荷载大小直接影响着软轴的形变量,进而影响装置的传动效率。另外,内嵌于螺母的滚子不仅随着螺母绕软轴公转,并且会绕自身轴线自转。滚子的公转会造成其与软轴间的自旋摩擦,而滚子的自转过程中则存在着打滑,滚子的运转情况影响着机构内部摩擦的大小。

8.2.2　软轴变形特性

不同于传统的丝杠机构,FSM 中的软轴会在传动过程中因受力而发生变形,软轴变形会产生弹性势能,在传动过程中软轴交替受到拉力与压力,进而被反复拉伸和压缩,造成其弹性势能的波动,产生能量损失,降低机构的传动效率。为减小弹性波动,要求软轴具备较大的轴向刚度,从而减少机构传动过程中因软轴弹性势能波动而消耗的能量。另外,为了实现软驱动机构柔性变形传动,则要求软轴具备较小的弯曲刚度,从而使机构具备更高的灵活性与环境适应性。因而软轴需要同时具备较大轴向刚度和较小弯曲刚度特征。软轴的轴向刚度与弯曲刚度与软轴的材料、几何形状与尺寸有关,且彼此相互影响。因而软轴结构和尺寸应使得软轴的轴向刚度与弯曲刚度达到最优值从而满足 FSM 的传动需求。

1. 软轴参数及坐标系

软轴为尺寸特殊设计的圆柱螺旋弹簧,其尺寸参数如图 8-2 所示。

图中 D_2 为软轴中径,γ 为软轴升角,H_0 为软轴高度。则依据几何关系可确定如下几何参数:

螺旋线的节距:

$$t = \pi D_2 \tan \gamma \tag{8-1}$$

螺旋线的圈数:

$$n = \frac{l_0 \cos \gamma}{\pi D_2} \tag{8-2}$$

螺旋线的高度:

$$H_0 = nt = l_0 \sin \gamma \tag{8-3}$$

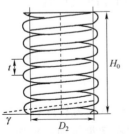

图 8-2　软轴基本几何参数

螺旋线的曲率半径：

$$\rho = \frac{D_2}{2\cos^2\gamma} \tag{8-4}$$

螺旋线的曲率：

$$\chi = \frac{2\cos^2\gamma}{D_2} \tag{8-5}$$

螺旋线的扭转量：

$$\kappa = \frac{\sin 2\gamma}{D_2} \tag{8-6}$$

建立坐标系如图 8-3 所示,图中平面 V 通过软轴中心线将软轴分为左右两部分；平面 V' 垂直于被截软轴 B 端面中心线,并与平面 V 夹角 γ。软轴截面 A 的中心与软轴中心线切线为 t 轴、平面 V 与平面 V' 的交线为 n 轴, b 轴位于平面 V' 内,且与 t 轴和 n 轴垂直。

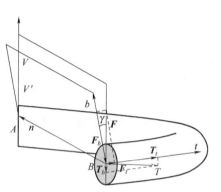

图 8-3　软轴坐标系及轴向受力

2. 软轴受轴向力时变形分析

当软轴受到在 V 面内的轴向压缩载荷 F 作用后,软轴的长度变短。软轴材料截面受力图如图 8-3 所示。在平面 V 所截的软轴材料的斜截面上,将作用有扭矩 $T = F \cdot D_2/2$ 和径向力 F。对于扭矩 T 其可分解为绕轴 t 的扭矩。

$$T_t = F\frac{D_2}{2}\cos\gamma \tag{8-7}$$

及绕 b 轴回转的弯矩：

$$T_b = F\frac{D_2}{2}\sin\gamma \tag{8-8}$$

对于径向力,其分解为沿 t 轴作用的法向力：

$$F_t = F\sin\gamma \tag{8-9}$$

及沿 b 轴作用的径向力：

$$F_b = F\cos\gamma \tag{8-10}$$

软轴在荷载作用下发生变形,记软轴中径变化量为 ΔD_2,软轴螺旋角变化量为 $\Delta\gamma$,则受到荷载后软轴各参数可表示为

$$D_2' = D_2 + \Delta D_2$$
$$\gamma' = \gamma + \Delta\gamma$$

软轴中径和螺旋升角改变量 ΔD_2、$\Delta\gamma$ 与软轴的材料、尺寸、荷载等因素有关。记软轴在荷载下曲率变化量为 $\Delta\chi$,扭转变化量为 $\Delta\kappa$,由式(8-5)、式(8-6)可得

$$\begin{cases} \Delta\chi = \dfrac{4\cos\gamma'\Delta(\cos\gamma')}{D_2'} - \dfrac{2\cos^2\gamma'}{D_2'^2}\Delta D_2' \\[3mm] \Delta\kappa = \dfrac{2\cos\gamma'\Delta(\sin\gamma')}{D_2'} + \dfrac{2\sin\gamma'\Delta(\cos\gamma')}{D_2'} - \dfrac{2\sin\gamma'\cos\gamma'}{D_2'^2}\Delta D_2' \end{cases} \tag{8-11}$$

由于：

$$\sin\gamma'\Delta(\sin\gamma') + \cos\gamma'\Delta(\cos\gamma') = 0$$

则带入式(8-11)可得：

$$\begin{cases} \Delta(\sin\gamma') = -\dfrac{D_2'\sin\gamma'}{2}\Delta\chi + \dfrac{D_2'\cos\gamma'}{2}\Delta\kappa \\[3mm] \Delta(\cos\gamma') = -\dfrac{D_2'\sin^2\gamma'}{2\cos\gamma'}\Delta\chi - \dfrac{D_2'\sin\gamma'}{2}\Delta\kappa \end{cases} \tag{8-12}$$

进而可得：

$$\Delta D_2 = -\frac{D_2'^2\cos 2\gamma'}{2\cos^2\gamma'}\Delta\chi - \frac{D_2'^2\sin\gamma'}{\cos\gamma'}\Delta\kappa \tag{8-13}$$

软轴曲率和扭转的变化与软轴材料和截面上所受载荷有关。由弯曲和扭转变形公式：

$$\Delta\chi = \frac{T_b}{EI}$$

$$\Delta\kappa = \frac{T_t}{GI_p}$$

式中，I 为软轴材料截面的惯性矩，I_p 为软轴材料截面的极惯性矩，E 为软轴材料的弹性模量，G 为软轴材料的切变模量。对于软轴截面，其末端位移量 f 可表示为

$$f = \Delta H_0 = l_0\Delta(\sin\gamma') \tag{8-14}$$

软轴端部的极角变化量 ϕ（软轴端部材料截面相对于平面 V 的转动角度）为

$$\phi = \Delta\theta = 2l_0\left[\frac{\Delta(\cos'\gamma)}{D_2'} - \frac{\cos\gamma'}{D_2'^2}\Delta D_2'\right] \tag{8-15}$$

从而得到软轴圈数的变化：

$$\Delta n = \frac{\phi}{2\pi}$$

将式(8-11)、式(8-12)代入式(8-14)、式(8-15)，得软轴端部变形量的计算式：

$$f = \frac{\pi F D_2^3 n}{4\cos\gamma}\left(\frac{\cos^2\gamma}{GI_p} + \frac{\sin^2\gamma}{EI}\right) + \frac{\pi F D_2 n}{\cos\gamma}\left(\frac{\cos^2\gamma}{GA} + \frac{\sin^2\gamma}{EA}\right) \tag{8-16}$$

式中，A 为软轴材料截面面积，软轴两端相对扭转角度的计算式：

$$\phi = \frac{\pi F D_2^2 n\sin\gamma}{2}\left(\frac{1}{GI_p} - \frac{1}{EI}\right) \tag{8-17}$$

将式(8-11)、式(8-12)代入式(8-13)可得软轴直径的变化计算式：

$$\Delta D_2 = \frac{F D_2^3\sin\gamma}{2\cos\gamma}\left(\frac{\cos 2\gamma}{2EI} - \frac{\cos^2\gamma}{GI_p}\right)$$

当软轴受轴向载荷 F 作用受压时,软轴节距变小,软轴节距变化量为

$$\Delta t = \frac{f}{n} = \frac{\pi F D_2^3}{4\cos\gamma}\left(\frac{\cos^2\gamma}{GI_p} + \frac{\sin^2\gamma}{EI}\right)$$

从而软轴轴向变形系数可表示为

$$C_P = \frac{\pi D_2^3}{4\cos\gamma}\left(\frac{\cos^2\gamma}{GI_p} + \frac{\sin^2\gamma}{EI}\right)$$

3. 软轴受弯矩作用时的变形分析

如图 8-4 所示,当软轴的端部作用弯矩 M 时,对软轴进行受力分析,M 可分解为沿 b 轴的分力矩 M_b 与沿 t 轴的分力矩 M_t。

其中绕 t 轴回转的扭矩可写为

$$M_t = M\cos\psi\cos\gamma$$

绕 b 轴回转的弯矩可写为

$$M_b = -M\cos\psi\sin\gamma$$

绕 n 轴回转的弯矩可写为

$$M_n = M\sin\psi$$

在弯矩 M 作用下,软轴变形示意图如图 8-5 所示。

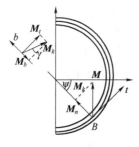
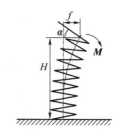

图 8-4　软轴受到弯矩 M 作用时 　　图 8-5　弯矩荷载下软轴
　　　　截面受载情况 　　　　　　　　　变形示意图

按照能量法,可得软轴在弯矩作用下的变形 f_r 计算公式:

$$f = \int_0^l \frac{M_t T_{1t}\mathrm{d}s}{GI_p} + \int_0^l \frac{M_b\mathrm{d}s}{EI_b} + \int_0^l \frac{M_n\mathrm{d}s}{EI_n} \tag{8-18}$$

式中,I_b 为软轴材料截面绕 b 轴的极惯性矩,I_n 为软轴材料截面绕 b 轴的极惯性矩,$\mathrm{d}s$ 为软轴材料微小段,其表达式为

$$\mathrm{d}s = \frac{D_2\mathrm{d}\psi}{2\cos\gamma}$$

l 为软轴材料长度,其计算式:

$$l = \frac{\pi D_2 n}{\cos\gamma}$$

将上列各式代入式(8-18),则得软轴上端的倾斜偏转角:

$$\alpha = \int_0^{2\pi n} \frac{MD_2 \sin^2\psi \, \mathrm{d}\psi}{2EI_n \cos\gamma} + \int_0^{2\pi n} \frac{MD_2 \cos^2\psi \sin^2\gamma \, \mathrm{d}\psi}{2EI_b \cos\gamma} + \int_0^{2\pi n} \frac{MD_2 \cos^2\psi \cos^2\gamma \, \mathrm{d}\psi}{2GI_p \cos\gamma}$$

上式积分并简化后可得

$$\alpha = \frac{Ml_0}{2EI_n}\left(\frac{EI_n}{EI_b}\sin^2\gamma + \frac{EI_b}{GI_p}\cos^2\gamma + 1\right) \tag{8-19}$$

$$= \frac{M}{2EI_n}\frac{\pi D_2 n}{\cos\gamma}\left(1 + \frac{I_n}{I_b}\sin^2\gamma + \frac{EI_b}{GI_p}\cos^2\gamma\right)$$

从而可得软轴的弯曲系数为

$$C_M = \frac{\pi D_2 n}{2EI_n \cos\gamma}\left(1 + \frac{I_n}{I_b}\sin^2\gamma + \frac{EI_b}{GI_p}\cos^2\gamma\right)$$

4. 直线传动软轴极限工作长度

软轴为圆柱螺旋弹簧,随着螺母转动,软轴向前运动,软轴的工作长度逐渐增大。在将软轴用于在直线运动中推动负载工况时,当软轴工作长度超过一定数值,软轴会发生失稳弯曲,从而传动失效。为了避免软轴发生失稳,需要控制软轴在临界失稳长度内工作。

在将软轴用于在弯曲运动中推动负载工况时,软轴本身就处于失稳状态,虽然弯曲状态下的软轴依然可以进行力与位移的输出,但其失稳状态下的传动特性需结合具体环境约束条件进行分析。下面将对软轴在直线状态下的极限工作长度进行理论推导。

对于直线传动软轴的稳定性分析,可将软轴看作一当量柱体,利用长柱体的稳定性理论进行计算。而与普通长柱体压杆失稳模型不同的是,软轴在轴向荷载下会发生较大压缩变形,长度会发生显著变化。软轴失稳模型如图 8-6 所示。

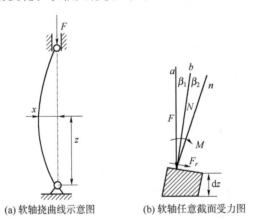

(a) 软轴挠曲线示意图　　　(b) 软轴任意截面受力图

图 8-6　软轴失稳状态示意图

图 8-6(b)中,a 为软轴失稳前的轴线方向,n 为软轴失稳后的截面法线方向,由于剪切力 F_r 的作用,失稳后软轴截面不垂直于轴线,b 为失稳后软轴的轴线方向,β_1 为软轴失稳变形过程中截面转动角度,β_2 为剪切力 F_r 引起的轴线偏移角度。则由图 8-6(a),由失稳后轴向力 F 产生的弯矩:

$$M = Fx$$

失稳后力 $\boldsymbol{F}$ 在软轴截面上产生的法向力可写为

$$\boldsymbol{N} = \boldsymbol{F}\cos\beta_1$$

由于软轴处于临界失稳，β_1 很小，则上式可近似写为

$$\boldsymbol{N} = \boldsymbol{F}$$

失稳后力 $\boldsymbol{F}$ 在软轴截面上产生的剪切力：

$$\boldsymbol{F}_r = \boldsymbol{F}\sin\beta_1 \approx \boldsymbol{F}\beta_1$$

记软轴弯曲刚度 k_M，切变刚度 k_r，则对于圆柱螺旋弹簧，其刚度表达式可写为

$$\begin{cases} k_M = \dfrac{2E\boldsymbol{I}_n H_0}{\pi Dn\left(1 + \dfrac{E\boldsymbol{I}_n}{G\boldsymbol{I}_p}\right)} \\[4mm] k_r = \dfrac{8E\boldsymbol{I}_b H_0}{n\pi D^3} \end{cases} \tag{8-20}$$

根据软轴任意截面受力与几何关系得

$$\mathrm{d}\beta_1 = \frac{\boldsymbol{M}}{k_M}\mathrm{d}z = \frac{\boldsymbol{F}x}{k_M}\mathrm{d}z$$

$$\beta_2 = \frac{\boldsymbol{F}_r}{k_r} = \frac{\boldsymbol{F}\beta_1}{k_r}$$

软轴失稳后轴线挠曲线方程可写为

$$\frac{\mathrm{d}x}{\mathrm{d}z} = -(\beta_1 + \beta_2) = -\left(1 + \frac{F}{k_r}\right)\beta_1 \tag{8-21}$$

对式(8-21)微分得

$$\frac{\mathrm{d}^2 x}{\mathrm{d}z^2} + \frac{F}{k_M}\left(1 + \frac{F}{k_r}\right)x = 0 \tag{8-22}$$

对式(8-22)积分，并带入如下边界条件：

$$\begin{cases} x = 0, & z = 0 \\ x = 0, & z = H \end{cases}$$

可得满足条件的最小稳定性荷载 $\boldsymbol{F}_c$ 表达式

$$\frac{\boldsymbol{F}_c}{k_M}\left(1 + \frac{\boldsymbol{F}_c}{k_r}\right)H^2 = \pi^2 \tag{8-23}$$

由式(8-20)、式(8-23)并考虑软轴两端支撑情况可得软轴不失稳临界变形量 f_c 的表达式：

$$f_c = \frac{H_0}{\left(2 - \dfrac{G\boldsymbol{I}_p}{E\boldsymbol{I}_b}\right)}\left[1 - \sqrt{1 - \left(\frac{\pi}{\mu}\right)^2 \frac{\left(2 - \dfrac{G\boldsymbol{I}_p}{E\boldsymbol{I}_b}\right)}{\left(1 + \dfrac{G\boldsymbol{I}_p}{E\boldsymbol{I}_n}\right)}\left(\frac{D_1}{H_0}\right)^2}\,\right]$$

式中，μ 为与软轴两端支撑情况有关的系数。为了使 f_c 有意义，公式根号中的值必须大于或等于 0，可得

$$H_0 \geqslant \frac{\pi}{\mu} \sqrt{\frac{\left(2 - \dfrac{GI_p}{EI_b}\right)}{\left(1 + \dfrac{GI_p}{EI_n}\right)}} \qquad (8\text{-}24)$$

即当满足式(8-24)条件的时候软轴才有可能发生失稳,相反,软轴不会发生失稳的长度条件为

$$H_0 \leqslant \frac{\pi D_1}{\mu} \sqrt{\frac{\left(2 - \dfrac{GI_p}{EI_b}\right)}{\left(1 + \dfrac{GI_p}{EI_n}\right)}}$$

8.3 柔性软驱动机构传动特性分析

柔性软驱动机构通过滚子推动软轴运动,实现运动传递,滚子在工作过程中既绕自身轴线自转,也绕软轴公转,滚子的公转会引起自旋滑动。滚子与软轴之间是线接触,接触线上各点速度不同,同时存在一个纯滚动点。并且由于纯滚动点位置的变化、滚子与软轴接触面的弹性变形与加工误差导致的软轴螺距微小变化等因素的影响,滚子在运转过程中还会发生一定程度的打滑。另外,不同于普通的丝杠副,柔性软驱动机构中螺母内部的软轴在刚性螺母体支撑下保持原来的形状,而螺母体外部的软轴则会因荷载作用而发生变形,螺距改变使软轴的速度受轴向荷载大小的影响。本节将建立滚子与软轴相对运动模型并对基于滚子的柔性驱动机构运动特性进行分析。

8.3.1 滚子运动学建模

对于安装在螺母上的滚子,其轴线相对于软轴螺旋运动(图 8-6(a)),在分析时采用相对运动方法,假定软轴固定,螺母绕软轴旋转。则滚子在螺母带动下沿着软轴间隙滚动,轨迹为螺旋线。滚子在运动过程中不仅绕软轴公转而且绕自身轴线自转。

为了清晰地描述滚子的运动状态,以滚子中心为原点建立 $Or\tau n$ 坐标系,如图 8-7 滚子传动模型及坐标系。

图 8-6(b)中,坐标轴 n 与软轴轴线方向平行,r 为软轴半径方向(滚子轴线),τ 轴分别与 n、r 轴垂直。ω_n 为滚子绕软轴轴线公转角速度,ω_r 为滚子绕自身轴线 r 自转角速度,ω_τ 为滚子绕 τ 轴转动角速度,γ 为软轴螺旋升角。

对于图 8-6 所示滚子软轴传动模型,滚子相对于软轴的运动可类比为滚轮沿螺旋轨道滚动上升。滚子在运动中的运动特征如图 8-8 所示。

图 8-8 中,v 表示滚子轴心速度,v_τ 与 v_n 分别表示沿 τ 与 n 轴方向的速度分量,d 表

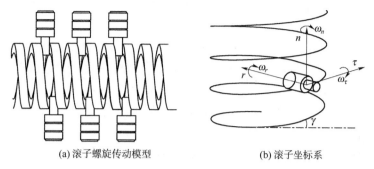

(a) 滚子螺旋传动模型　　　　　(b) 滚子坐标系

图 8-7　滚子传动模型及坐标系

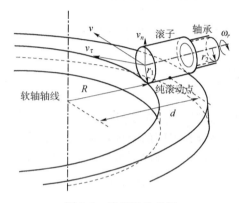

图 8-8　滚子运动分解

示滚子与软轴接触点离软轴轴线的距离,滚子切向速度 v_τ 可表示为

$$v_\tau = \omega_0 d \tag{8-25}$$

式中,ω_0 为螺母旋转速度,从而依据图中几何关系可得 v 与 v_n 表达式

$$v = \frac{v_\tau}{\cos \gamma} = \frac{\omega_0 d}{\cos \gamma}$$

$$v_n = \tan \gamma \cdot \omega_0 d$$

在滚子不打滑的情况下,滚子自转角速度可写为

$$\omega_r = \frac{v}{r_1} = \frac{\omega_0 d}{r_1 \cos \gamma} \tag{8-26}$$

式中,r_1 表示滚子半径。对于图 8-8 所示滚子运动图,在滚子不打滑条件下,显然有如下关系式成立:

$$\omega_0 = \omega_n, \quad \omega_\tau = 0 \tag{8-27}$$

依据式(8-26)、式(8-27),将滚子角速度写为向量形式有

$$\boldsymbol{\omega} = \begin{pmatrix} \omega_r \\ \omega_n \\ \omega_\tau \end{pmatrix} = \begin{pmatrix} \omega_0 d / r_1 \cos \gamma \\ \omega_0 \\ 0 \end{pmatrix} = \omega_0 \cdot \boldsymbol{A}$$

式中,$A = \left(d / r_1 \cos \gamma, 1, 0 \right)^{\mathrm{T}}$。

滚子角加速度可表示为

$$\alpha = \frac{d\omega}{dt}$$

$$\boldsymbol{\alpha} = \begin{pmatrix} \alpha_r \\ \alpha_n \\ \alpha_\tau \end{pmatrix} = \frac{d\omega_0}{dt} \cdot A + \omega_0 \cdot \frac{dA}{dt}$$

$$= \alpha_0 A + \omega_0 \begin{pmatrix} d(d/r_1 \cos\gamma)/dt \\ 0 \\ 0 \end{pmatrix}$$

(8-28)

式中，α_0 为螺母旋转角加速度，α_r、α_τ、α_n 分别为其在 $Or\tau n$ 坐标系下的分量。

8.3.2　软轴进给速度

对于刚性螺旋传动，轴的进给速度等于其通过螺母的速度。而柔性软驱动机构则不同，软轴在运动中的不同部分存在不同的变形特征，在荷载作用下，位于螺母外部的软轴被拉长或压缩，而位于螺母内部的软轴则由于受到滚子的支撑作用其螺距保持不变，软轴保持原有长度。螺距的这种变化导致软轴不同部分相对于螺母的速度不同，即螺母和负载的速度决定了轴的移动速度。

1. 进给速度分析

如图 8-9 所示，t 和 t' 分别表示软轴在螺母内部与螺母外部时的节距，M、N 分别为两部分软轴上的参考点，$\boldsymbol{F}$ 为软轴受力。

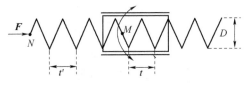

图 8-9　软轴不同部分螺距

在匀速状态下，M、N 两点速度之比等于其所属部分软轴螺距之比，即

$$\frac{v_N}{v_M} = \frac{t'}{t}$$

(8-29)

软轴螺距变化可表示为

$$t - t' = \frac{\boldsymbol{F}}{k}$$

(8-30)

式中，k 是软轴单圈弹性系数，由相对运动原理可得

$$v_M = v_n = \tan\gamma \cdot \omega_0 d$$

(8-31)

由式(8-29)～式(8-31)可得软轴进给速度：

$$v_N = \left(1 - \frac{F}{kt}\right)\tan\gamma \cdot \omega_0 d \tag{8-32}$$

由式(8-32)可见软轴实际速度不仅与螺母角速度和软轴螺旋角有关,而且还与软轴弹性系数有关,对于矩形截面软轴,其弹性系数可写为

$$k = \frac{G l_1^2 l_2^2}{\varepsilon D_2^3}$$

式中,l_1 和 l_2 分别为软轴截面宽度和高度,D 为软轴外部直径,G 是材料的切变模量,ε 是与 l_1 和 l_2 比值有关的附加弹性系数,其值如表 8-1 所示。

表 8-1 附加弹性系数

l_1/l_2	1	1.2	1.4	1.6	1.8	2.0	2.2	2.4	2.6	2.8	3.0
ε	5.59	5.67	5.88	6.17	6.5	6.87	7.26	7.67	8.09	8.51	8.95

2. 进给速度仿真分析

为分析软轴速度受外部力及弹性系数影响,选择软轴材料为 65Mn(GB/T 1222—2007),泊松比为 0.3,密度为 7.85×10^3 kg/m³。柔性软驱动机构设计参数如表 8-2 所示。

表 8-2 柔性软驱动机构参数

参数	γ	D	G	l_1	l_2	d	t
数值	10°	20 mm	7.9×10^4 MPa	3 mm	3 mm	8.5 mm	7 mm

根据表 8-1 可得附加弹性系数 $\varepsilon = 5.59$,计算得 $k = 1.43 \times 10^5$ N/m。软轴进给速度与螺母转速及受力关系图如图 8-10 所示,仿真结果表明当螺母转速 ω_0 为常值时,软轴进给速度随外部载荷增大而减小。若给定螺母转速 10 rad/s,不同软轴弹性系数、不同载荷条件下软轴进给速度仿真结果如图 8-11 所示,随软轴弹性系数增大进给速度增大,软轴受力减小进给速度增大,最大接近刚性轴速度 15 mm/s。同时由图 8-11 所示,当软轴刚性系数较大时,软轴进给速度受轴向力影响变小,从而可知在实际软轴设计时应尽可能增大软轴轴向刚度,以减小软轴轴向载荷对其进给速度的影响。

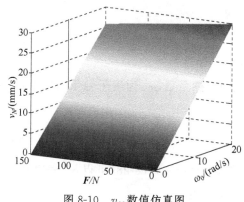

图 8-10 v_N 数值仿真图

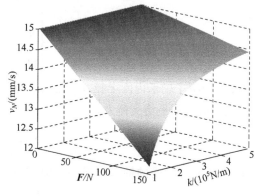

图 8-11 轴向刚度与荷载对软轴速度的影响

8.3.3 滚子纯滚动点

对于采用矩形截面软轴的柔性软驱动机构,滚子与软轴之间为线接触,滚子公转过程中,接触线上的所有点都有不同的速度,但它们的角速度相等,这导致滚子沿着接触线与软轴之间存在差动滑动。但在滚子与软轴接触线上存在一个纯滚动点,纯滚动点的位置决定了滚子的速度和加速度,而该点的稳定性影响着滚子的打滑和机构的内摩擦大小。

滚子受力分析如图 8-12 所示,YZ 为滚子与软轴的接触线,X 代表纯滚动点,x 为 YX 长度,R 为软轴内半径,$\boldsymbol{F}_n$、$\boldsymbol{F}_\tau$、$\boldsymbol{M}_f$ 分别为滚子轴承对滚子的支撑力与摩擦力矩。$\boldsymbol{N}$ 为软轴对滚子的支撑力。

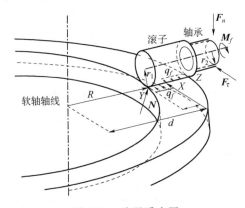

图 8-12 滚子受力图

如图 8-12 所示,纯滚动点位置 d 可表示为

$$d = R + x \tag{8-33}$$

考虑到 $\boldsymbol{F}_n$、$\boldsymbol{F}_\tau$ 与 $\boldsymbol{N}$ 对滚子的作用线通过其轴线,故对滚子轴线力矩为 0,则滚子回转运动微分方程可写为

$$q_f(l_s - x)r - q_f x r - \boldsymbol{M}_f = \boldsymbol{J}\alpha_r \tag{8-34}$$

式中,$\boldsymbol{J}$ 为滚子转动惯量,l_s 为接触线长度,q_f 为接触线上的均布摩擦力,q_f 和 $\boldsymbol{M}_f$ 可表示为

$$\begin{cases} q_f = \dfrac{\mu_1 \boldsymbol{N}}{l_s} \\[2mm] \boldsymbol{M}_f = \mu_2 \boldsymbol{N} r_2 \end{cases} \tag{8-35}$$

式中,r_2 为滚子轴承内圈半径,μ_1 为滚子与软轴间摩擦系数,μ_2 为滚子轴承摩擦系数,N 为软轴对滚子的平均支撑力。

$$\boldsymbol{N} = \frac{\boldsymbol{F}}{n\cos\gamma} \tag{8-36}$$

式中,$\boldsymbol{F}$ 为机构承受的轴向荷载,n 为滚子数。式(8-33)带入式(8-28)可得 α_r 表达式

$$\alpha_r = \frac{\alpha_0(R+x)}{r_1\cos\gamma} + \frac{\mathrm{d}x/\mathrm{d}t}{r_1\cos\gamma}\omega_0 \tag{8-37}$$

对于纯滚动点而言,其打滑速度近似为零,因此在纯滚动点 $\mathrm{d}x/\mathrm{d}t \approx 0$。从而将式(8-35)～式(8-37)带入式(8-34)可得纯滚动点位置:

$$x = \frac{[(r_1^2\mu_1 - r_1r_2\mu_2)\boldsymbol{F} - n\boldsymbol{J}R\alpha_0]l_s}{2\mu_1 r_1^2\boldsymbol{F} + n\boldsymbol{J}l\alpha_0} \tag{8-38}$$

由式(8-38)可知,纯滚动点位置与轴向荷载 $\boldsymbol{F}$ 和螺母角加速度 α_0 有关。对于表 8-3 所示柔性软驱动机构参数,通过数值仿真可得 x 位置与角速度和载荷间的关系图如图 8-13 所示。

表 8-3　柔性软驱动参数

参数	R	r_1	r_2	l_s	μ_1	μ_2	n	J
数值	7 mm	4 mm	2 mm	3 mm	0.15	0.0015	24	5.4×10^{-8} kg·m

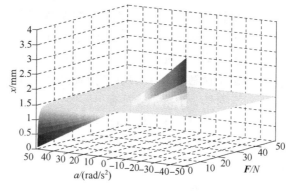

图 8-13　纯滚动点位置仿真

由图 8-13 可见,当轴向荷载较小时,纯滚动点位置受螺母角加速度 α_0 影响较大。当轴向荷载增大时,纯滚动点位置基本保持不变。当轴向荷载大于 5 N 时,x 的值接近 1.5 mm,即纯滚动点位于接触线 l_s 中点,而当载荷较小螺母转动角加速较大时,纯滚动点位置将位于滚子与软轴接触线内侧或靠近外侧。

图 8-13 也表明适当的荷载可以提高滚子与软轴间的接触性能。当荷载较小时,滚子与软轴间的最大静摩擦力不足以克服滚子的转动惯性,滚子会随着螺母角加速度增大,打滑增大。此时纯滚动点位置受加速度影响较大,纯滚动点位置的漂移会降低滚子与软轴的接触稳定性,容易造成滚子打滑。相反,当荷载增大时,滚子与软轴间最大静摩擦力增大,纯滚动点位置也更稳定,接触稳定性得到提升,滚子打滑会减少。

8.3.4　滚子受力特性

螺栓连接中螺纹受力圈数一般为 8 圈,并且每圈受力大小依次递减。软轴与滚子的刚柔耦合接触模型则放大了这一效应。在荷载作用下,螺母外部的软轴受力变形,而螺母内部的软轴与滚子贴合,基本保持原来形状不变,使得大部分载荷分布在第一个滚子上。为了避免荷载集中而造成的滚子损坏,需要对对滚子在传动中的受力特性进行分析,进而对柔性软驱动结构进行优化设计,使荷载分布到更多滚子上,提高机构的承载能力。

1. 滚子受力特性建模

对于柔性软驱动机构,其荷载集中于少数滚子的原因是滚子接触端刚度与软轴轴向刚度差别较大,在荷载下作用下滚子依然保持原有螺旋线分布,而沿螺母纵向滚子间的软轴基本不产生形变,荷载集中于第一个滚子上。荷载在滚子上的分布情况与软轴轴向刚度、滚子安装基座刚度、滚子圈数以及机构尺寸等因素有关。在滚子与软轴刚柔耦合接触

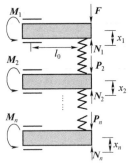

图 8-14 滚子与软轴
接触力模型

问题中,可将沿螺旋线相邻滚子间的软轴部分当作一个弹性单元,于是软轴被分为若干个弹性单元,分别连接在各滚子中间。建立如图 8-14 所示滚子与软轴刚柔耦合接触的力学模型,并对滚子上荷载分布进行分析。

记 n 为滚子数,β 为滚子分布螺旋角度,k_β 为滚子安装基座的扭转刚度系数,k_α 为两滚子间软轴部分的轴向刚度系数,$\boldsymbol{M}_i$ 为第 i 个滚子基座的力矩,$\boldsymbol{P}_i$ 为软轴对第 i 个滚子的压力,$\boldsymbol{N}_i$ 为软轴对第 i 个滚子的支撑力,x_i 为第 i 个滚子接触端下沉量,l_0 为滚子接触端悬臂长度,F 为轴向荷载,作用于第一个滚子上。

对第 i 个滚子分析有

$$(\boldsymbol{P}_i - \boldsymbol{N}_i)l_0 - \boldsymbol{M}_i = 0 \tag{8-39}$$

式中,$i = 0, 1, \cdots, n$,$\boldsymbol{P}_1 = \boldsymbol{F}$,$\boldsymbol{N}_n = 0$。

第 i 个滚子受到的荷载

$$\boldsymbol{P}_i = k_\alpha(x_{i-1} - x_i) \tag{8-40}$$

由于软轴对第 i 个滚子的支撑力等于其对下一个滚子的压力,故有

$$\boldsymbol{N}_i = \boldsymbol{P}_{i+1} = k_\alpha(x_i - x_{i+1}) \tag{8-41}$$

于是可得各滚子静力平衡方程组

$$\begin{cases} \boldsymbol{F} - k_\alpha(x_1 - x_2) - \dfrac{k_\beta x_1}{l_0^2} = 0 \\[4mm] k_\alpha(x_1 - x_2) - k_\alpha(x_2 - x_3) - \dfrac{k_\beta x_2}{l_0^2} = 0 \\[2mm] \quad\vdots \\[2mm] k_\alpha(x_i - x_{i+1}) - k_\alpha(x_{i+1} - x_{i+2}) - \dfrac{k_\beta x_{i+1}}{l_0^2} = 0 \\[2mm] \quad\vdots \\[2mm] k_\alpha(x_{n-1} - x_n) - \dfrac{k_\beta x_n}{l_0^2} = 0 \end{cases} \tag{8-42}$$

令

$$\frac{k_\beta}{l_0^2} = \lambda$$

λ 的单位是 $N \cdot m^{-1}$，则式(8-42)用矩阵形式表达为

$$A \cdot X = B \tag{8-43}$$

式中

$$A = \begin{pmatrix} k_a + \lambda & -k_a & 0 & \cdots & 0 \\ k_a & -(2k_a + \lambda) & k_a & \cdots & 0 \\ & & \vdots & & \\ 0 & 0 & k_a & -(2k_a + \lambda) & k_a \\ 0 & 0 & 0 & k_a & -(k_a + \lambda) \end{pmatrix}$$

$$X = \begin{pmatrix} x_1 & x_2 & x_3 & \cdots & x_n \end{pmatrix}^T$$

$$B = \begin{pmatrix} F & 0 & 0 & \cdots & 0 \end{pmatrix}^T$$

对于只有 8 个滚子的结构进行演算，当荷载为 100 N 时，分析每个滚子上荷载分布情况。根据样机设计指标，软轴单圈刚度系数：

$$k_0 = 1.43 \times 10^5 \ N \cdot m^{-1}$$

则对于每圈 8 个滚子的设计：

$$k_a = \frac{k_0}{8} = 1.79 \times 10^4 \ N \cdot m^{-1}$$

对于刚性基座，取 $\lambda = 1.79 \times 10^5 \ N \cdot m^{-1}$，此时

$$A = 1.79 \times 10^4 \begin{pmatrix} 11 & -1 & 0 & \cdots & 0 \\ 1 & -12 & 1 & \cdots & 0 \\ & & \vdots & & \\ 0 & 0 & 1 & -12 & 1 \\ 0 & 0 & 0 & 1 & -11 \end{pmatrix}$$

$$B = \begin{pmatrix} 100 & 0 & 0 & \cdots & 0 \end{pmatrix}^T$$

根据式(8-43)得

$$X = A^{-1} \cdot B$$

则此时

$$X = \begin{pmatrix} x_1 \\ x_2 \\ x_3 \\ x_4 \\ x_5 \\ x_6 \\ x_7 \\ x_8 \end{pmatrix} = A^{-1} \cdot B = 5.6 \times 10^{-4} \begin{pmatrix} 0.916\,08 \\ 0.076\,88 \\ 0.006\,45 \\ 0.000\,54 \\ 0.000\,05 \\ 0.000\,00 \\ 0.000\,00 \\ 0.000\,00 \end{pmatrix} m$$

则每个滚子承受荷载大小为

$$
\boldsymbol{P} = \begin{pmatrix} P_1 \\ P_2 \\ P_3 \\ P_4 \\ P_5 \\ P_6 \\ P_7 \\ P_8 \end{pmatrix} = \lambda \cdot \begin{pmatrix} x_1 \\ x_2 \\ x_3 \\ x_4 \\ x_5 \\ x_6 \\ x_7 \\ x_8 \end{pmatrix} = 100 \cdot \begin{pmatrix} 0.916\,08 \\ 0.076\,88 \\ 0.006\,45 \\ 0.000\,54 \\ 0.000\,05 \\ 0.000\,00 \\ 0.000\,00 \\ 0.000\,00 \end{pmatrix} N \tag{8-44}
$$

由式(8-44)可见,软轴施加于螺母的力,有 91.6% 的荷载分布在第一个滚子上,并且荷载分布情况衰减很大,从第 4 个滚子开始基本不受力。柔性的软轴与刚性基座耦合接触,两者轴向刚度相差较大,造成受力集中现象,大部分荷载集中分布在第一个滚子上,容易造成滚子疲劳变形,甚至折断。

2. 滚子安装基座刚度对滚子受力影响分析

如果更换为柔性基座,滚子受到软轴挤压会产生一定下沉量,两滚子间软轴会产生形变,荷载会传递到更多滚子上。滚子基座柔性越大,荷载在滚子上的分布越均匀,而过大的柔性则容易导致在大荷载下结构失效,并且柔性越大,机构因弹性势能波动而损耗的能量越多,传动效率越低,如何设置滚子基座的柔性,使得荷载分布在更多滚子上的同时保证机构的传动效率不受较大影响,是提升机构力学性能的关键技术难题。

对于柔性基座,取 $\lambda = 3.6 \times 10^4$ N·m^{-1},此时

$$
\boldsymbol{A} = 1.79 \times 10^4 \begin{pmatrix} 6 & -5 & 0 & \cdots & 0 \\ 5 & -11 & 5 & \cdots & 0 \\ & & \vdots & & \\ 0 & 0 & 5 & -11 & 5 \\ 0 & 0 & 0 & 5 & -6 \end{pmatrix}
$$

$$
\boldsymbol{B} = \begin{pmatrix} 100 & 0 & 0 & \cdots & 0 \end{pmatrix}^{\mathrm{T}}
$$

$$
\boldsymbol{X} = \begin{pmatrix} x_1 \\ x_2 \\ x_3 \\ x_4 \\ x_5 \\ x_6 \\ x_7 \\ x_8 \end{pmatrix} = \boldsymbol{A}^{-1} \cdot \boldsymbol{B} = 2.79 \times 10^{-2} \begin{pmatrix} 0.274\,33 \\ 0.201\,77 \\ 0.149\,34 \\ 0.111\,93 \\ 0.085\,67 \\ 0.067\,97 \\ 0.057\,08 \\ 0.051\,89 \end{pmatrix} m
$$

则每个滚子承受荷载大小为

$$\boldsymbol{P} = \begin{pmatrix} P_1 \\ P_2 \\ P_3 \\ P_4 \\ P_5 \\ P_6 \\ P_7 \\ P_8 \end{pmatrix} = \lambda \cdot \begin{pmatrix} x_1 \\ x_2 \\ x_3 \\ x_4 \\ x_5 \\ x_6 \\ x_7 \\ x_8 \end{pmatrix} = 100 \cdot \begin{pmatrix} 0.274\,33 \\ 0.201\,77 \\ 0.149\,34 \\ 0.111\,93 \\ 0.085\,67 \\ 0.067\,97 \\ 0.057\,08 \\ 0.051\,89 \end{pmatrix} N$$

对比式(8-43)可见,当滚子安装基座扭转刚度降低为原来刚度的 1/5 后,软轴荷载将更均匀地分布在 8 个滚子上,且受力最大的第一个滚子只承担了 27.4％的荷载。相比起刚性基座,柔性基座在荷载下会产生形变,使得滚子接触端产生一定下沉量,荷载沿着软轴传递到更多滚子上,避免了荷载集中现象。而荷载在滚子上的分布情况则取决于基座与软轴的刚度差别的大小。通常滚子基座柔性越大,荷载在滚子上的分布越均匀。但同时过大的柔性容易导致机构在大荷载下结构失效,并且柔性越大,机构因弹性势能波动而损耗的能量越多,传动效率越低,应针对实际应用中的载荷范围对机构设置恰当柔性的基座,使得荷载分布在更多滚子上的同时保证机构的传动效率不受较大影响。

3. 滚子变螺距设计

采用降低滚子安装基座刚度从而提高滚子受力分布均匀程度的方法通常实现起来较为困难。从另一角度考虑,滚子安装螺旋角如果与软轴螺旋角相同,必然造成沿软轴受力方向第一个滚子受力最大,而采用柔性安装基座的目的实际上是改变滚子安装螺旋角,从而实现软轴受力逐次传递。因此从相对运动角度考虑,可以主动改变滚子安装螺旋角,从而实现棍子力均匀分布。具体如图 8-15(a)所示,即在设计滚子螺距时,使受力方向最后一个滚子先承受软轴力,软轴在荷载下变形,依次与倒数第二、第三个滚子接触,这样就可以将荷载分布到更多滚子上,这种逆序接触的方式需要减小滚子安装螺旋线的升角,使其与软轴螺旋线在自然状态下不接触,软轴受力变形后,逐渐与滚子所在螺旋线贴合,荷载分布更均匀,机构可靠性更高。但图 8-15(a)所示滚子接触模型中,当受力方向变化时,滚子与软轴间会存在换向间隙,可改为图 8-15(b)所示形式。图 8-15(b)中,软轴两端滚子分别与软轴轴向上下表面接触,处于滚子间的软轴在不受力时轴向无窜动,刚性条件相比图 8-15(a)更优。在采用图 8-15(b)方案时为使软轴正反向受力时变螺距滚子都能均匀受力,需要的滚子圈数应为偶数。

图 8-15 所示变滚子螺距设计方式,结构简单,不需要增加柔性基座即可解决荷载集中问题,避免了柔性基座降低机构传动效率的问题。同时两端滚子夹紧软轴,螺母体正反转过程中滚子不会打滑严重。且采用图 8-15(b)方案时可减小机构位移输出的误差,有利于步距控制的准确性。

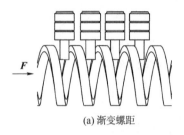
(a) 渐变螺距

(b) 两端接触变螺距

图 8-15　变螺距滚子

但是这种变滚子螺距设计具有应用限制。上述的软轴与滚子逆序接触只适用于软轴两端受压的情况，当软轴两端受拉力时，软轴依然是与第一个滚子先接触，并且荷载很难传递到其余滚子上，无法避免荷载集中现象。

以上两种实现载荷均布的设计方式各有优缺点，实际应用时需根据具体使用场景和需求来选择。其中对于柔性安装基座的设计方式，建立了滚子与软轴耦合接触模型，给出了柔性基座刚度系数与荷载分布情况的规律，实际应用中可根据具体需求来设计基座刚度系数。而对于变滚子螺距的设计方式，可改变滚子直径和所在螺旋线螺距来改变其与软轴螺旋线升角的差值大小，从而调节每个滚子上分担荷载的上限值。小载荷下可设置两者螺旋线接近，此时荷载更容易传递到每个滚子上。大荷载下可提高两者螺旋线升角的差值，使得每个滚子承受更大的荷载。

8.4　柔性软驱动能量损失

根据柔性软驱动机构传动特性分析可知，滚子公转过程中，滚子沿接触线上各点有速度差，而滚子上各点的转速相同，因此滚子会产生差动滑动，从而降低传动效率。并且随着驱动螺母转速的增加，滚子与软轴间相对速度增大，从而加剧滚子的打滑。另外，相比于普通螺旋传动，软轴在带载运动时会因受力变形产生弹性势能，在传动过程中，螺母体的正反转使软轴交替受到拉力与压力，造成软轴弹性势能的波动，造成能量损失，降低传动效率。

本节将探索建立机构效率损失机理，建立传动效率模型并为优化设计柔性软驱动提供理论依据。

8.4.1　摩擦损失

1. 滚子自旋摩擦损失

滚子绕软轴的公转会造成自旋滑动，滚子的自旋滑动是柔性软驱动机构内部引起摩擦的关键因素之一。自旋滑动摩擦不同于普通滑动摩擦，滚子与软轴为线接触，滚子自旋运动过程中，接触线上各点速度不同，导致接触线上各点与软轴间存在相对滑动，并且接触线上存在一个纯滚动点,纯滚动点与软轴间没有相对滑动,其为一个分界点,纯滚动点两侧接触线上各点与软轴间相对滑动方向相反,故产生摩擦力相反,而纯滚动点处摩擦力为 0。

在螺母转动 θ 角过程中,记滚子绕轴承旋转角度为 θ_2,则 θ_2 满足如式(8-45):

$$\theta_2 = \frac{\theta R}{\cos \gamma \cdot r_1} \tag{8-45}$$

在大多数情况下,纯滚动点接近滚子与软轴接触线的中点,滚子上所受摩擦力分布如图 8-16 所示。

令 S 代表接触线上各点相对滑动位移大小,则其计算式如下:

$$s = \frac{\theta}{\cos \gamma}\left(x - \frac{l_s}{2}\right) \tag{8-46}$$

记在螺母转动 θ 角过程中滚子与软轴间自旋摩擦做功为 W_{f1},则由式(8-35)及式(8-45)、式(8-46)可得

$$\begin{aligned}
W_{f1} &= \int_0^{l_s} |q_f s| \, \mathrm{d}x \\
&= 2\int_{\frac{l_s}{2}}^{l_s} \frac{\mu_1 N}{l_s \cos \gamma}\left(\theta x - \frac{\theta l_s}{2}\right)\mathrm{d}x \quad (8\text{-}47) \\
&= \frac{l_s \mu_1 N \theta}{4\cos \gamma}
\end{aligned}$$

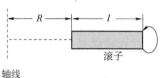

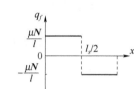

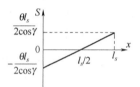

图 8-16 接触线各点
摩擦力分布

由方程(8-47)可见,W_{f1} 随着 l_s 的减小而减小,即减小滚子与软轴接触线长度可减小自旋滑动摩擦。当 $l_s = 0$ 时,此时滚子与软轴为点接触,点接触情况下 $W_{f1} = 0$。由此可见为减小由于滚子公转造成的自旋摩擦,应减小滚子与软轴接触线长度,对传动效率有要求的场合,可将滚子与软轴接触改为点接触,以消除自旋摩擦。可采用的设计方案有将滚子与软轴接触端设计为球形(图 8-17(a)),或将软轴接触面设计为微弧(图 8-17(b))。

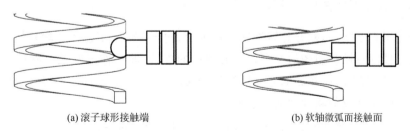

(a) 滚子球形接触端   (b) 软轴微弧面接触面

图 8-17 滚子与软轴点接触方案

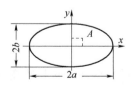

图 8-18 接触椭圆示意图

改变滚子与软轴接触点后,在实际传动过程中,接触点附近材料会发生微小变形。根据赫兹接触理论,接触点附近材料的微小变形会产生一个接触椭圆,如图 8-18 所示,其中滚子滚动方向与椭圆的短轴方向重合。滚子与软轴间形成的椭圆接触面也会造成自旋摩擦。

图 8-18 中设 a 为椭圆长半轴，b 为短半轴，则根据滚动轴承流体润滑理论，点接触式滑动摩擦做功 W_{f2} 可表示为

$$W_{f2} = \frac{3}{8}\theta\mu_1 Na \sum$$

式中，$\sum$ 为第二类椭圆积分。由于椭圆接触区域面积很小，因此 $\sum$ 数值很小，对比式(8-47)有 $W_{f1} \gg W_{f2}$。

即点接触的自旋摩擦要远小于线接触的自旋摩擦，因此球形端滚子比圆柱端滚子产生的自旋摩擦更小。

2. 总摩擦做功

螺母转动 θ 角过程中，滚子轴承处也存在摩擦力，其摩擦力做功为

$$W_{f2} = M_f\theta_2 = \frac{\mu_2\theta NRr_2}{r_1\cos\gamma} \tag{8-48}$$

由式(8-48)可见，滚子轴承摩擦做功与滚子台阶轴半径之比有关，增大滚子接触端半径或减小轴承安装端半径有助于减小轴承摩擦做功。对于圆柱端滚子，柔性软驱动机构传动过程中总的摩擦功 W_f 可表示为

$$W_f = W_{f1} + W_{f2}$$

将式(8-47)、式(8-48)带入上式可得

$$W_f = \frac{\theta N}{\cos\gamma}\left(\frac{\mu_2 Rr_2}{r_1} + \frac{\mu_1 l_s}{4}\right)$$

8.4.2 弹性势能损耗

1. 直线状态下弹性势能损耗

软轴处于直线状态，螺母旋转推动软轴进给，输出负载力 F。工作段软轴在运动过程中主要发生轴向拉压和扭转的变形。随着螺母的旋转，非工作段软轴不断通过螺母过渡到工作段，软轴上不断有新的部分受到拉压和扭转。则由式(8-16)、式(8-17)可得螺母转动 θ 角过程中所造成的软轴轴向变形量为

$$\mathrm{d}h = \frac{F\theta D_2^3}{8\cos\gamma}\left(\frac{\cos^2\gamma}{GI_p} + \frac{\sin^2\gamma}{EI}\right) + \frac{FD_2\theta}{2\cos\gamma}\left(\frac{\cos^2\gamma}{GA} + \frac{\sin^2\gamma}{EA}\right)$$

软轴扭转角度 $\mathrm{d}\phi$ 为

$$\mathrm{d}\phi = -\frac{FD_2^2\sin\gamma}{4}\left(\frac{1}{GI_p} - \frac{1}{EI}\right)\theta$$

则由力与位移做功关系可得螺母转动过程中造成的软轴轴向拉压和扭转势能变化量分别为

$$V_F = \boldsymbol{F}\mathrm{d}h = \frac{\boldsymbol{F}^2\theta D_2^3}{16\cos\gamma}\left(\frac{\cos^2\gamma}{G\boldsymbol{I}_p} + \frac{\sin^2\gamma}{E\boldsymbol{I}}\right) + \frac{\boldsymbol{F}^2 D_2\theta}{4\cos\gamma}\left(\frac{\cos^2\gamma}{GA} + \frac{\sin^2\gamma}{EA}\right)$$

$$V_T = T_b\,\mathrm{d}\phi = -\frac{F^2 D_2^3\sin^2\gamma}{8}\left(\frac{1}{G\boldsymbol{I}_p} - \frac{1}{E\boldsymbol{I}}\right)\theta$$

2. 弯曲状态下弹性势能损耗

当螺旋弹簧软轴在外部环境作用下工作在弯曲状态（曲率 ρ）下时，软轴除了发生轴向拉压和扭转的变形，还发生了弯曲变形发生弯曲。螺母转动 θ 角过程中所造成的拉压势能为

$$V_F = \boldsymbol{F}\mathrm{d}h = \frac{\boldsymbol{F}^2\theta D_2^3}{16\cos\gamma}\left(\frac{\cos^2\gamma}{G\boldsymbol{I}_p} + \frac{\sin^2\gamma}{E\boldsymbol{I}}\right) + \frac{\boldsymbol{F}^2 D_2\theta}{4\cos\gamma}\left(\frac{\cos^2\gamma}{GA} + \frac{\sin^2\gamma}{EA}\right)$$

扭转势能变化为

$$V_T = T_b\,\mathrm{d}\psi = -\frac{F^2 D_2^3\sin^2\gamma}{8}\left(\frac{1}{G\boldsymbol{I}_p} - \frac{1}{E\boldsymbol{I}}\right)\theta$$

新增软轴段弯曲角度为

$$\boldsymbol{d}\alpha = \frac{\rho t}{2\pi}\theta$$

将式（8-1）代入可得

$$\mathrm{d}\alpha = \frac{\rho D_2\tan\gamma}{2}\theta$$

于是弯曲势能变化量为

$$V_M = \frac{1}{2}C_M(\mathrm{d}\alpha)^2 = \frac{\pi\rho^2 D_2^3 n\tan^2\gamma}{16E\boldsymbol{I}_n\cos\gamma}\left(1 + \frac{\boldsymbol{I}_n}{\boldsymbol{I}_b}\sin^2\gamma + \frac{E\boldsymbol{I}_b}{G\boldsymbol{I}_p}\cos^2\gamma\right)\theta^2$$

8.4.3　传动效率

在柔性软驱动机构传动过程中，电动机输出扭矩带动螺母转动，电动机输入的能量中，一部分耗费在了滚子摩擦与软轴变形上，剩下的部分克服外界载荷并输出位移。由式（8-32）知螺母转动 θ 角过程中软轴输出位移 H 为

$$\boldsymbol{H} = \left(1 - \frac{\boldsymbol{F}}{kt}\right)\frac{\tan\gamma\cdot\theta D_2}{2}$$

软轴输出的有用功

$$\boldsymbol{W}_u = \boldsymbol{F}\boldsymbol{H} = \left(1 - \frac{\boldsymbol{F}}{kt}\right)\frac{\tan\gamma\cdot\theta D_2 F}{2}$$

则对于在直线传动状态下软轴驱动机构驱动效率表达式如下：

$$\eta_L = \frac{W_u}{W_f + W_u + V_F + V_T}$$ (8-49)

软轴驱动机构弯曲状态下驱动效率表达式为

$$\eta_B = \frac{W_u}{W_f + W_u + V_F + V_T + V_M}$$ (8-50)

8.5 柔性软驱动性能实验

理论上推导 FSM 的运动学模型、传动效率等与实际存在偏差，并且滚动螺母体中滚子与软轴间纯滚动只是理想状态，在高速运动状态下滚子可能发生滑动。滚子的打滑率无法通过理论推导得出，需要实验测量螺母体转速与滚子转速，之后才能依据机构的运动学模型得出滚子的打滑情况，进而分析不同转速与荷载情况下滚子打滑率变化规律。本节设计了 FSM 实验平台对滚子打滑率、机构传动效率进行实验测试，并对理论模型进行实验验证。

8.5.1 柔性软驱动实验平台

针对所提出的理论模型与规律，将对柔性软驱动机构的滚子打滑率、机构传动效率与软轴临界失稳载荷进行实验测量。设计了如图 8-19 所示的实验平台。柔性软驱动传动性能测试平台主要包括机架、柔性软驱动系统、驱动系统、同步带传动、直线测量装置、弯曲测量装置 6 个部分。测试平台的机架部分主要用于固定连接柔性软驱动系统、驱动系统及同步带传动。驱动系统采用步进电动机驱动其通过同步带传动驱动柔性软驱动工作。直线测量装置及弯曲测量装置则用于测量柔性软驱动机构在直线及弯曲状态下的传动特性。

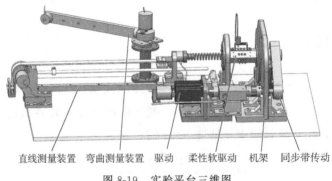

直线测量装置　弯曲测量装置　驱动　柔性软驱动　机架　同步带传动

图 8-19　实验平台三维图

柔性软驱动系统如图 8-20 所示，主要包括柔性软驱动装置、编码器、滑环、拉压力传感器等。其中柔性软驱动装置主要由软轴、螺母、滚子组成。滚子与轴承配合后沿螺母圆周表面螺旋安装，一端伸入螺母内部与软轴组成螺旋传动，另一端伸出螺母外部。编码器外壳通过支架固定在软轴螺旋传动装置的螺母上,其输出轴与滚子连接,用于测量滚子转动速度。软轴一端穿过螺母并与滚子啮合,另一端与拉压力传感器连接,用于测量软轴输出力。螺母上安装有轴承,并通过轴承与机架连接,螺母另一端开有键槽,用于安装同步带传动。

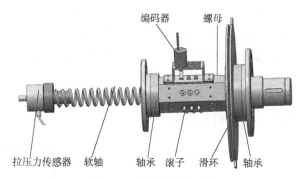

图 8-20　柔性软驱动系统

由于实验中,编码器与螺母同步转动,为使其测量信号能够输出,专门设计了滑环,滑环分为固定片与转动片两个部分,固定片与转动片之间通过滑动金属触点进行电气连接。转动片与螺母固定,其上触点与码盘输出信号线连接,固定片则与机架固定,其上触点通过线缆与数据采集卡连接。

直线测量装置与弯曲测量装置如图 8-21 所示,主要用来测量软轴直线及弯曲运动时的传动性能。其中直线测量装置主要包括加载带、导向架、导轨、导向轴、导轨架、加载架、导向架、编码器 2。其中加载架安装在导轨上并通过导向轴进行辅助导向,其可沿导轨滑动。加载架右端与图 8-20 中的拉压力传感器连接,左端则与加载带连接。加载带为同步带其另一端与安装在导向架上的带轮啮合,用于实现对软轴的力加载。安装在导向架上的带轮还与编码器 2 连接,当软轴沿导轨直线运动时,带动加载带驱动带轮转动,从而由码盘 2 测量软轴输出位移。

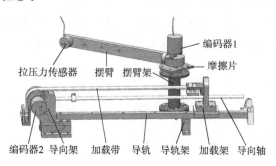

图 8-21　直线及弯曲测量装置

弯曲测量装置主要包括摆臂架、摩擦片、编码器 1、摆臂、拉压力传感器。摆臂架与试验台固定连接,摆臂则与摆臂架转动连接。拉压力传感器安装在摆臂架上,其另一端可用与软轴输出端连接,用于测量软轴弯曲传动时的输出力。摩擦片安装在摆臂架与摆臂之间用于为摆臂转动提供摩擦力。编码器 1 外壳与摆臂固定,其输出轴与摆臂架固定,在弯曲传动中，编码器1用于测量摆臂转动角度。当软轴输出端与拉压力传感器固定时，通过调整摆臂架安装位置，摆臂在软轴驱动下可绕摆臂架转动，软轴则完成圆弧传动，从而实现软轴弯曲传动的测试。摆臂上等距离开设了若干个螺纹通孔，用于调整与拉压传感器连接位置，从而可以进行不同弯曲半径的实验。

驱动系统如图 8-22 所示，主要由编码器、步进电动机、扭矩传感器、联轴器等组成。其中编码器用于测量步进电动机转动角度，从而依据同步带传动传动比可得到螺母转动角度及速度，扭矩传感器通过联轴器安装在步进电动机输出端，用于测量步进电动机输出功率。

设计完成柔性软驱动性能实验台如图 8-23 所示，为实现实验平台测量数据的实时显示和存储，设计了实验平台上位机软件系统。

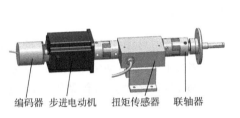

图 8-22　驱动系统

图 8-23　实验平台

8.5.2　滚子速度及打滑率

滚子的打滑情况无法用理论模型推导，但可以根据实验测量滚子实际转速，对比其理论转速，从而求得滚子打滑率。机构传动过程中，实验测试系统采集电动机转速与滚子转速，并自动将电动机转速换算成螺母体转速。在该平台上，对不同载荷和螺母角速度下轧辊的角速度进行了测试，以观察滑移的变化。当螺母转速为 11 rad/s 时，实验测量了在0.1 kg、2.5 kg 和 5 kg 载荷下滚子的速度如图 8-24～图 8-26 所示。

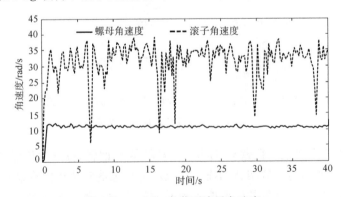

图 8-24　0.1 kg 负荷下滚子角速度

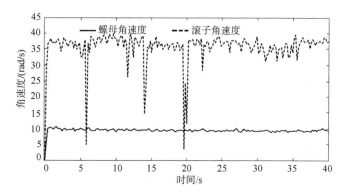

图 8-25　2.5 kg 负荷下滚子角速度

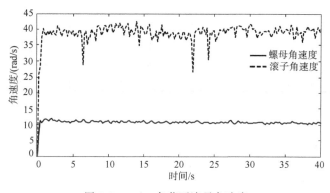

图 8-26　5 kg 负荷下滚子角速度

如图 8-24～图 8-26 所示,滚子旋转角速度的波动范围随着负载的增加而减小,从而导致较少的打滑。为了得到纯滚动点的实际位置,可以从式(8-26)得

$$\frac{(R+x)\omega_0}{\cos\gamma}-r_1\omega_r=0$$

纯滚动点位置的理论和实验结果如表 8-4 所示。

表 8-4　纯滚动点位置

载荷(kg)	0.1	2.5	5.0
纯滚动点位置(mm)/理论	1.49	1.49	1.49
纯滚动点位置(mm)/实际	0.48	0.88	1.27

根据表 8-4,随着载荷的增加,纯滚动点的实际位置将接近接触线的中点。实际值和理论值之间的差异是由滑移引起的。并且偏差将随着负载的增加而减小。为了直接反映轧辊的滑移,引入打滑率,可以写成

$$\rho=\frac{\omega_r-\bar{\omega}_r}{\omega_r}$$

式中,$\bar{\omega}_r$ 是滚子的平均角速度,是辊子 ω_r 的预期角速度可以通过式(8-26)计算得到:

$$\omega_r = \frac{\omega_0 d}{r_1 \cos \gamma} = 4.1 \overline{\omega}_0$$

式中，$\overline{\omega}_0$ 是螺母 s。

如表 8-5 所示，打滑率随着载荷的增加而减小，随着螺母角速度的增加而增加。滚动滑动可能是由加工误差引起的软轴节距的变化以及滚子与轴之间的弹性变形引起的。增加的负载有助于滚子和软轴之间更好的接触特性，从而减少滚动滑动。较高的角速度会降低接触特性，并导致滚动滑动增加。

表 8-5   不同载荷下的打滑率

ω_0(rad/s)	载荷（kg）				
	0	2.5	5	7.5	10
5.5	15.1%	4.2%	3.8%	3.3%	3.1%
10.1	19.1%	8.3%	7.2%	5.6%	5.3%
16.5	23.9%	15.6%	12.3%	7.8%	5.9%

8.5.3   传动效率

（1）直线传动效率

对柔性软驱动机构的传动效率实验主要计算输入功率与输出功率的比值。直线传动状态下，实验平台采集步进电动机输出扭矩 T_m、步进电动机转速 ω_m、软轴末端输出力 $\boldsymbol{F}_s$ 与进给速度 v_s。于是机构的传动效率 η_1 可表示为

$$\boldsymbol{\eta}_1 = \frac{\boldsymbol{F}_s v_s}{T_m \omega_m} \times 100\% \tag{8-51}$$

实验系统采集软轴末端压力传感器值、软轴进给速度、电动机输出扭矩、电动机转速，并实时计算机构传动效率值。设置螺母体转速为 10 rad/s，在不同荷载下对柔性软驱动机构进行测试，取机构在前 90 mm 驱动行程中传动效率的平均值并分别带入公式(8-51)计算，得到效率变化情况如表 8-6 所示。

表 8-6   直线状态下传动效率

荷载（kg）	1	2.5	5	7.5	10
效率（%）	68.3	64.5	55.6	51.3	48.2

由表 8-6 可见轴向荷载小于 10 kgf 时，实验样机在直线状态下测试的传动效率在 48.2%～68.3%，传动效率介于滚动丝杠和滑动丝杠之间。并且随着荷载增大，机构的传动效率逐渐降低。

（2）弯曲传动效率

弯曲传动状态下，软轴输出端连接实验平台上的弯曲测试臂，测试臂绕一端旋转，模拟弯曲传动状态，如图 8-27 所示。通过采集测试臂上编码器转速 ω_s 与压力传感器的压力值 F_s，来计算软轴的输出功率。

图 8-27　曲线传动测试原理

弯曲状态下机构的传动效率公式可表示为

$$\eta_2 = \frac{F_s \omega_s l_s}{T_m m \omega_m} \qquad (8\text{-}52)$$

式中，l_s 为弯曲测试臂工作长度。设置螺母体转速为 10 rad/s，弯曲半径为 250 mm，在不同荷载下对机构的传动效率进行测量，取驱动角度 30°内各参数的平均值代入式(8-52)中计算得到如表 8-7 所示结果。

表 8-7　弯曲状态下传动效率

荷载(kg)	1	2	3	4	5
效率(%)	41.2	34.8	27.9	25.7	22.4

由表 8-7 可见，机构在弯曲状态下的传动效率明显低于直线状态下的传动效率，部分能量耗费在软轴的弯曲变形上。并且，随着荷载增大，机构的传动效率降低，更大的荷载会造成软轴驱动过程中更大的变形，从而损失更多的能量。

8.6　本章小结

本章提出了一种柔性软驱动机构的设计，并对其核心组件软轴在轴向力和弯曲力矩两种载荷作用时的形变特性进行了研究，推导出软轴的轴向变形系数和弯曲变形系数。对滚子在传动过程中的运动学特性进行了建模，并分析了滚子在传动中的打滑特性，建立了其纯滚动点模型，分析结果表明在荷载较小时，纯滚动点位置随螺母体加速度变化而改变，当荷载较大时，纯滚动点为接触线中点并保持位置稳定。

对滚子在传动中的受力特性进行了分析，建立了软轴与滚子间耦合接触的超静定力学模型，并推导出了数值解，揭示出荷载集中问题的关键因素是软轴的轴向刚度与滚动螺母体支撑刚度存在较大的差别，使得位于螺母内部的软轴受到刚性支撑而保持形状不变，大部分荷载集中于第一个滚子上的分析结果。并进一步给出了在进行柔性软驱动机构设计时为提高滚子受力一致性应采取的设计方法。

柔性软驱动机构功率损失主要发生在摩擦力做功和软轴变形产生的弹性势能上，其中摩擦损耗主要为滚子与软轴间滑动摩擦与滚子轴承摩擦。本章给出了滚子滚动摩擦损耗与弹性势能损耗的公式，推导出机构传动效率表达式，并对理论分析的有效性进行了实验验证。

第 9 章
基于柔性软驱动的康复机械手

9.1　引　　言

　　神经损伤、衰老或慢性疾病等会造成手部活动能力丧失,而手是人体运动最为灵活的部位,手部功能障碍极大影响日常生活。手部康复治疗不仅可以预防手部肌肉萎缩、加强肌力、改善手部活动范围,还可以刺激整个上肢神经,促进上肢的康复。外骨骼机械手可以复制康复医师的体力劳动,为手部功能障碍患者提供高强度康复治疗,但由于手部复杂的解剖结构和高灵活性,设计合适手部康复的机器人设备具有很大挑战性。早期康复机械手通常采用刚性结构以连杆、绳索或齿轮齿条驱动来模拟手部运动,虽然能够在手部施加可控和足够的康复助力,但通常缺乏对不同手尺寸的适应性,且通常结构复杂、尺寸和重量较大,在康复训练中一旦机构的旋转轴对于患者不合适,会妨碍设备的佩戴舒适性,影响其可用性。机器人技术中引入柔性材料促进了柔性外骨骼手的发展,这些柔性外骨骼手具有更好的适应性、穿着舒适性和轻量化结构。柔性外骨骼手利用手指的刚性为其提供支撑,通常只需要一个外部驱动即可以自然地引导人手按照合适的轨迹移动,实现手部简单抓握、伸展等康复训练动作,同时机构具有一定的柔性,可以有效避免对人手的伤害,是近年来康复外骨骼手研究的热点。本章在所提出的柔性软驱动机构基础上提出一种多指柔性康复机械手的设计。

9.2　人手部生理结构特点及外骨骼手设计需求

　　人的手部作为人体中的负责运动器官,同时也是最灵巧的负责抓握的部位。人手部存在 29 块肌肉、19 块骨骼和 19 个关节,是人身体中关节自由度最为集中的部分。手指部分 15 个关节 20 个自由度(图 9-1)。食指、中指、无名指和小指各有 3 个关节 4 个自由度,其中掌指关节(MCP)有屈伸和内收外展两个自由度,近指关节(PIP)和远指关节(DIP)各有一个屈伸自由度,尽管 DIP 和 PIP 在骨骼组成结构上完全独立,但在解剖结构上相互耦合,存在运动关联。在日常生活中,这四个手指的主要动作是屈伸运动,而内收外展则仅用于调节手部姿态。大拇指具有 3 个关节,4 个自由度,其中拇指腕掌关节(CM)具有屈伸和内收外展两个自由度,其他关节则只有一个屈伸自由度。

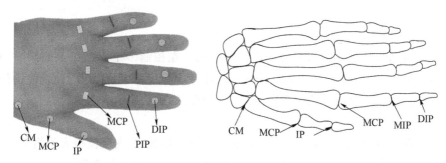

图 9-1　人手部骨骼关节示意图

人体手部的肌肉与骨骼关节的组合使得人手可以抓握复杂专业工具,并且在抓握过程中能够根据不同物体形状和重量提供不同的角度和力的作用。人手部各关节活动范围如表 9-1 所示。

表 9-1　手指关节运动范围

关节	自由度	运动范围/(°)
MCP	内收/外展	−15～15
MCP	弯曲/伸展	0～90
PIP	弯曲/伸展	0～100
DIP	弯曲/伸展	−10～90
IP	弯曲/伸展	−20～60
CM	弯曲/伸展	−35～25
CM	内收/外展	−30～15

人手部骨骼的特点主要体现为骨骼较小,数量较多,相互连接复杂,指骨中存在 MCP、PIP、DIP 三个重要的活动关节。但患者的手部和正常人手部相比其临床表现主要为两种主要状态,一为手指呈现收缩状态,在这种情况下,手部肌肉发生收缩,手部一直处于弯曲状态,手指向外伸展时肌肉无力,手指基本无法伸展,这是卒中后手开闭困难的主要表现类型;第二种是手指呈现僵直状态,在这种情况下手指长期处于伸直状态,手指弯曲时肌肉无力,手指基本无法弯曲,这是手开闭困难的另一种表现类型。因此对于外骨骼手,其设计应满足如下基本要求。

（1）安全

手功能受损者的手部较为脆弱,不具备大重量的承载能力,所以手外骨骼必须始终确保手部安全。外骨骼的机械和其控制系统必须在顺应手指关节自然运动的同时避免在康复训练中使手受到二次损伤。

（2）舒适性

手部外骨骼需要穿戴在手部来实现对手的运动助力，手部外骨骼必须具有良好佩戴舒适性。手部外骨骼的运动和人体工程学设计必须确保不会对人手造成任何疼痛或疲劳。

（3）足够的驱动力

手部外骨骼必须将驱动力柔和地传递到手指。在控制多个手指关节的同时，必须提供足够的驱动力，以使僵硬的手指能屈伸。设计时应参照不同康复需求选择。有研究指出便携式线性驱动外骨骼输出驱动力 30 N 较为常见。

（4）满足一定的运动范围需求

对于手部外骨骼，对手指的活动范围也是一项重要指标，完全模拟人手指运动范围需要更多的自由度和复杂的结构，通常外骨骼手对手指的康复运动范围多以完成简单抓握动作作为设计依据来确定外骨骼运动范围。

（5）便携性

通常外骨骼手的设计更多关注是否可以提供足够的驱动力及与人手的运动一致性，往往忽略了日常使用的便携性。手部外骨骼需要穿戴在手部，因此放置在手部外骨骼的重量和体积也是设计中应考虑的重要因素。有研究通过对手和前臂的解剖结构研究了手部可接受的便携设备重量阈值在 0.4 kg 到 0.5 kg 之间。

9.3 基于柔性软驱动的柔性手指设计

柔性软驱动机构（FSM）采用螺母和柔性软轴相结合的方式实现柔性传动。其优点是在弯曲状态下仍然可以实现传动，是一种以传统刚性材料通过结构拓扑实现柔性可传动设计。

对于柔性软驱动机构，其在输出端受到阻碍不能沿轴向伸缩时会发生屈曲失稳，进而产生柔性弯曲变形，利用这一特征可以用于手部弯曲的驱动。即只需要对软轴工作长度进行限制可使其自身在推力作用下产生弯曲变形。而当前以非金属柔性材料研究开发的柔性手也是利用了这一特点。

为了实现紧凑轻便的手部外骨骼装置，在基于柔性软驱动机构的康复机械手设计上考虑了便携性约束，设计仅关注手指的屈伸运动用于实现手部的抓握运动。为实现这一目的，就要求每个手指关节都需要产生弯曲/伸展运动，由于拇指的特殊性，在设计时仅考虑其余四指的屈曲运动，拇指采用固定机构。为了实现便携性，且考虑到人手在完成抓握过程中 DIP 和 PIP 实际上是耦合运动，因此机械手手指仅采用一个自由度驱动，即人手指弯曲运动中的三自由度屈伸运动由单个驱动器产生，从而简化设计，这也是柔性康复外骨骼手常用的方案。

基于以上考虑，对原有柔性软驱动进行改进设计。如图 9-2 所示，面向手指屈伸康复需求，可采用的两种柔性软驱动工作长度约束方案。

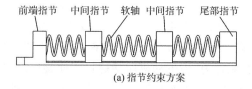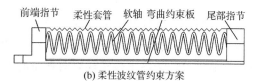

(a) 指节约束方案　　　　　　　　　　　　　(b) 柔性波纹管约束方案

图 9-2　单向约束机构方案

　　图 9-2 中的两种方案均采用了利用弯曲约束板对柔性软轴进行限制的方案,即通过在前端指节与尾部指节之间设置柔性弯曲约束板,来限制柔性软轴工作长度,同时利用弯曲约束板长度方向弯曲刚度远小于宽度方向弯曲刚度特征,使得柔性软轴在发生屈曲变形时只能沿弯曲约束板长度方向变形。图 9-2 中(a)、(b)两种方案的不同点是,图 9-2(a)采用了在前端指节和后端指节之间安装中间指节的方式来约束软轴。当软轴受力屈曲变形时,受到中间指节约束,软轴避免过度弯曲,从而保证软轴的中心线始终和弯曲的弯曲约束板平行,两个中间指节的选择一方面考虑到对软轴变形进行约束,使其变形曲率更为一致连续,同时增加的中间指节也起到了变形分配作用,通过设置中间指节位置将软轴变形合理分配到手指 DIP 和 PIP 关节。

　　图 9-2(b)采用了在前端指节和后端指节之间安装柔性套管的方式来约束软轴。柔性套管的结构类似波纹管,但是仅在上侧有波纹结构。当软轴受力弯曲变形时,柔性套管下侧保持不变,上侧进行舒张,这样可保证软轴在弯曲时被约束在连续体管套内,从而保证软轴的中轴线和弯曲约束板平行。该方案为全柔性方案,有较好的人机工程学特点,但由于软轴借鉴了螺旋弹簧的设计,其变形通过逐渐增加软轴工作区间(弹簧片区间)的工作圈数来实现屈曲变形,柔性套管与软轴之间会产生运动干涉影响软轴屈曲运动,此外单纯柔性套管也无法实现弯曲运动的主动分配,因此本书选用图 9-2 中(a)的设计方案。

　　对于柔性软驱动机构,其原型设计采用的是驱动螺母位于软轴外部的设计方案,该方案参考了滚珠丝杠的设计思路,可充分利用螺母及软轴空间实现软轴与螺母之间的滚动运动,从而实现高效传动。但原型设计体积庞大,小型化困难。在康复机械手设计中,体积重量是一个重要的参考指标,因此本书采取了反向设计思路,即将软轴作为柔性螺母,而将刚性螺杆嵌入柔性软轴内部,这一变革性设计在不改变柔性软驱动机构传动原理的基础上,大大减小了柔性软驱动机构尺寸。最后确定的柔性手指结构方案如图 9-3 所示。

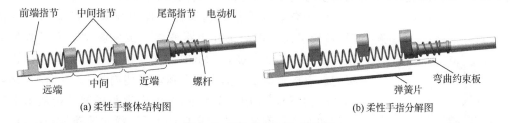

(a) 柔性手整体结构图　　　　　　　　　　　(b) 柔性手指分解图

图 9-3　柔性手指结构示意图

　　图 9-3 所示为单个柔性手指的结构,与人类的手指相似,采用柔性软驱动的柔性手指总共有三个关节。如图 9-3(a)所示,柔性手指主要由弯曲约束板、前端指节、中间指节、尾部指节、软轴、弹簧片、螺杆及电动机四部分组成。前端指节、中间指节、尾部指节与弯曲

约束板固定,软轴一端与前端指节固定,另一端穿过中间指节、尾部指节与螺杆共同组成柔性螺旋驱动。螺杆则受到尾部指节的约束只能相对其转动。图 9-3(b)是柔性手指的分解图,弹簧片安装在弯曲约束板下部用于提高弯曲约束板强度,并为整个柔性手指提供单向弯曲约束。柔性手指实现双向弯曲的工作原理为:当电动机驱动螺杆正向旋转时,软轴相对螺杆向前端指节伸出,而由于软轴受到柔性指套前端指节限制无法伸长,进而被压缩,从而在前端指节产生轴向推力,该轴向力驱动柔性手指正向弯曲;反之,当电动机反转时,软轴相对螺杆后退,逐渐缩入螺杆,由于软轴与前端指节固连,则软轴对前端指节施加拉力,从而驱动柔性手指反向弯曲。

柔性机器人手指的一个基本设计要求是符合人类手指的自然运动。为了验证柔性机械手指的有效性,参考健康参与者左手(男性,26 岁)的食指,其远节指骨、中节指骨和近节指骨的长度分别为 21 mm、25 mm 和 42 mm 设计柔性手指。柔性手指结构参数及材料参数如表 9-2～表 9-3 所示。

表 9-2　柔性手指结构参数

软轴节距	6 mm	弹簧片厚度	0.15 mm
软轴中径	11.6 mm	弯曲约束板宽度	18 mm
线径	1.2 mm	弹簧片宽度	10 mm
弹簧螺旋角	10°	螺杆材料	PLA

表 9-3　材料参数表

组件	材料	弹性模量	泊松比
软轴	304 不锈钢	1.94×10^{11} Pa	0.3
弹簧片	65Mn	2.1×10^{11} Pa	0.288
弯曲约束板和指节	PLA	2×10^{9} Pa	0.394

通常,根据分类学的基本原理,人手的抓握动作分为 33 种不同的抓握模式,其中大多数抓握模式要求人的手指末端弯曲至少 90°。为了测试单手指弯曲能力,对食指单指极限弯曲角度(超过该角度单指扭曲失效)进行了测试,如图 9-4 所示柔性手指末端(前端指节)在最终弯曲状态下的转动角度可达 140°,远超 90°,符合设计要求。

图 9-4　柔性手指极限
弯曲角度图

为研究柔性手指单指弯曲过程中与人手指运动一致情况,进行了人手指与柔性手指弯曲一致性测试。为了测量手指的弯曲和伸展角度,在 MCP、DIP、PIP 关节和指尖上设置了标记。手指末端设置为在一个运动周期内从 -30°(向上)移动到 90°(向下)。如图 9-5 所示,在人手指和机械手指从水平向上的初始位置到最终末端弯曲约 90°位置的运动过程中,柔性手指的运动轨迹与参考人手指的运动几乎一致,并具有类似于人类手指的双向弯曲能力。在图 9-5(b)中,柔性手指的端角在一个运动周期中具有与人类手指相似的变化趋势。

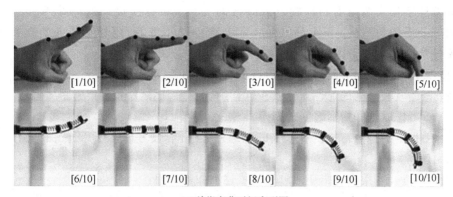

(a) 单指弯曲时间序列图

(b) 屈伸角度对比

图 9-5　柔性手指与人手指屈伸角度对比

9.4　柔性手指运动学建模

如前所述,柔性手指的弯曲变形角度的大小与前端指节和尾部指节之间的柔性软轴工作圈数(弹簧圈数)有关,因此可以利用工作圈数与弯曲变形的关系建立柔性手指运动学模型。本节中将采用两种方法建立其运动学关系,一种是采用柔性机器人研究中经常采用的近似建模方法即常曲率方法,另外一种则是依据材料纯弯曲变形公式进行研究。

9.4.1　基于常曲率模型的运动学建模

常曲率模型是柔性体建模中应用最广泛的模型之一,通过将柔性体弯曲时的各段曲率看作近似一致,来衡量和捕捉柔顺体弯曲的状态。常曲率模型既考虑了软体机器人的柔性大变形同时又不涉及类似四元数计算等复杂的数学计算过程,能够有效建立本书的柔性手指末端角度和软轴旋入圈数的关系。根据所设计的柔顺手指结构进行简化和等效得到如图 9-6 所示的常曲率等效弯曲模型图,所用材料与 9.3 节中材料相同。等效常曲率模型采用以下的基本假设:

(1) 柔性手指正向弯曲时,手指的弯曲变形呈圆弧,曲率一致;

(2) 压缩软轴产生的弹性力等效在软轴中轴线上,软轴片和手指紧密接触;

(3) 不考虑软轴和指套之间的摩擦;

(4) 手指上的各个指节仅对软轴的压缩产生影响,仅考虑弹簧片、弯曲约束板、软轴的弯曲刚度。

如图 9-6 所示,柔性手指变形过程可描述为如下过程:

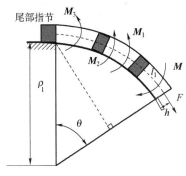

图 9-6　柔性弯曲模型图

在弯曲变形初始阶段,随着螺杆旋转,软轴向外伸出,进入柔性手指内部的软轴圈数增大,软轴工作长度本该伸长,然而由于受到弯曲约束板及弹簧片的轴向约束,其工作长度保持不变,从而被压缩变形,进而产生轴向力 F 作用于前端指节,该轴向力始终垂直于指套前端指节端面,该力等效作用于前端指节中心,为平衡该力,在柔性手指尾部指节处将产生等大的反向力,由此产生一个顺时针的弯矩,破坏了弯曲约束板的平衡状态,使得弯曲约束板产生初始的、临界的弯曲变形。初始产生变形所受力矩为

$$M_0 = Fh$$

弯曲约束板受弯矩作用弯曲后由于受弹簧约束,进而又带动弹簧发生弯曲,由于弹簧弯曲会对指套进一步施加反向弯矩,从而最终系统会达到平衡状态。根据手指上力矩平衡分析,在平衡状态时,柔性手指共受到 4 个力矩,一是柔性手指在螺旋机构带动下由驱动力 F 产生的主动力矩 M,二是软轴阻碍弯曲产生的阻抗力矩 M_1,三是弹簧片阻碍弯曲产生的阻抗力矩 M_2,四是指套阻碍弯曲产生的阻抗力矩 M_3,4 个力矩相平衡:

$$M = M_1 + M_2 + M_3 \tag{9-1}$$

在力 F 作用下,手指弯曲产生的主动力矩 M 可写为

$$M = F(h + \rho_1 - \rho_1 \cos\theta) = \frac{F(h\theta + l_1 - l_1\cos\theta)}{\theta} \tag{9-2}$$

式中,F 为软轴压缩产生的弹性力,h 为弹性力 F 到软轴片之间的距离,ρ_1 为软轴的弯曲半径,l_1 为弹簧片的长度,θ 为手指弯曲模型的末端弯曲角度。

对于力 F 的计算可由式(9-3)得到:

$$F = K \cdot \Delta L = K(\Delta n \times t - h\theta) \tag{9-3}$$

式中,ΔL 是软轴压缩量,Δn 是软轴线圈的增量,t 是软轴的节距,K 是软轴刚度,可有如下式计算

$$K = \frac{Gd^4}{8D^3 n} = \frac{E_1 d^4}{16 D^3 n (1+\mu_1)} \tag{9-4}$$

$$K = \frac{Gd^4}{8D^3 n} = \frac{E_1 d^4}{16D^3 n(1+\mu_1)} \quad (9\text{-}5)$$

$$n = n_0 + \Delta n$$

式中，E_1 为软轴材料的弹性模量，μ_1 为软轴材料的泊松比，d 为软轴的线直径，D 为软轴的中径，n 为软轴的有效圈数，n_0 为软轴的初始圈数。

式(9-1)中阻抗力矩 $\boldsymbol{M}_1$、$\boldsymbol{M}_2$、$\boldsymbol{M}_3$ 计算式如下：

$$\boldsymbol{M}_1 = \frac{E_1 d^4}{32Dn(2+\mu_1)}\theta$$

$$\boldsymbol{M}_2 = \frac{E_2 I_2}{\rho_1} = \frac{E_2 b_1 h_1^3}{12l_1(1-\mu_2^2)}\theta$$

$$\boldsymbol{M}_3 = \frac{E_3 I_3}{\rho_1} = \frac{E_3 b_2 h_2^3}{12l_1(1-\mu_3^2)}\theta$$

式中，E_2、μ_2、b_2 和 h_2 分别为弹簧片的弹性模量、泊松比、宽度和厚度；E_3、μ_3、b_3 和 h_3 分别是弯曲约束板的弹性模量、泊松比、宽度和厚度。将上式带入式(9-1)后可得

$$\frac{E_1 d^4 [(n-n_0)t - h\theta][h\theta + l_1(1-\cos\theta)]}{16D^3 n(1+\mu_1)n\theta}$$

$$= \frac{E_1 d^4 \theta}{32Dn(2+\mu_1)} + \frac{E_2 b_1 h_1^3 \theta}{12l_1(1-\mu_2^2)} + \frac{E_3 b_2 h_2^3 \theta}{12l_1(1-\mu_3^2)} \quad (9\text{-}6)$$

为了简便公式，将式(9-6)中的常量进行重新定义如下：

$$A_0 = \frac{E_1 d^4 ht}{16D^3(1+\mu_1)}, B_0 = \frac{E_1 d^4 l_1 t}{16D^3(1+\mu_1)}$$

$$C_0 = \frac{E_1 d^4 h^2}{16D^3(1+\mu_1)}, D_0 = \frac{E_1 d^4 h l_1}{16D^3(1+\mu_1)}$$

$$E_0 = \frac{E_1 d^4}{32D(2+\mu_1)}, F_0 = \frac{E_2 b_1 h_1^3}{12l_1(1-\mu_2^2)}$$

$$G_0 = \frac{E_3 b_2 h_2^3}{12l_1(1-\mu_3^2)}$$

将重定义后的常量带回式(9-6)整理并移项得到如式(9-7)所示的软轴新增旋入圈数和末端角度 θ 之间的关系：

$$\Delta n = \frac{(C_0 + E_0 + F_0 n_0 + G_0 n_0)\theta}{\left[A_0 + \dfrac{B_0(1-\cos\theta)}{\theta} - (F_0 + G_0)\theta\right]} (\theta \neq 0) \quad (9\text{-}7)$$

为了方便下文中进行定量分析，选取软轴不同的旋入圈数带入常曲率模型进行计算，弹簧片的有效长度 l_1 为 106 mm，软轴的初始有效圈数 n_0 为 17，材料参数见 9.3 节。根据式(9-7)得到的弹簧旋入的圈数和常曲率模型理论的末端角度数据如表 9-4 所示。

表 9-4　常曲率模型数据表

圈数	模型理论角度	圈数	模型理论角度
1	16.1°	4	62.6°
1.5	23.5°	4.5	68.7°
2	30.5°	5	74.7°
2.5	37.2°	5.5	80.3°
3	47.5°	6	85.7°
3.5	56.1°	—	—

9.4.2　基于悬臂梁模型的运动学建模

由于柔性手指是单自由度弯曲，而且手指末端固定，手指较为细长，可以等效视作悬臂梁，按照悬臂梁具有的弯曲特性进行分析。柔性手指的初始变形可以看作是由于指套在初始状态下受弯矩产生变形，进而带动手指弯曲。对手指的初始状态进行分析，建立如图 9-7 所示的等效模型。

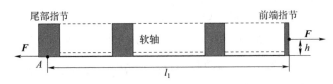

图 9-7　柔性手指初始弯曲分析图

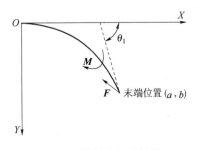

图 9-8　软轴等效悬臂梁模型

在进行柔性手指设计时，弯曲约束板及弹簧片的设计仅仅是为了限制弹簧轴向伸长及产生不平衡弯矩 M，因此弯曲约束板及弹簧片弯曲刚度极小，软轴是柔性手指中弯曲刚度最大的部件，在单指弯曲过程中，手指的弯曲状态主要受软轴弯曲刚度影响，为此在基于悬臂梁模型对弹簧弯曲变形进行分析时，仅考虑软轴弯曲对手指弯曲的影响，并将其等效为一个悬臂梁，简化后的弹簧受力模型如图 9-8 所示，O 点为软轴固定端，软轴末端则受到前端指节对弹簧施加的轴向力 F 及弯矩 M，弹簧端部弯曲角度为 θ_1。

由图 9-8 可知在手指运动过程中前端指节对软轴的约束力 F 始终垂直于弯曲过程中的速度方向，在速度方向上没有位移，不产生做功，其只对软轴的压缩产生影响，对运动过程中的弯曲变形不产生影响，所以弯曲过程只考虑前端指节带来的弯矩 M 的作用，根据欧拉伯努利梁理论可得

$$1/\rho = \mathrm{d}\theta/\mathrm{d}s = \boldsymbol{M}/B \tag{9-8}$$

对式（9-8）积分可得

$$\theta_1 = \boldsymbol{M}l_1/B$$

式中,l_1 为工作软轴长度;B 为弹簧的当量弯曲刚度,其计算公式为

$$B = \frac{2HE_1 \boldsymbol{I}}{\pi Dn[1 + E/(2G)]} = \frac{2HE_1 \boldsymbol{I}}{\pi Dn(2 + \mu)}$$

式中,I 为软轴截面惯性矩;H 为平衡状态时弹簧上下支撑面距离,θ_1 为软轴的末端角度。

$$\boldsymbol{I} = \frac{\pi d^4}{32}$$

为了定量分析,选取软轴在不同旋入圈数的情况下进行验证,此时软轴的刚度是确定的,通过带入式(9-8)可以获得此时悬臂梁模型的理论角度。选取和常曲率模型相同的计算参数,即软轴初始长度 l_1 为 106 mm,初始有效圈数为 17,软轴在平衡状态时上下支撑面之间的距离通过柔性手指验证时的实物模型获得,材料属性见 9.2 节。悬臂梁模型中软轴的旋入圈数和理论的末端角度数据如表 9-5 所示。

表 9-5　悬臂梁模型数据表

圈数	模型理论角度	圈数	模型理论角度
1	12.8°	4	66.7°
1.5	20.6°	4.5	74.8°
2	28.1°	5	82.9°
2.5	37.2°	5.5	92.6°
3	46.8°	6	102.8°
3.5	57.5°	—	—

9.4.3　模型验证

对模型的验证主要通过两方面来进行,一是理论角度和实物的实际角度的变化趋势情况,二是理论模型和实物模型的角度误差的相对值。此过程中需要确定实际柔性手指的末端弯曲角度,本书通过视觉方法进行检测。

1. 柔性手指弯曲角度获取

实际柔性手指末端弯曲角度通过相机在固定位置拍照的方式并经过图像识别和处理得到不同圈数下柔性手指对应的弯曲角度。实验取柔性手指软轴旋入圈数为 1、1.5、2、2.5、3、3.5、4、4.5、5、5.5、6 时的弯曲图像进行拍照。并对图像进行最大值法灰度处理、边缘提取后,采用霍夫直线检测的方式提取柔性手之上的直线段,并对手指末端直线段进行特征识别,实验过程如图 9-9 所示,获取的手指末端弯曲角度所得实验结果如表 9-6 所示。

2. 常曲率模型实验验证

将表 9-3 和表 9-5 的数据进行分析对比,为了更直观描述角度和误差情况绘制出如图 9-10 所示的常曲率模型分析图。

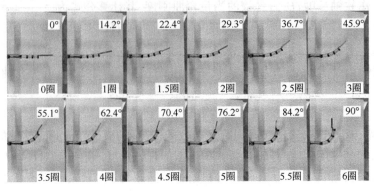

图 9-9　柔性手指弯曲实验

表 9-6　实际柔性手指弯曲角度

圈数	末端检测角度	圈数	末端检测角度
1	14.2°	4	62.4°
1.5	22.4°	4.5	70.4°
2	29.3°	5	76.2°
2.5	36.7°	5.5	84.2°
3	45.9°	6	88.3°
3.5	55.1°	—	—

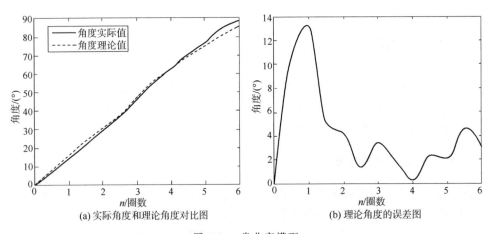

图 9-10　常曲率模型

从图 9-10(a)可以看出理论模型的末端角度和实物的末端角度变化趋势基本一致，接近同方向的一条直线，且理论模型最大角度可以接近实物模型最大角度。但在曲线后半段理论角度增速放缓，理论角度值低于实物角度，原因是实物在大变形时，随着角度的增大，曲率的变化也越来越不规则，不接近于常曲率，这也是常曲率模型需要解决的问题。

　　从图 9-10(b)中可以看到理论误差在开始 0~2 圈内误差较大,高于 5%,其中在 1 圈附近时达到最大值,在 13%左右,其余情况下误差均低于 5%,曲线前部分的相对误差较大,原因是前期角度绝对值较小,轻微的角度变化引起的波动十分明显,但由于绝对值较小并不影响康复训练效果以及整体模型效果,可以认为理论推导出的软轴圈数和柔性手指末端角度之间的关系正确。在需要精确的误差控制时可通过误差拟合函数进行优化,得到最后具体的更为准确的末端角度的运动学模型。

3. 悬臂梁模型实验验证

　　通过将表 9-4 和表 9-5 的数据进行分析对比,为了更直观描述角度和误差情况绘制出如图 9-11 所示的悬臂梁模型分析图。

　　从图 9-11 (a)可以看出理论模型的末端角度和实物的末端角度变化趋势在前半段基本一致,接近同方向的一条直线,但在后半段是悬臂梁的理论模型角度增速增大且有明显的上升趋势,理论模型最大角度明显大于实物模型最大角度,这主要是由于在悬臂梁模型的计算中当量弯曲刚度 B 是基于小变形假设推导的,实物在大变形时,随着角度的增大,弯曲刚度的变化也越来越不可靠,不接近于实际弯曲中的刚度值,这也是悬臂梁模型的局限之处。

　　从图 9-11 (b)中可以看到理论误差在 1 圈附近较大且存在极值点,误差在 10%左右,此时误差产生的原因和常曲率模型相同,是由于前期角度绝对值较小,在 2~5 圈误差平均在 6%左右,高于 5 圈之后误差接近于指数型上涨,在手指达到极限角度 110°时误差接近 16.5%,整体模型效果较差,可以认为理论推导出的软轴旋入圈数和手指末端弯曲角度之间的关系在局部适用。

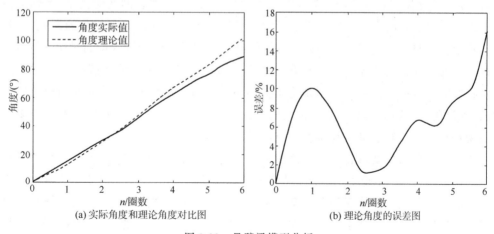

(a) 实际角度和理论角度对比图　　　　　　(b) 理论角度的误差图

图 9-11　悬臂梁模型分析

4. 模型有效性分析

　　为了选择更准确的运动学模型,为末端角度控制提供更好的依据,将图 9-10 和图 9-11 数据进行横向对比,主要从以下两个方面对比两种模型的优劣。

（1）理论角度和实际角度的误差：对比发现，角度的变化趋势上常曲率模型和悬臂梁模型都和实物模型基本一致，接近一条直线，在角度变化中没有出现明显的拐点。在误差表现上，常曲率模型和悬臂梁模型在 1 圈附近均出现拐点，但悬臂梁模型此时误差小于常曲率模型，说明悬臂梁模型在弯曲角度较小的情况下优于常曲率模型。但常曲率模型后段表现较平稳，误差始终在一个较低的值附近波动，而悬臂梁模型后端误差接近于指数上升，表现不平稳。而柔性体的建模比较关心大变形条件下模型的准确情况，这是常曲率模型优于悬臂梁模型的第一点。

（2）理论模型的计算复杂度：常曲率模型经过推导有明确的公式模型，只需要确定最终实物的各种材料尺寸参数即可适用，计算过程较为简单清晰，便于编程性的控制。而悬臂梁模型虽然经过理论推导具有标准公式，但公式中的当量弯曲刚度 B 需要根据每次实际的末端弯曲角度进行重新计算，或者通过大量数据进行神经网络的拟合，计算工作量较大，通用性较差，不利于编程性控制的开展，这是常曲率模型优于悬臂梁模型的第二点。

综上所述，选择常曲率模型作为最终的运动学模型来建立手指末端弯曲角度和软轴旋转圈数的理论关系。但此时模型还有较大误差，且分布不均，本书采用模型优化的方式来降低其误差。

9.4.4　基于误差补偿的模型优化

通常对于理想的运动学模型，柔性手指的末端弯曲角度理论值应近似等于实物角度值，但常曲率模型做了许多理想假设方便实际计算，是一种理想的几何模型，实际柔性手指变形曲线并非常曲率。同时由于实际测量和计算中同样存在不可避免的误差，这就导致了理论模型与实际出现较大的误差。实际测量数据与理论计算数据的对比分析也表明柔性手指的实际运动情况不完全符合常曲率模型。模型的理论角度值在 $0 \sim 20°$ 之间大于实物实际角度值，在接近 $90°$ 时理论角度值小于实物实际角度值，并随着理论角度值的增大，理论角度值和实物实际角度值之间的相对误差逐渐增大。在这种情况下，需要在原有模型基础上进行修正以得到误差更小，更精准的模型。

柔性手指弯曲角度与旋入圈数存在非线性函数关系，这种非线性函数关系难以建立准确的模型，为此采用实验与理论相结合的方式，即通过对旋入圈数补偿的方式对模型进行修正减小误差值。补偿模型在原有模型计算的软轴旋转圈数基础上增加补偿量。这样采用新的补偿模型来估计柔性手指在软轴不同旋入圈数条件下的弯曲角度数值，使得柔性手指的实际弯曲角度更接近期望角度。

具体方法为根据常曲率模型计算得到不同软轴旋入圈数值下弯曲角度数值，并实测实际柔性手指在对应弯曲角度数值下的软轴旋入圈数数值。实验共取 12 个数据点，每个数据点 5 次测量取平均值，最后对 12 个整合后数据点进行误差曲线拟合。选择三次多项式曲线对不同理论角度下的补偿角度进行拟合，如图 9-12 所示。

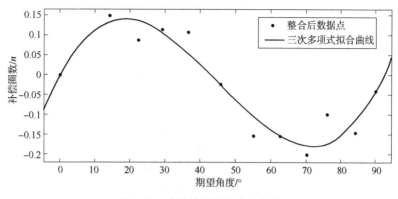

图 9-12 待补偿圈数拟合曲线图

曲线拟合优劣的衡量标准主要依照两个参数,一是均方根误差 RMSE,另一个是可决系数 R-square。RMSE 描述的是样本实际数据和拟合曲线数据的差值,RMSE 的值越小越好,越小说明拟合误差小,拟合度优秀;R-square 描述的是样本拟合的回归曲线相对真实值的拟合程度,其取值区间为[0,1],R-square 的值越接近 1 说明拟合的越好,拟合度优秀。

$$\text{RMSE} = \sqrt{\frac{1}{n} \sum_{i=1}^{n} w_i (y_i - \hat{y}_i)^2}$$

$$\text{R-square} = \frac{\sum_{i=1}^{n} w_i (\hat{y}_i - \bar{y}_i)^2}{\sum_{i=1}^{n} w_i (y_i - \bar{y}_i)^2}$$

最终计算得出此方法的 R-square 为 0.9129,接近于 1,而且均方根误差为 0.0421,接近于 0,拟合效果良好,具体的补偿函数的方程如式(9-9):

$$\Delta n_0 = k_1 \theta^3 + k_2 \theta^2 + k_3 \theta + k_4 \tag{9-9}$$

式中,k_1、k_2、k_3、k_4 分别为 4.1×10^{-6}、-5.6×10^{-4}、1.6×10^{-2}、-4.2×10^{-4},Δn_0 为补偿圈数值,θ 为预期末端角度值,加入误差补偿后可得到新的软轴旋入圈数的计算关系为

$$\Delta n_1 = \Delta n + \Delta n_0$$

式中,Δn_1 为误差补偿后软轴旋入圈数值,Δn 为常曲率模型计算得到的软轴旋入圈数值。

经过补偿后新模型的误差分析如图 9-13 所示,通过对比图 9-13 和图 9-10,可以看到经过角度补偿后模型的误差明显降低,在 1～2 圈附近,误差由 13% 左右降低至 4% 左右,且整体误差分布更加均匀,1～6 圈之间误差均在 4% 之下且大部分在 1% 左右,误差拟合后精度提升效果显著。

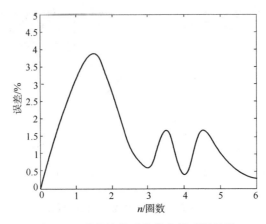

图 9-13　误差补偿后常曲率模型误差图

9.5　基于柔性软驱动的康复机械手

基于 9.3 节中对外骨骼手的基本要求,基于柔性软驱动的外骨骼手的设计主要满足如下条件:

(1) 设计的柔性手指具有双向主动弯曲的能力,从而使柔性软驱动康复机械手对手指肌肉收缩和手指肌肉僵直两类人群都可进行康复训练。

(2) 设计的柔性手指在运动过程中手指末端应具备提拉 50 g 重物的能力,从而带动患者僵直的关节产生弯曲运动,完成被动康复训练。

(3) 设计的柔性软驱动康复机械手应满足便携式康复机械手的特点,可穿戴且整体质量在 500 g 以下,避免对患者本就脆弱、承载能力有限的手部造成负担,从而可应用于家庭场景,使患者能够长时间佩戴。

(4) 设计的康复机械手手指末端最大弯曲角度在 90° 以上,并且在运动过程中应具有和人手指相类似的运动轨迹,避免患者在康复训练过程中受到二次损伤。

9.5.1　机械手总体结构和实现

基于上一节所设计的柔性手指以及柔性手指的定位方案,我们设计了完整的柔性软驱动康复机械手。机械手的整体结构如图 9-14 所示。

柔性软驱动康复机械手由机械手主体部分和控制器组成,中间通过电缆相连接。控制器内部集成电源,在使用时可固定于人身体其他承载能力较强的部位,不对患者手部造成额外负担。机械手主体由手掌和手指部分组成,手指部分主要由食指、中指、无名指、小拇指 4 个柔性手指作为工作手指,每个工作手指均采用一个电动机驱动。由于拇指的弯曲平面相对于手掌平面向内侧旋转了约 90°,而且拇指长度较短,且容易绕

CM 关节发生转动,不利于康复训练的进行,所以将大拇指设置为固定手指,在佩戴时起到辅助支撑大拇指的作用。4 个工作手指通过弯曲约束板固连在手掌外壳上设计的定位凹槽中。康复机械手使用时可通过绑带绕过柔性手指的指节将人的手指和机械手指绑定在一起。

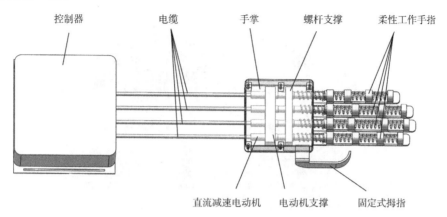

图 9-14 柔性软驱动康复机械手整体结构图

机械手手掌主要由手掌外壳及其内部的螺杆支撑和电动机支撑组成。手掌部分的主要作用是支撑螺杆和电动机,完成柔性手指的轴向和纵向的定位,整体结构紧凑。使用时通过绑带绕过人手掌和机械手手掌完成机械手手掌与人手背部的连接。运动控制器则应包含实现控制算法并控制电动机运动所需要的组件,包含有控制板、驱动器、电源等。设计完成的基于柔性软驱动的外骨骼机械手样机如图 9-15 所示机械手。

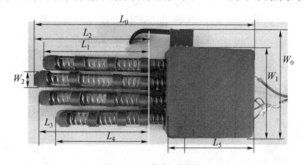

图 9-15 康复手样机

所设计的外骨骼机械手控制器采用 12 V/1000 mAh 锂电池作为动力系统,采用 4 个减速电动机驱动(Faulhaber^{TM}/1024M/012G/10/1-1024)手指,选用 STM32F103 作为微控制器实现控制算法。康复手的重量,包括所有齿轮电动机,为 287 g。康复手的尺寸如表 9-7 所示。

表 9-7 手部外骨骼尺寸

参数	L_0	L_1	L_2	L_3	L_4	L_5	W_0	W_1	W_2
数值/mm	254	124	128	126	108	100	112	100	18

图 9-16 为外骨骼机械手实际佩戴状态示意图。图 9-16(a)为整体佩戴图,控制器通过绑带与腰部固定,以避免手上的额外负担,也便于移动式佩戴使用,图 9-16(b)为参与者佩戴原型外骨骼的细节,其中手掌和柔性手指分别用黑色带子固定在手腕和手上。

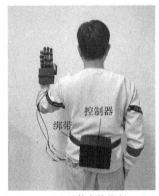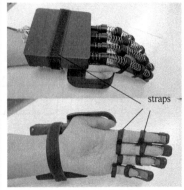

(a) 整体穿戴状态　　　　　　　　(b) 手部佩戴状态

图 9-16　外骨骼机械手佩戴状态

9.5.2　单指佩戴屈曲性能实验

为评估柔性康复手的有效性,首先进行了单指佩戴试验。选择食指佩戴进行此测试,参与者在测试过程中放松手指。图 9-17(a)为受测柔性手指在最大弯曲状态下驱动人食指的弯曲状态。在弯曲过程中,人手食指的 MCP、PIP 和 DIP 关节由柔性手指驱动。为了评估关节屈曲角度的可用性,将柔性手指驱动的食指屈曲角度与人类自然抓握的关节角度进行了比较。如图 9-17(b)~图 9-17(c)所示,选择直径为 60 mm 的圆柱体(图 9-17(b))和36 mm 的圆柱体(图 9-17(c))作为抓握对象。

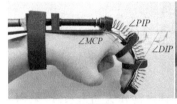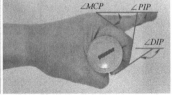

(a) 屈曲测试　　　　　(b) 60 mm 圆柱抓握　　　　　(c) 30 mm 圆柱抓握

图 9-17　单指佩戴弯曲测试

单指抓握实验结果如表 9-8 所示。如表 9-8 所示,柔性机械手驱动的关节角度可以完全超越抓取直径 60 mm 物体所需的角度。在抓取 36 mm 物体时,$\angle MCP$、$\angle PIP$ 可以满足抓取要求。由于柔性手指只有一个自由度,$\angle DIP$ 只能达到抓取直径 36 mm 物体所需角度的 81%。

表 9-8　抓握角度对比

抓握对象尺寸	关节角范围		
	自然抓握/(°)	柔性手指驱动抓握/(°)	百分比/%
60 mm	$\angle MCP$：17.2 $\angle PIP$：56.3 $\angle DIP$：92.6	$\angle MCP$：45.5 $\angle PIP$：98.6 $\angle DIP$：120.5	$\angle MCP$：264.5 $\angle PIP$：175.1 $\angle DIP$：130.1
36 mm	$\angle MCP$：38.6 $\angle PIP$：99.7 $\angle DIP$：148.5		$\angle MCP$：117.8 $\angle PIP$：98.8 $\angle DIP$：81.1

9.5.3　连续被动运动实验

对所研制的柔性软驱动康复机械手进行了真人实测的被动康复训练实验,实验过程如图 9-18 所示,选取了四手指的康复训练模式。因为人的手指具有粘连性,每一根手指都不是独立运动的,一根手指的运动会带动相邻手指的运动,为了更贴合人手指四指的运动,选择了交替型运动作为实验,即实验过程中由康复手交替驱动手指。图 9-18(a)是交替屈曲运动的时间序列图。在测试中,康复手的手指和手掌分别用弹性带固定在手腕和手上。在手指的关节位置设计了标志点,用来给出人手指在训练的运动周期过程中 MCP、DIP、PIP 角度的变化情况,因为采用基于视觉的识别方式,只有食指不被其他手指阻挡,效果最佳。实验结果如图 9-18 所示。如图 9-18(b)所示,在一个训练周期(手指从 0°移动到 90°)中,康复手可以驱动人类手指移动,最大角度为 MCP34.5°、PIP71.2° 和 DIP90.8°。这些最大角度都是在运动周期的 50% 左右观察到的。运动曲线图 9-18(b)几乎对称,这意味着软轴和弯曲约束板及指节之间的摩擦对柔性手指的弯曲运动几乎没有影响。DIP 角度 90.8°满足了设计指标要求。

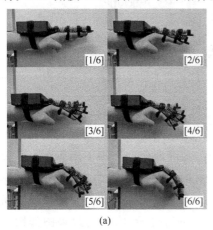

(a)

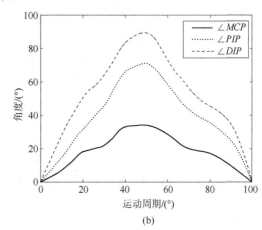

(b)

图 9-18　连续被动运动实验

9.5.4 承载力实验

本书所设计的柔性手指的优势之一在于弯曲后可以主动回直,在回直的过程中可以输出主动回直力,即可以带动人手指进行回直动作,以下面来进行实验验证主动回直过程中存在主动力的作用。

如图 9-19 所示,选择 50 g 的砝码悬挂在初始处于弯曲状态下的柔性手指上,手指在弯曲后可以带动砝码向上回直,并在超过水平位置后可以继续向上运动,证明了柔性手指具有在弯曲和回直过程中均提供力的作用的能力,满足设计要求。

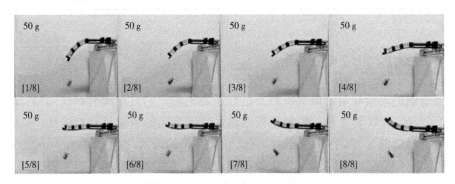

图 9-19　柔性手指弯曲后回直测试

如图 9-20 所示,对单指的承载能力和抗干扰能力进行了实验测试。将不同重量的砝码悬挂在柔性手指末端,通过旋入不同的软轴圈数使不同承载的柔性手指末端弯曲角度均达到 90°,此时柔性手指末端承受的负载力即为砝码的质量。图 9-20 为不同重量砝码测试条件下柔性手指的承载力测试,柔性手指在极限承力情况下末端可承受 100 g 砝码的重量且不产生损坏、扭曲等情况。

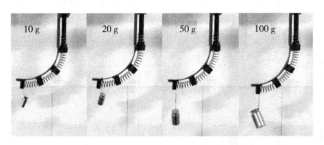

图 9-20　柔性手指末端力测试

为验证康复手应具有辅助人手进行提拉的能力,通过模拟生活中人手提拉重物时的情况,对整机四指的提拉力进行了测试,采取了生活中常见的日常用品进行测试,手机(230 g)、杯子(318 g)和一瓶水(442 g)作为负载,将重物置于四指弯曲 90°的情况下进行测试,通过将手指末端变形和水平面之间的夹角变化进行分析,实验的效果图如图 9-21 所示,在 230 g、318 g 和 442 g 的负荷下,康复手的屈曲角度分别变化了 1°、2°和 4°。实测最大载荷为 5.3 N,超过该载荷外骨骼手扭曲变形失效。

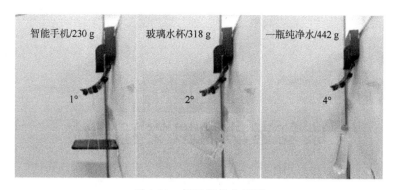

图 9-21　样机提拉力测试

9.6　本章小结

　　提出了一种基于柔性软驱动机构的手部外骨骼。组成该手部外骨骼的柔性手指由改进结构的柔性机构和附加限位部件构成，单指具有一个自由度，采用电动机直接驱动，易于控制，可以实现双向弯曲。基于常曲率模型和误差补偿方法，建立了柔性手指的运动学模型，可用于预测不同线圈数时的弯曲角度。对理论模型进行了实验验证。然而，由于无法获得人类手指的阻力扭矩，如果在实践中需要更准确的屈曲角度，则应使用屈曲角度传感器进行反馈控制。最后，测试了手部外骨骼的屈伸能力和抓握力。结果表明，手部外骨骼在尺寸、重量和运动能力方面的性能适合预期用户。

　　柔性软驱动机构是一种新型的执行器，希望本节内容能为柔性外骨骼研究提供新的设计思路，即使用电动机驱动柔性机构来设计更具柔性的设备，甚至是软体机器人。在未来的研究中，可以优化尺寸、结构和材料，以提高外骨骼手的性能。还计划在柔性手指上添加柔性传感器，以实现更精确的屈曲控制。

第 10 章
康复运动虚拟交互系统

10.1 引　言

近年来,虚拟现实(VR)技术领域得到了极大的发展。该技术的应用领域涵盖了从航空培训和军事应用,到装配技能培训,再到临床医院,如外科医生可以使用 VR 系统进行手术技术培训。虚拟现实是通过计算机软件生成对真实世界的模拟环境,用户通过人机界面来体验人与真实世界的互动。在实际生活中,人通过感官——视觉、听觉、触觉、嗅觉等获取环境的知识,而在虚拟环境中,人则通过人机界面获得关于虚拟世界的信息。人机界面可以提供一种或多种感官的信息,并通过人机界面收集到的虚拟环境信息来指导虚拟世界与人之间的交互。

VR 作为一种很有前景的治疗与训练工具,在康复领域也得到了广泛应用。VR 技术既可以为上肢康复提供身临其境、轻松且趣味性的康复训练,也可以根据个体需求灵活定制而不受实体设备复杂度的限制。通常肢体康复不仅依赖于大量的重复性练习,还依赖于感官上的反馈对其训练效果进行引导,从而增强其对未来康复训练效果的期待。而VR 允许患者在康复过程中与模拟环境互动并感知实时表现反馈,如果在虚拟环境中引入如触觉等实体反馈,虚拟环境可以提供丰富的训练环境,增强互动性,从而提高用户的参与和感知能力,从而获得更好的康复表现。在一项对虚拟环境用于中风康复研究中,已经证明中风患者能够在虚拟环境中重新获得运动能力,并且在虚拟环境中练习的动作可以转移到现实世界的任务中,且在基于虚拟环境训练和基于现实物理环境的对照实验也表明两组实验患者取得了近似的康复效果。

将 VR 技术应用于康复有如下优势:①提高重复性康复运动的参与性;②基于软件技术虚拟康复场景并引导积极康复,低成本和安全性高;③康复过程的实时互动和历史康复效果跟踪;④可控且易于调节的人机互动性。

增强现实(Augmented Reality,AR)则是一种将真实世界信息和虚拟世界信息有机融合的技术,其将虚拟环境叠加在现实场景中,并进行互动,可以将原本在现实世界难以体验到的实体信息(如视觉信息、声音、味道、触觉等)通过计算机模拟仿真后再叠加,将虚拟的信息应用到真实世界,被人类感官所感知,从而提供超越现实的感官体验。相比于虚拟现实技术,增强现实技术更具有沉浸感,增强现实技术在多个领域都有广泛的应用,包括工业维修、网络视频通信、电视转播、娱乐游戏、旅游展览以及市政建设规划等,在肢体康复训练中,增强现实技术可以实时监测患者的动作,并提供即时反馈。如对于手部精细动作的训练,AR 技术可以展示虚拟操作任务,患者可以根据这些提示进行训练,同时系统能够及时将虚拟操作对象的变化实时反馈到显示设备的现实环境中,从而实现虚实结合的互动体验。

本章将虚拟现实技术和增强现实技术应用于肢体康复训练中,分别提出了依据移动式下肢康复训练机器人可实现的多种康复功能而设计的下肢康复虚拟交互训练系统及基于单目相机捕获手部运动状态从而实现人机交互的增强现实手部抓握交互系统。

10.2　下肢康复虚拟交互系统

下肢康复虚拟交互系统的主要目的是建立虚拟交互环境,通过人机之间的互动促使患者以正确的运动方式积极地参加康复运动。本节依据移动式下肢康复训练机器人可实现的站立、屈髋、屈膝、踏车及坐躺功能在虚拟交互训练场景中设计不同的场景节点和不同的交互任务,建立康复训练机器人与虚拟场景中的虚拟模型产生互动,实现在不同场景中进行同步运动,增加康复训练过程中的人机互动、趣味性和沉浸感,有效舒缓患者在训练过程中产生的负面情绪,提高患者的训练兴趣和主动参与训练的配合度。

10.2.1　虚拟交互训练系统框架

设计的下肢虚拟交互训练系统的组成框架如图 10-1 所示。

图 10-1　下肢康复虚拟交互训练系统组成图

其中虚拟互动场景,基于 3D 建模技术建立人机互动场景,场景中建立虚拟移动式下肢康复机器人并以互动游戏方式融入移动式下肢康复训练机器人可实现的站、助行、下肢康复等功能,引导患者基于移动式下肢康复训练机器人积极参与互动游戏;移动式康复机器人则受使用者控制,其与使用者之间实现现实世界中的运动交互,人机交互时移动式康复机器人的状态信息与虚拟互动场景之间进行数据交互,实现移动式康复机器人与虚拟互动场景中虚拟机器人之间的互动驱动,从而以虚拟场景引导使用者完成在虚拟互动场景中的漫游和游戏互动,从而增强康复训练趣味性和欲望。

康复机器人设计、规划与交互控制

10.2.2 虚拟场景的交互设计

虚拟场景的设计首先要选择合适的、逼真的、富有趣味的虚拟场景，同时具有多种感官刺激，增强代入感，引起患者对康复训练内容的兴趣。让患者在训练过程中放松身心，缓解不良情绪，从而建立良性的循环训练。同时虚拟场景要与移动式下肢康复训练机器人的功能进行匹配，满足康复训练的要求。在虚拟场景中进行训练时应加入多种鼓励和反馈，例如在完成特定动作时给出文字等鼓励，通过记录交互过程的时长、评价交互完成情况等，充分调动患者参与训练的积极性。

考虑到患者对周围环境的反应能力，提高视觉体验，场景的交互界面应该简洁明了，色调温和，游戏规则易理解，在场景中的合适位置设置任务提示等，减轻患者在训练中其他不必要的负担。在交互过程中应能实现视角的转换，增强患者第一视角的代入感，同时以第三视角实时观察运动状态，增强交互体验。

10.2.3 虚拟场景规划

移动式下肢康复训练机器人可以实现坐、站、躺、下肢康复等功能，针对这些康复功能特点需要设置不同的虚拟交互场景和交互任务，帮助病人进行对应的康复训练。考虑到在康复的过程中需要进行大量重复的、循环式的训练，同时虚拟场景应该贴近真实的生活场景，将虚拟训练场景规划为环形步道（图 10-2），区别于直线型的步道，环形步道的场景固定，使用者易于接受和熟悉。

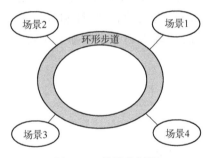

图 10-2 场景规划图

在环形步道设置不同的交互场景节点，引导使用者进行相应的康复训练。为了激发患者参与训练的主动意愿，该虚拟交互训练采用奖励模式引导使用者积极进行康复训练，即每完成一项交互任务设置相应的奖励。虚拟交互训练主要在环形步道上设置 4 种不同的场景，其中场景的规划如图 10-2 所示，其中不同的场景和训练功能的对应关系如表 10-1 所示。训练场景下的训练流程如图 10-3 所示。

表 10-1 场景内容和训练内容对应表

场景	下肢训练功能	场景	下肢训练功能
场景 1	站立	场景 4	躺
场景 2	屈髋	步道全景	屈膝
场景 3	踏车		

对于场景 1，其主要进行站立功能训练，依据场景训练的流程图 10-3，使用者摇动移动式下肢康复机器人车体运动手柄，驱动虚拟场景机器人模型沿环形步道运动，虚拟场景中检测虚拟机器人模型是否到达场景 1，若到达虚拟场景 1，则通过人机互动界面发送动

作指令,指令使用者在该场景地点进行站立功能训练,在康复训练机器人进行站立的过程中,康复训练机器人运动数据传输至虚拟场景,并驱动虚拟机器人在场景中进行同步站立,进而完成交互任务,并对站立任务进行奖励。

在场景 2,其主要进行屈髋运动训练,依据场景训练的流程图 10-3,使用者摇动移动式下肢康复机器人车体运动手柄,驱动虚拟场景机器人模型沿环形步道运动,虚拟场景中检测虚拟机器人模型是否到达场景 2,若到达虚拟场景 2,则通过人机互动界面发送动作指令,指令使用者进行屈髋运动训练,在屈髋运动训练过程中,康复训练机器人运动数据传输至虚拟场景,并驱动虚拟机器人在场景中进行同步屈髋,进而完成交互任务,并对屈髋任务进行奖励。

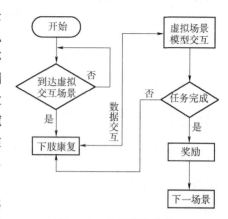

图 10-3　场景训练流程

在场景 3,其主要进行踏车功能训练,使用者摇动移动式下肢康复机器人车体运动手柄,驱动虚拟场景机器人模型沿环形步道运动,虚拟场景中检测虚拟机器人模型是否到达场景 3,若到达场景 3,则通过人机互动界面发送动作指令,指令使用者在该场景地点进行踏车功能训练,同时康复训练机器人运动数据传输至虚拟场景,并驱动虚拟机器人在场景中同步完成踏车功能,进而完成交互任务,并对踏车任务进行奖励。

在场景 4,其主要进行坐躺运动训练,在该场景下,人机互动界面发送动作指令,指定使用者在该场景地点进行坐躺运动训练,进而完成交互任务,并对屈膝任务进行奖励。

在步道全场景中,若虚拟场景在弯道处需要转弯避免与周围的虚拟物体发生碰撞,则需要进行曲膝运动,使左、右腿部交替运动,实现在场景中向左、右转弯的动作,若发生碰撞,则此次虚拟交互训练失败,需要患者重新开始。

10.2.4　虚拟场景设计

虚拟交互场景中移动式下肢康复机器人通过 3DSMax 软件创建,并格式导入到 Unity3D 搭建的虚拟场景中,并通过交互界面的制作和脚本的编写完成下肢虚拟交互训练场景的开发。

1. 功能设计

在利用 Unity3D 虚拟场景开发、模型仿真等过程中,经常会使用碰撞检测功能在物理引擎的计算下产生真实的物理效果。在 Unity3D 中,能检测碰撞发生的方式有两种:一种是对物体进行碰撞器属性的设置,另外一种则是通过设置游戏物体的触发器实现检测。这两种检测方法最明显的区别就是在碰撞过程中是否产生物理效果。

碰撞器是 Unity3D 中的一群组件,描述了物体可被碰撞的边界,以及碰撞过程中相互影响的效果,包含了很多种类,主要有:盒碰撞体、网格碰撞体等,这些碰撞器应用的场景不同,若要发生碰撞,则相撞的两个物体属性必须都设置有碰撞器属性,此外碰撞的主动方必须有刚体属性,被撞的物体该属性可有可无,在完成设置后,两个物体在碰撞时会在物理引擎的作用下产生类似现实的碰撞效果。碰撞器是触发器的载体,在虚拟场景的交互任务中,包含多种情况下的接触检测,这就需要通过勾选碰撞器配置界面中的"Is Trigger"属性选择框选用,启用触发器功能,并通过脚本代码检测相应位置的碰撞检测信息,而不产生碰撞效果。

在下肢虚拟交互训练场景中主要有以下几种情况使用碰撞检测技术:

场景漫游。在虚拟交互场景中对虚拟模型进行控制时,为了使虚拟物体与场景中其他物体发生正常的碰撞现象,更贴近现实,而不出现刚体相互穿过的状况,需对物体进行碰撞器的设置。

交互过程。根据交互任务的设计,应实现以下因碰撞检测发生的交互:当虚拟物体到达指定的位置触发碰撞检测会显示相应的文字信息、与指定场景中的物体发生碰撞时被撞物体消失、到达指定位置发生碰撞检测进而改变虚拟模型和场景中其他物体的姿态等功能。

GUI是人与计算机进行通信的界面显示格式。主要通过鼠标对菜单、按钮等图形化元素触发指令,并从标签、对话框等图形化显示容器中获取人机对话信息,进行操作指令的解析,实现对虚拟环境中的物体进行控制,任务交互界面的美观,有效提高用户的积极性和对交互界面的可理解性,使人机交互更加便捷、更直接、更易于用户接受,可操作性更强。

2. 虚拟场景建模过程

为帮助患者在多功能移动式下肢康复训练机器人的辅助下实现多种姿态的训练,营造一种放松开阔的训练感受,在步道的场景中设置不同的场景节点,逐步丰富整体场景,具体的场景搭建过程如下:

(1)场景中模型的导入:将已经准备好的移动式下肢康复训练机器人的虚拟模型、奖励金币、栏杆、坡道以及树木等模型导入到交互场景中,并进行合理的位置摆放。

(2)设置模型材质、贴图等:通过功能组件为导入的模型添加相应的材质和贴图等。

(3)灯光布置:创建灯光系统,设置平行光及其灯光参数,为虚拟场景设定夕阳余晖的照明效果。

(4)设置不同摄像机的方位:为了实现在交互过程中进行多视角的观察,分别在移动式下肢康复训练机器人虚拟模型的后上方及左侧设置了两个摄像机。

(5)交互任务开始的界面、计时器及提示文字的设计:在每一项交互任务开始之前以及训练系统开始之前,设置相应的图形操作界面,使患者清楚地了解任务操作。设置计时器记录患者完成每一项交互任务的时间,并在交互过程中设计一些提示文字,对康复任务进行适时的鼓励。

(6)听觉体验设计:通过添加不同的音效和背景音乐,当患者开始进行训练,操作虚拟物体在场景中移动时,加载舒缓、愉悦的背景音乐,创造轻松的氛围;在执行不同的交互任务时,尤其是在发生碰撞时通过添加合适的音效,增强患者的听觉体验和场景的真实效果。

（7）编写控制脚本：在该软件中可以同时编写很多脚本，并将脚本分别赋予不同的物体对象，通过先后执行多个脚本控制场景中的不同物体进行相互配合，实现期望中的、合理的呈现效果，完成该训练模块中交互功能的开发。为实现交互任务，本章在下肢虚拟交互训练模块中主要编写 6 类脚本，分别是：①虚拟交互训练界面的脚本；②控制虚拟模型进行同步运动的脚本；③虚拟模型在场景中进行移动和转向的脚本；④碰撞信息检测的脚本；⑤通信数据解析的脚本；⑥游戏过程中启动计时和结束计时以及暂停计时的脚本。

10.2.5 虚拟场景实现

1. 交互场景

考虑到患者渴望外出、放松心情、走近大自然的心理需求，基于虚拟场景的设计原则和规划，本章选择该环湖步道场景（图 10-4），非常适合户外游憩，满足患者康复训练的基本要求。

图 10-4　虚拟场景-环湖步道

在环湖步道上将表 10-1 交互场景分别设在直线段的位置，以方便完成场景交互任务。其中不同场景的名称和在虚拟场景中需要完成的交互任务以及相对应的康复训练机器人对患者进行训练的动作的具体设计如表 10-2 所示。

表 10-2　场景对照关系表

场景编号	交互任务	交互要求	机器人动作
场景 1	吃金币	与金币碰撞	站姿前进
场景 2	躲避栏杆	左栏杆抬起	左脚抬起
		右栏杆抬起	右脚抬起
场景 3	通过缓坡	上坡	顺时针踏车
		下坡	逆时针踏车
场景 4	户外小憩	躺下预定时长	躺下
步道拐弯		前进方向的左转	左小腿抬起
		前进方向的右转	右小腿抬起

4 个交互场景如图 10-5 所示。

(a) 金币场景

(b) 栏杆场景

(c) 缓坡场景

(d) 户外小憩场景

图 10-5　交互场景

在"吃金币"场景中,患者通过在康复训练机器人的帮助下进行站立,控制虚拟模型同步站立,达到指定高度后虚拟模型即可与金币发生碰撞,即"吃掉金币";在"躲避栏杆"场景中,患者通过在康复训练机器人的帮助下进行左、右小腿的抬起,控制虚拟模型同步抬起,且控制场景中的道路左、右两侧的栏杆抬起,避免与栏杆发生碰撞;在"通过缓坡"场景中,患者通过在康复训练机器人的帮助下进行前进式或后退式的"蹬自行车"腿部综合运动,控制虚拟模型同步运动,且分别控制虚拟模型上坡和下坡;在"户外小憩"场景中,患者通过在康复训练机器人的帮助下实现平躺,控制虚拟模型同步躺下,休息一定时长。

2. 游戏过程的实现

由于本章选择的是环形步道,单向行驶时,偏向一侧转弯的次数较多,为了平衡训练频率,设置虚拟模型完成步道两个方向的场景交互任务认为是一次完整的交互训练过程。

所设计的虚拟交互系统虚拟机器人模型运动速度有慢、较慢、快 3 种模式,训练方式有主动训练、助力训练和被动训练 3 种模式,游戏前进方向有顺时针方向和逆时针方向,系统默认运动速度慢、主动训练、在环湖步道上沿顺时针方向前进。

在进行场景任务的交互过程中,在运行窗口设置了两个视角的画面如图 10-6～图 10-9 所示。

其中第一视角的画面是模拟患者坐在虚拟模型上的视野,该画面主要呈现前进方向上的景物,增强直观的户外运动感受;第三视角是始终在虚拟模型左侧与其同步运动看到的画面,该画面主要呈现在不同的交互场景中,虚拟模型的运动过程,进而使患者真实的感知自身的训练姿态,增强交互过程中的沉浸感。

设计完成的 4 个虚拟互动场景中,"吃金币"的虚拟场景运行效果如图 10-6 所示,"躲避栏杆"的虚拟场景运行效果如图 10-7 所示。

图 10-6　吃金币虚拟交互场景

图 10-7　躲避栏杆虚拟交互场景

"通过缓坡"的虚拟场景运行效果如图 10-8 所示。"户外小憩"的虚拟场景运行效果如图 10-9 所示。

图 10-8　通过缓坡虚拟交互场景　　　　图 10-9　户外小憩虚拟交互场景

10.3　基于视觉的手部康复虚拟交互

手部失能严重影响日常生活、工作和学习。对手部功能功能进行针对性康复治疗是恢复手部功能的主要手段之一。近年来增强现实技术开始应用于手部康复领域,在增强现实技术中,通过将计算机生成的虚拟物体、场景等叠加在用户真实视觉感知现实环境中,实现对现实环境的增强,从而为手部失能人员提供更具有沉浸感的视觉体验,及以更加自然的方式与虚拟物体进行互动。

本节提出了一种低成本的可用于居家康复的基于单目相机的手部抓握能力训练系统。该系统通过将患者手部抓握状态与计算机中的虚拟模型进行交互,引导患者参与简单的抓握游戏互动,增加康复的趣味性。

10.3.1　手部抓握交互系统框架

抓握物体是人手日常生活动作中出现频率很高且能反映人体协调特性的一种动作。手抓握功能包括了两个不同的状态:力性抓握和精细抓握。力性抓握包括钩状抓握、球状抓握、柱状抓握等;精细抓握包括指尖捏、指掌对捏、侧捏和指腹对捏等。与其他手部抓握方式进行比较,在球形抓握和圆柱形抓握中,使用到的手指关节最多,手部可实现最大程度的抓握,且两种抓握实现过程也是最复杂。

通过手部特征参数的变化实现与虚拟模型的实时交互,引导患者主动进行手部抓握能力和掌指关节弯曲能力的康复训练,增强趣味性和互动性。

为实现在单目相机下对康复后期的手部进行抓握能力的康复训练,本节利用计算机视觉技术设计了低成本、易操作的、简单有趣的手部抓握交互训练模块。

该模块的框架如图 10-10 所示,主要由手部图像获取、图像预处理、手部状态识别、虚拟模型和注册显示 5 个部分组成。其中手部图像获取部分采用单目相机实时采集图像,经图像处理对手部进行轮廓识别和

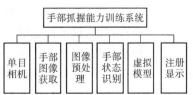

图 10-10　手部抓握交互系统框架

特征点检测,并依据所识别到的抓握特征参数对抓握状态进行评估;虚拟模型模块则依据手部抓握状态的变化创建大小不同的三维球体,并最终经由注册显示模块在屏幕上进行互动显示,实现人机交互。当进行手部抓握训练时,患者将手部置于单目相机的正下方,通过手部抓握状态的变化控制屏幕上三维球体显示大小,从而进行人机互动,增加康复的趣味性。

10.3.2 手部抓握过程特征分析

手部在抓握过程中会存在状态的变化,这一变化可以通过定义状态特征参数来进行描述.同时为了归一化描述这一变化过程,本章以初始状态参数为基准,定义状态变化因子

$$k = A_p / A_{p0} \tag{10-1}$$

式中,A_{p0} 为初始状态时检测的特征参数值;A_p 为实时检测的动态特征参数值。

当进行手部抓握训练时,人手不同的放置姿态会影响状态特征参数的选择,本章对手部平放、手部竖放及倾斜放置状态下手部特征进行分析。

1. 手部平放特征分析

手部平放在桌面时的抓握动作序列如图 10-11 所示。此状态下,手部轮廓面积与手部抓握程度呈现明显相关性。

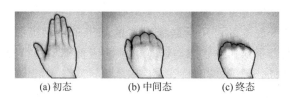

(a) 初态   (b) 中间态   (c) 终态

图 10-11　平放时的抓握过程

对比如图 10-11 所示手部平放时的 3 种抓握状态可见:在抓握过程中,手部轮廓面积呈现明显变化,实验测得该抓握过程中,轮廓面积变化如图 10-12 所示,可以看出,手部轮廓面积随抓握动作的执行呈现单调递减,且从初态到终态以手部轮廓像素面积变化为描述的状态变化因子 k 变动区间为 $[0.61, 1]$。显而易见,手部轮廓面积可以反映手部状态变化过程,但在实际进行手部轮廓提取时,手部轮廓初始大小会受手臂大小影响,因此作如下处理:当相机视场内只有手掌及四指时,手部轮廓面积指整个手部区域;当图像内出现手臂区域,手部轮廓面积指手腕点以上的手部面积。

2. 手部竖放特征分析

(1) 特征分析

在竖放状态下,手部轮廓始终处于相机视场中(如图 10-14 所示),从手部初态到终态的完整抓握过程中,以手部轮廓面积变化进行抓握程度评估时,实验测得其图 10-14 所示的轮廓面积变化如图 10-13 所示,可知手部轮廓面积变化不具有单调特性。在手部竖放状态下,人手手指间的包围面积特征变化明显,但在从中间态 3 转至终态过程中,手指间的包围面积特征变化趋缓,因此对手部竖放状态进行分段处理:手指未闭合阶段(阶段 1,图 10-14(a)~图 10-14(c));手指闭合握紧阶段(阶段 2,图 10-14(d)~图 10-14(f))。

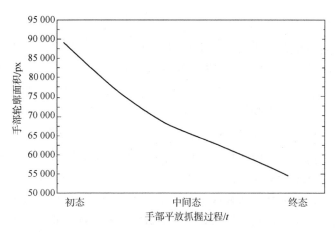

图 10-12　平放时手部轮廓面积变化

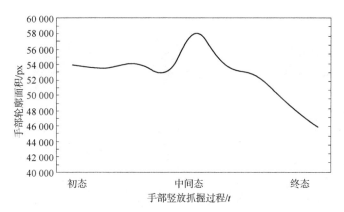

图 10-13　竖放时手部轮廓面积变化

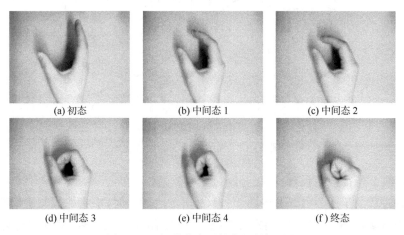

(a) 初态　　　　　　　(b) 中间态 1　　　　　　(c) 中间态 2

(d) 中间态 3　　　　　　(e) 中间态 4　　　　　　(f) 终态

图 10-14　竖放状态下的完整抓握过程

（2）阶段 1 特征参数设计

如图 10-14（a）～图 10-14（c）所示，对于阶段 1 所描述的抓握序列，大拇指与食指间的包围面积特征变化明显。虽然计算手指间的包围面积更为精确，但其计算复杂度较高。本章目的是识别和描述抓握状态变化程度，为相对量，为提高计算实时性，采用如图 10-15（a）所示的拇指指尖点、食指指尖点及虎口特征点三点所构成的三角形面积对抓握状态进行描述。由于该面积独立于手部真实面积之外为一个派生量，因此将其定义为面积虚特征参数。对于 $\triangle BCD$ 的 3 个角点的确定，采用凸包检测的方法来实现特征点的识别，其中指尖点 B 及 C 为凸包检测中凸缺陷区域深度最大的两个凸包点，而虎口点 D 则是该凸缺陷区域的最深点，h 为 $\triangle BCD$ 高。

图 10-15 所示为面积虚特征参数在阶段 1 状态下的变化过程，实验测得面积虚特征参数的变化如图 10-16 所示。可见该虚特征参数随手指合拢，其大小呈现单调下降特征，对应状态变化因子 k 的变动区间为[0.17,1]，采用面积虚特征参数可以有效反映抓握状态变化过程。

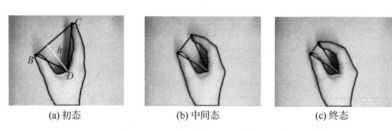

(a) 初态　　　　　　　　(b) 中间态　　　　　　　　(c) 终态

图 10-15　"面积虚特征参数"检测

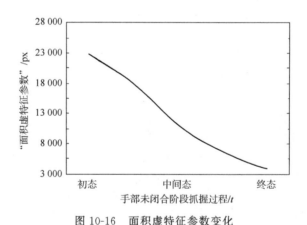

图 10-16　面积虚特征参数变化

（3）阶段 2 特征参数设计

当抓握过程处于图 10-14(d)～图 10-14(f)所示阶段 2 时，手指抓握轮廓闭合，图 10-15 所示三角形区域检测失效。对于图 10-18 所示手指闭合抓握序列，建立手部轮廓最小外接矩形 $M_1M_2M_3M_4$，并取掌指关节与 $M_1M_2M_3M_4$ 的交点 P 与角点 M_2 的距离 M_2P 作为评价特征，实验测得 M_2P 不同抓握状态时像素长度变化情况如图 10-17 所示，可见

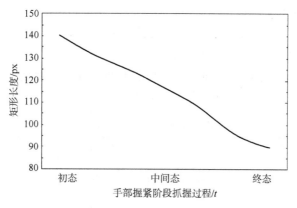

图 10-17　长度虚特征参数变化

M_2P 的长度随抓握状态执行呈现单调下降趋势,因此将其作为阶段 2 抓握状态评估参数。该阶段的状态变化因子 k 的变化范围为 $[1,0.64]$。该长度为手部轮廓派生参数因而命名为长度虚特征参数。

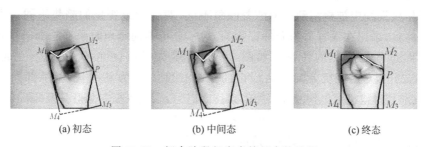

(a) 初态　　　　　　　　(b) 中间态　　　　　　　　(c) 终态

图 10-18　闭合阶段长度虚特征参数检测

　　由于采用了不同的特征参数对手部竖放时的抓握状态进行描述,为了使两种特征参数对手部抓握状态变化的描述尺度协调一致,因此对阶段 2 的状态变化因子重新定义为

$$k' = k_{\min} - k \tag{10-2}$$

式中,$k_{\min}$ 为阶段 1 时 k 的最小值;k 为进入阶段 2 时由式(10-1)计算得到的初值。根据式(10-2)计算得到的阶段 2 时的状态变化因子 k 的变动区间为 $[0.045, 0.17]$,合并阶段 1 和合并阶段 2 状态变化因子,则对于图 10-14 所示完整抓握序列,调整后的状态变化因子 k 变动区间为 $[0.045, 1]$。

　　(4) 切换阈值定义

　　在手部竖放状态下,由于采用两种虚特征参数对不同抓握阶段的抓握状态进行识别,因此在实际应用时,需要对两个阶段的切换时机进行检测。分析图 10-15(c)和图 10-18(a)中绘制的三角形可见,当抓握状态由图 10-15(c)过渡到图 10-18(a)时,图中特征三角形高 h 产生突变,由此将前后两次检测到的三角形高度的比值定义为切换阈值:

$$S = h_1 / h_2 \tag{10-3}$$

式中,h_1 和 h_2 分别为前后两帧手部图像特征三角形的高。当在手部竖放抓握状态评估时,检测到该阈值发生突变则判定存在由图 10-15(c)和图 10-18(a)的过渡。为获取该阈值大小,随机寻找6名受试者进行竖直状态下的抓握过程采样,并计算阶段1中的S的最大值,由阶段1终态过渡到阶段2初态时的S的临界值,实验结果如表10-3所示,表中:S_m为S的最大值;S_j为S的临界值。

如表10-3所示,当满足$S \geqslant 2$时,即可判定手部抓握状态发生了变换,即抓握过程从阶段1过渡到阶段2,此时应变换手部抓握状态评价参数。

表10-3　竖放状态下抓握中的S值

编号	阶段1中的S_m	S_j	编号	阶段1中的S_m	S_j
1	1.15	3.64	4	1.24	3.96
2	1.32	3.06	5	0.96	4.21
3	1.06	4.87	6	1.46	5.21

3. 手部倾斜状态特征分析

一般情况下,手部放在桌面时,手掌呈倾斜状态,手此时部轮廓面积和虚特征参数均可在单目相机视场中被检测到。但随着倾角不同,两个参数变化的趋势不同。为对手部倾角进行测量,采用在手背部附着标记物的方法,分析不同倾角时手部轮廓面积和虚特征参数随抓握过程而变化的情况。如图10-19所示为手部倾角检测原理,手部平放时(图10-19(a)),以单目相机采集到的标记的像素长度l_1记为基准长度,手部向内倾斜时(图10-19(b)),将相机采集到的标记的像素长度记为l_2,则依据三角形关系(图10-19(c))有

$$\theta = \arccos(l_2/l_1) \tag{10-4}$$

式中,θ为相对于平放时的手部倾斜角度。

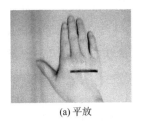 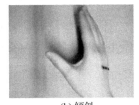

(a) 平放　　　　　　　　(b) 倾斜　　　　　　　　(c) 测量三角形

图10-19　手背部附着标记

根据手部平放和手部倾斜部分分析可知,若能在整个过程中准确地检测到手部轮廓面积和虚特征参数,则在同一抓握过程中,虚特征参数的状态变化因子的范围大于手部轮廓面积的状态变化因子的范围,即虚特征参数变化灵敏度高于手部轮廓面积,但实际测试表明面积虚特征参数的识别准确率会受手部倾角影响,即易发生如图10-20所示的检测跳变。为确定虚特征参数检测失效率与手部倾角之间的关系,采用实验方法进行测定,考虑到抓握过程中手部晃动因素,将手部倾角划分为$25° \sim 30°$,$30° \sim 35°$,$35° \sim 40°$,$40° \sim 45°$,$45° \sim 50°$五个测试区间,对

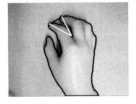

图10-20　面积虚特征参数
检测失效状况

所定义的两类特征参数在抓握过程中的变化特性进行测试。依据国家标准《成年人手部号型 GB/T 1652—2023》,选取 10 名受试者进行抓握实验,其手部尺寸为全国成年人平均手部尺寸的前五位,每名受试人员在 5 个测试区间内分别进行 20 次抓握实验,并记录面积虚特征参数无效检测的次数,实验测得面积虚特征参数检测失效率随手部倾角减小呈现快速增加趋势,在设定的 5 个角度区间内,45°~50°区间内检测失效率为 3.5%,其他角度区间检测失效概率分别为 16.5%、42%、70%、93.5%。可见当手部倾角小于 50°时,选用手部轮廓面积作为识别评估参数,反之则选用虚特征参数作为识别评估参数以提高识别可靠性。同时当在手部倾斜状态下进行康复训练时,也可在训练系统中根据实际应用情况选择评估参数。

10.3.3 手部有效轮廓面积提取算法

手部轮廓面积中手腕至手臂部分在抓握过程中大小不变,若这部分面积在手部总面积中占比过大(如图 10-21(a)所示),则对 k 的变化范围影响较大,即会影响抓握状态变化识别的灵敏度,图 10-21(b)所示状态则是抓握训练中比较合理的情况。为了提高所设计的手部抓握能力训练系统的抓握状态变化识别灵敏度,需要对手臂部分无效面积进行移除。

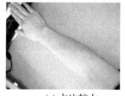 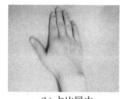 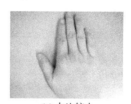

(a) 占比较大　　　　　(b) 占比居中　　　　　(c) 占比较小

图 10-21　手臂区域在手部图像中的占比

本章通过检测手部特征点来实现如上目的,所选择的特征点如图 10-22(a)所示,分别为 A、E、F、F_1 和 F_2 5 个点,图中 $M_1M_2M_3M_4$ 为手部最小外接矩形。A 点为 M_1M_2 与指尖的交点,E 点为手掌轮廓中心点,其满足条件:

$$\mathrm{argmax}\, l_{Eq} \tag{10-5}$$

式中,l_{Eq} 为 E 点与 q 点之间的距离。q 点为图像中距离 E 点最近的非手部轮廓区域点。F 为手腕点,点 F 的确定方法如下:根据国家标准《成年人手部号型 GB/T 1652—2023》,中指长 Y、手掌的长 T 与手长 X_1(如图 10-23 (b)所示)满足如下回归方程:

$$Y = \Delta_1 + 0.46X_1$$
$$T = 0.54X_1 + \Delta_2$$

式中,Δ_1、Δ_2 为常数(男性 $\Delta_1 = -4.94$ mm,$\Delta_2 = 6.14$ mm;女性 $\Delta_1 = -3.2$ mm,$\Delta_2 = 4.12$)。由于 E 点为手掌中心,因此 F 点满足:

$$\frac{l_{EF}}{l_{AE}} = \frac{T/2}{Y + T/2} \approx 0.36 \tag{10-6}$$

式中，l_{AE} 为半掌长与中指长之和；l_{EF} 为半掌长。F 点还应满足位于 $M_1M_2M_3M_4$ 内部的条件，即

$$\begin{cases} (l_{M_4M_1} \times l_{M_4F}) \cdot (l_{M_2F} \times l_{M_2M_3}) \geqslant 0 \\ (l_{M_3M_4} \times l_{M_3F}) \cdot (l_{M_1M_2} \times l_{M_1F}) \geqslant 0 \end{cases} \tag{10-7}$$

式中，$l_{M_4M_1}$ 为点 M_4 到点 M_1 的向量；l_{M_4F} 为点 M_4 到点 F 的向量；l_{M_2F} 为点 M_2 到点 F 的向量；$l_{M_2M_3}$ 为点 M_2 到点 M_3 的向量；$l_{M_3M_4}$ 为点 M_3 到点 M_4 的向量；l_{M_3F} 为点 M_3 到点 F 的向量；$l_{M_1M_2}$ 为点 M_1 到点 M_2 的向量；l_{M_1F} 为点 M_1 到点 F 的向量。

若 F 点满足式(10-7)，则过 F 点作直线 AF 的垂线(如图 10-22(a)所示)，该垂直线与手部轮廓的交点即为 F_1 点和 F_2 点。直线 F_1F_2 截取的上半部分手部轮廓即可用于计算手部有效面积。

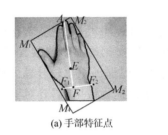 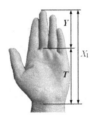

(a) 手部特征点　　　　　　　　(b) 手部结构比例

图 10-22　手部的特征点检测

若 F 点不满足式(10-7)，则表明图像中手部轮廓异常，如图 10-23(a)和图 10-24 所示，为此定义判定参数

$$\eta = l_{M_2M_3} - 2l_{M_1M_2}$$

式中，$l_{M_2M_3}$ 为点 M_2 到点 M_3 的距离；$l_{M_1M_2}$ 为点 M_1 到点 M_2 的距离。

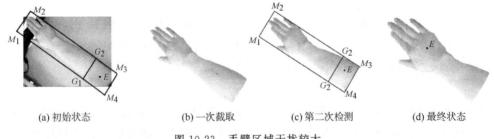

(a) 初始状态　　　(b) 一次截取　　　(c) 第二次检测　　　(d) 最终状态

图 10-23　手臂区域干扰较大

若 $\eta \geqslant 0$，则表明所获取图像中手臂区域占比较大(图 10-23)，根据式(10-5)计算得到的 E 点将位于手臂上，为了减小臂长，定义

$$l_{M_1G_1} = 3l_{M_4G_1} \tag{10-8}$$

$$l_{M_2G_2} = 3l_{M_3G_2} \tag{10-9}$$

式中，G_1 和 G_2 为按照式(10-8)、式(10-9)所确定的图像比例分割点，由 G_1G_2 连线对图 10-23(a)进行一次分割截取后的图像如图 10-23(b)所示；l_{M_1G1} 为点 M_1 到点 G_1 的

距离;$l_{M_4G_1}$ 点 M_4 到点 G_1 的距离;$l_{M_2G_2}$ 为点 M_2 到点 G_2 的
距离;$l_{M_3G_2}$ 为点 M_3 到点 G_2 的距离。该分割截取过程循环
执行,当新的 F 点满足式(10-7)要求,则停止,图 10-23(d)
即为分割后的最终手部轮廓。若 $\eta < 0$,则手臂区域在手部
图像中近乎没有,如图 10-24 所示,可直接进行手部轮廓面
积计算。

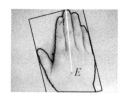

图 10-24 无手臂干扰区

10.3.4 人机增强现实交互

为实现基于手部抓握状态识别结果的人机交互,增强手部抓握训练趣味性,设计基于
增强现实的手部抓握训练系统。

增强现实(Augmented Reality,AR)是在虚拟现实技术的基础上不断发展的一种新
技术。它将计算机生成的虚拟对象与真实场景相融合,通过显示技术实时显示其叠加在
同一空间或者同一画面的效果。基于增强现实技术进行肢体康复训练系统的设计,不仅
能增加康复过程中的趣味性,更加突出的是使用户以更加自然的方式实现现实世界同虚
拟的物体一起进行三维实时交互,提供可以重复和针对性的主动运动,极大地提升用户超
越现实的感官体验、增强沉浸感的同时,还可以刺激手部神经肌肉系统参加活动,重建和
恢复手部运动反馈,同时在视觉反馈作用下促使大脑不断强化和修正训练效果,最终恢复
原有功能或建立新区域的代偿,实现功能重塑,改善肢体的机能。并且基于增强现实环境
中训练的手部动作和技能可以无缝迁移到真实场景中。

增强现实系统的关键技术主要有以下几方面:

(1)显示技术。增强现实显示技术的关键是通过显示设备来进行虚实场景的融合显
示。目前常用的显示设备主要有以下三类:头盔式显示器、普通显示器、投影式显示。普
通显示器通常指的是计算机、笔记本电脑显示器,其实现过程主要是通过摄像头采集图
像,获得真实场景,分析场景与相机的位置信息,再与计算机生成的虚拟物体进行融合后,
显示在显示器上。这种增强现实实现的方式比较简单,不需要其他复杂或昂贵的辅助设
备就能观察到融合后的画面,成本低、易操作。

(2)相机的成像与标定。增强现实技术在进行虚实信息融合的过程中,核心是要保
证虚拟信息能够准确地注册到真实场景中的合适位置,这就需在虚拟物体和现实环境之
间建立起一种位置对应关系。

(3)跟踪注册定位技术。跟踪注册技术是虚拟物体与真实场景实现准确匹配的基
础。首先对实时检测的"增强"的物体特征点以及轮廓进行跟踪定位,根据其获取的物体
特征点自动生成位置坐标信息,进行坐标系转换,以便于将虚拟物体注册到合适位置。跟
踪注册定位技术的准确性直接影响增强现实系统中虚实融合的效果。

(4)虚拟物体绘制渲染。虚拟物体的绘制是增强现实技术的重要组成部分,将更加
逼真生动的虚拟模型加载到真实的环境中,有利于提高用户的沉浸感和人机交互的视觉
体验。

为提高增强现实系统的鲁棒性、实时性和准确性,采用二元方形基准标记(ArUco)进行跟踪注册。这类标记的好处是单个标记提供足够的物体特点以获得相机姿态,实现快速的跟踪和定位。此外,内部二进制编码使它们特别健壮,允许应用错误检测和校正技术的可能性。

为验证提出的算法的实时性和有效性,本章分别在手部平放、竖放和向内倾斜 50° 三种状态下的抓握过程中进行特征参数的检测,并观察实验效果。

通常,图像速度达每秒 24 帧以上,则人眼观看时不会形成卡顿,即为了满足实时性要求,图像处理速度必须在 41.7 ms 以上,实验中将检测手部特征参数和虚拟模型的跟踪注册作为两个线程同时处理,缩短运行时间,经实验测得该模块在进行手部抓握实验时处理一帧图像平均耗时 38 ms,换算成帧数约为 26 帧/秒,可以保证交互的实时性。

手部抓握交互训练实验中,手部抓握训练系统根据手背部的标记识别手的姿态,并实时自动选择描述手部抓握状态的特征参数。为提高人机交互效果,通过状态变化因子 k 实时控制显示在屏幕上的虚拟模型的大小和旋转角度。

(1)手部平放

手部平放状态下进行抓握训练的过程中,手部抓握训练系统检测到的状态变化因子 k 的变化过程如图 10-26 所示,其数值变化范围是 $[1, 0.52]$,且单调变化。选取其中 6 个时刻的人机交互的实验效果如图 10-25 所示。

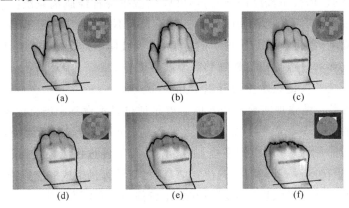

图 10-25　平放抓握的实验效果

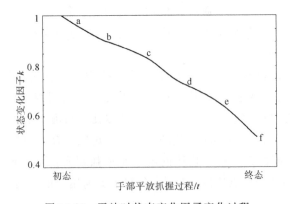

图 10-26　平放时状态变化因子变化过程

图 10-25 中,所设计的手部抓握训练系统在人机界面中显示真实人手实时抓握状态,以反映真实世界动作变化,为交互人员提供真实状态反馈。同时在人机交互界面右上角显示虚拟交互模型(小球)。在手部抓握状态进行过程中,随抓握程度变化,虚拟模型(小球)大小也动态变化,从而为交互人员提供虚拟交互游戏体验,增强交互趣味性。通过手部动作与虚拟模型的交互,并叠加视觉反馈最大程度为交互人员提供训练体验、刺激神经肌肉系统功能重建。

(2) 手部竖放

手部竖放时,在抓握训练的过程中,状态变化因子 k 的变化过程如图 10-27 所示,为单调变化过程,其变化范围为$[1,0.24]$,选取其中 6 个时刻的人机交互的实验效果如图 10-28 所示。

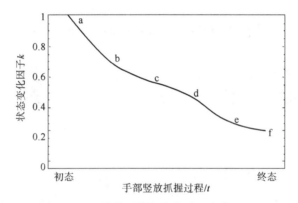

图 10-27 竖放时状态变化因子变化过程

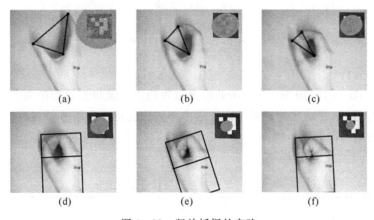

图 10-28 竖放抓握的实验

(3) 手部倾斜 $50°$

手部倾斜 $50°$ 时,在抓握训练的过程中,状态变化因子 k 单调变化,变化过程如图 10-29 所示,其变化范围为$[1,0.23]$,其变化选取其中 6 个时刻的人机交互的实验效果如图 10-30 所示。

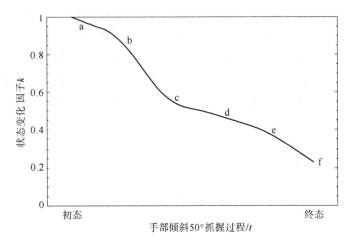

图 10-29 倾斜 50°时状态变化因子的变化过程

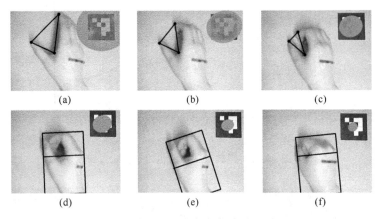

图 10-30 倾斜抓握实验

（4）实验分析

图 10-25、图 10-28、图 10-30 所示的抓握过程均由系统根据手部倾角大小自动选择虚特征参数进行描述，互动实验表明抓握过程中不同虚特征参数可平滑过渡，人机互动的实时性满足人眼对图像的显示频率要求。三种位姿状态下手部抓握状态变化因子如表 10-4 所示。

表 10-4 三种放置姿态状态因子变化

状态	(a)	(b)	(c)	(d)	(e)	(f)
k_1	1	0.91	0.85	0.74	0.66	0.52
k_2	1	0.71	0.57	0.48	0.31	0.24
k_3	1	0.88	0.57	0.48	0.39	0.23

对比表 10-4 中状态变化因子的变化特征可见：以手部轮廓面积为特征参数计算的 k 的变化范围小于以虚特征参数计算的 k 的变化范围。主要原因在于当以手部轮廓面积作

为抓握状态特征参数时,还存在变化较小的手掌背部面积,该面积的大小也会影响实际手部面积变化率,因此在实际应用中应尽量减小手掌背部的无效面积,提高以手部轮廓面积描述手部抓握状态的灵敏度。

10.4　本章小结

本章基于虚拟现实技术和增强现实技术分别提出了一种基于移动式下肢康复机器人的下肢康复虚拟交互系统和一种可用于居家康复的基于单目相机的手部抓握能力训练系统。介绍了基于虚拟场景和移动式下肢康复机器人的人机交互虚拟场景的规划、搭建及不同场景节点的交互任务。使用利用该虚拟交互系统时,康复机器人可与虚拟模型和虚拟场景进行互动,从而提高了患者参与训练的主观能动性。在基于增强现实技术的手部抓握能力训练系统中,建立了基于手部轮廓面积、虚特征参数识别和评估手部抓握状态的方法,并提出了一种基于手部结构比例特征的手部有效轮廓面积提取算法,人机互动实验结果表明所提出的手握状态识别方法可以有效地识别手部抓握状态。

参考文献

[1] HUANG G S,CHANG S C,LAI C L,et al.Development of a Lower Extremity Exoskeleton as an Individualized Auxiliary Tool for Sit-to-Stand-to-Sit Movements [J].IEEE Access,2021(9):48276-48285.

[2] JUN M,JEONG H,OHNO Y.Operation of assistive apparatus through recognition of human behavior: Development and experimental evaluation of chair-typed assistive apparatus of nine-link mechanism with 1 degree of freedom [J].Advances in Mechanical Engineering,2014,12(7): 1687814020938899.

[3] MATJAČIĆ Z,ZADRAVEC M,OBLAK J.Sit-to-Stand Trainer: An Apparatus for Training "Normal-Like" Sit to Stand Movement [J].IEEE Transactions on Neural Systems and Rehabilitation Engineering,2016,24(6):639-649.

[4] 李晋,薛强,杨硕.基于人体坐立转换运动规律的三自由度站立康复机器人设计 [J].中国康复医学杂志,2020,35(8):5.

[5] MUNGAI M E,GRIZZLE J W.Feedback Control Design for Robust Comfortable Sit-to-Stand Motions of 3D Lower-Limb Exoskeletons [J].IEEE Access,2021,9. 122-161.

[6] HERN NDEZ J H,CRUZ S S,L PEZ-GUTI RREZ R,et al.Robust nonsingular fast terminal sliding-mode control for Sit-to-Stand task using a mobile lower limb exoskeleton [J].Control Engineering Practice,2020(101):104496.

[7] HTTPS://GOLIFEWARD. COM/PRODUCTS/REWALKPERSONAL-EXOSK ELETON/.F 24-26 June 2013.

[8] HTTPS://WWW.AI-ROBOTICS.CN/.

[9] NEUHAUS P D,NOORDEN J H,CRAIG T J,et al.Design and evaluation of Mina:A robotic orthosis for paraplegics;proceedings of the 2011 IEEE International Conference on Rehabilitation Robotics,F 29 June-1 July 2011,2011 [C].

[10] TEFERTILLER C,HAYS K,JONES J,et al.powering people forward initial outcomes from a multicenter study utilizing the indego powered exoskeleton in spinal cord injury [J].2019,

[11] TSUKAHARA A,HASEGAWA Y,EGUCHI K,et al.Restoration of Gait for Spinal Cord Injury Patients Using HAL With Intention Estimator for Preferable Swing Speed [J]. IEEE Transactions on Neural Systems and Rehabilitation Engineering,2015,23(2):308-318.

[12] MAALEJ B,AYADI N,ABDELHEDI F,et al.On A Robotic Application for Rehabilitation Systems Dedicated to Kids Affected by Cerebral Palsy; proceedings of the International Multiconference on Systems,Signals & Devices, SSD18,F,2018 [C].

[13] VENEMAN J F,KRUIDHOF R,HEKMAN E E G,et al.Design and Evaluation of the LOPES Exoskeleton Robot for Interactive Gait Rehabilitation [J].IEEE Transactions on Neural Systems and Rehabilitation Engineering,2007,15(3): 379-386.

[14] FREIVOGEL S,MEHRHOLZ J,HUSAK-SOTOMAYOR T,et al.Gait training with the newly developed 'LokoHelp'-system is feasible for non-ambulatory patients after stroke,spinal cord and brain injury.A feasibility study [J].Brain Injury,2008,

[15] SCHMIDT H.HapticWalker-A novel haptic device for walking simulation [J]. proc of eurohaptics.

[16] BANALA S K,AGRAWAL S K,SCHOLZ J P.Active Leg Exoskeleton (ALEX) for Gait Rehabilitation of Motor-Impaired Patients; proceedings of the 2007 IEEE 10th International Conference on Rehabilitation Robotics,F 13-15 June 2007,2007 [C].

[17] YIN Y H,FAN Y J,XU L D.EMG and EPP-Integrated Human-Machine Interface Between the Paralyzed and Rehabilitation Exoskeleton [J].IEEE Transactions on Information Technology in Biomedicine,2012,16(4):542-549.

[18] WANG J,FEI Y,PANG W.Design,Modeling,and Testing of a Soft Pneumatic Glove With Segmented PneuNets Bending Actuators [J]. IEEE/ASME Transactions on Mechatronics,2019,24(3):990-1001.

[19] SCHMITT C,M TRAILLER P,AL-KHODAIRY A,et al.The Motion Maker™: a Rehabilitation System Combining an Orthosis with Closed-Loop Electrical Muscle Stimulation [J].2004.

[20] CHISHOLM K J,KLUMPER K,MULLINS A,et al.A task oriented haptic gait rehabilitation robot [J].Mechatronics,2014,24(8):1083-1091.

[21] FENG Y,WANG H,DU Y,et al.Trajectory planning of a novel lower limb rehabilitation robot for stroke patient passive training [J]. Advances in Mechanical Engineering,2017,9(12):1687814017737666.

[22] ZHANG F,HOU Z G,CHENG L,et al.iLeg—A Lower Limb Rehabilitation Robot:A Proof of Concept [J].IEEE Transactions on Human Machine Systems, 2016,1-8.

[23] KREBS H I,VOLPE B T,WILLIAMS D,et al.Robot-Aided Neurorehabilitation:A Robot for Wrist Rehabilitation [J].IEEE Transactions on Neural Systems and Rehabilitation Engineering,2007,15(3):327-335.

[24] AMIRABDOLLAHIAN F,LOUREIRO R,GRADWELL E,et al.Multivariate analysis of the Fugl-Meyer outcome measures assessing the effectiveness of GENTLE/S robot-mediated stroke therapy [J].Journal of NeuroEngineering and Rehabilitation,2007,4(1):4.

[25] ZHANG Y,WANG Z,JI L,et al.The clinical application of the upper extremity compound movements rehabilitation training robot; proceedings of the 9th International Conference on Rehabilitation Robotics,2005 ICORR 2005,F 28 June-1 July 2005,2005 [C].

[26] NEF T,GUIDALI M,RIENER R.ARMin III-arm therapy exoskeleton with an ergonomic shoulder actuation [J].Applied Bionics and Biomechanics,2009,6. 127-142.

[27] PERRY J C,ROSEN J,BURNS S.Upper-Limb Powered Exoskeleton Design [J]. IEEE/ASME Transactions on Mechatronics,2007,12(4):408-417.

[28] YU W,ROSEN J.A novel linear PID controller for an upper limb exoskeleton; proceedings of the 49th IEEE Conference on Decision and Control (CDC),F 15- 17 Dec.2010,2010 [C].

[29] CHEN Y,LI G,ZHU Y,et al.Design of a 6-DOF upper limb rehabilitation exoskeleton with parallel actuated joints [J].Bio-Medical Materials and Engineering,2014(24):2527-2535.

[30] TAO J,YU S.Developing Conceptual PSS Models of Upper Limb Exoskeleton based Post-stroke Rehabilitation in China [J].Procedia CIRP,2019(80):750-755.

[31] IQBAL J, TSAGARAKIS N, CALDWELL D. Four-fingered lightweight exoskeleton robotic device accommodating different hand sizes [J].Electronics Letters,2015,51(12):888-890.

[32] ZHANG F,HUA L,FU Y,et al.Design and development of a hand exoskeleton for rehabilitation of hand injuries [J].Mechanism and Machine Theory,2014 (73):103-116.

[33] NYCZ C J,B TZER T,LAMBERCY O,et al.Design and characterization of a lightweight and fully portable remote actuation system for use with a hand exoskeleton [J].IEEE Robotics and Automation Letters,2016,1(2):976-983.

[34] ZHA F,SHENG W,GUO W,et al.Dynamic Parameter Identification of a Lower Extremity Exoskeleton Using RLS-PSO [J].Applied Sciences,2019,9(2):324.

[35] CHEN J,HUANG Y,GUO X,et al.Parameter identification and adaptive compliant control of rehabilitation exoskeleton based on multiple sensors [J]. Measurement,2020(159):107765.

[36] LI Y,GUAN X,LI W,et al.Dynamic Parameter Identification of a Human-Exoskeleton System With the Motor Torque Data [J].IEEE Transactions on Medical Robotics and Bionics,2022,4(1):206-218.

[37] WANG W,HOU Z G,CHENG L,et al.Toward Patients' Motion Intention Recognition:Dynamics Modeling and Identification of iLeg—An LLRR Under Motion Constraints [J].IEEE Transactions on Systems,Man,and Cybernetics: Systems,2016,46(7):980-992.

[38] HWANG B,MOON H,JEON D.System Identification of an Exoskeletal Robot Including User's Body [M].2009.

[39] KOOPMAN B,ASSELDONK E H F V,KOOIJ H V D.Estimation of Human Hip and Knee Multi-Joint Dynamics Using the LOPES Gait Trainer [J].IEEE Transactions on Robotics,2016,32(4):920-932.

[40] QIE X,KANG C,ZONG G,et al.Trajectory Planning and Simulation Study of Redundant Robotic Arm for Upper Limb Rehabilitation Based on Back Propagation Neural Network and Genetic Algorithm [J/OL] 2022,22(11).

[41] RAJ A K,NEUHAUS P D,MOUCHEBOEUF A M,et al.Mina:A Sensorimotor Robotic Orthosis for Mobility Assistance [J]. Journal of Robotics, 2011, 2011.284352.

[42] WANG X,CAO X,SONG H,et al.A gait trajectory measuring and planning method for lower limb robotic rehabilitation; proceedings of the 2015 IEEE International Conference on Mechatronics and Automation (ICMA),F 2-5 Aug. 2015,2015 [C].

[43] KAGAWA T, UNO Y.Gait pattern generation for a power-assist device of paraplegic gait; proceedings of the RO-MAN 2009-The 18th IEEE International Symposium on Robot and Human Interactive Communication,F 27 Sept.-2 Oct. 2009,2009 [C].

[44] MA Y,WU X,YANG S X, et al.Online Gait Planning of Lower-Limb Exoskeleton Robot for Paraplegic Rehabilitation Considering Weight Transfer Process [J].IEEE Transactions on Automation Science and Engineering,2021,18 (2):414-425.

[45] TAN D-P,CAO G,ZHANG Y,et al.Safe Movement Planning with DMP and CBF for Lower Limb Rehabilitation Exoskeleton [J].2022 19th International Conference on Ubiquitous Robots (UR),2022,231-236.

[46] SHARIFI M,MEHR J K,MUSHAHWAR V K,et al.Adaptive CPG-Based Gait Planning With Learning-Based Torque Estimation and Control for Exoskeletons [J].IEEE Robotics and Automation Letters,2021,6(4):8261-8268.

[47] ZOU C,HUANG R,CHENG H,et al.Adaptive Gait Planning for Walking Assistance Lower Limb Exoskeletons in Slope Scenarios; proceedings of the 2019 International Conference on Robotics and Automation (ICRA),F 20-24 May 2019,2019 [C].

[48] MEHR J K,SHARIFI M,MUSHAHWAR V K,et al.Intelligent Locomotion Planning With Enhanced Postural Stability for Lower-Limb Exoskeletons [J]. IEEE Robotics and Automation Letters,2021,6(4):7588-7595.

[49] UGURLU B,OSHIMA H,SARIYILDIZ E,et al.Active Compliance Control Reduces Upper Body Effort in Exoskeleton-Supported Walking [J]. IEEE Transactions on Human-Machine Systems,2020,50(2):144-153.

[50] YANG T, GAO X. Adaptive Neural Sliding-Mode Controller for Alternative Control Strategies in Lower Limb Rehabilitation [J]. IEEE Transactions on Neural Systems and Rehabilitation Engineering, 2020, 28(1): 238-247.

[51] WANG Y L, WANG K Y, LI X, et al. Control Strategy and Experimental Research of Cable-Driven Lower Limb Rehabilitation Robot [J]. IEEE Access, 2021(9): 79182-79195.

[52] ZHOU J, LI Z, LI X, et al. Human-Robot Cooperation Control Based on Trajectory Deformation Algorithm for a Lower Limb Rehabilitation Robot [J]. IEEE/ASME Transactions on Mechatronics, 2021, 26(6): 3128-3138.

[53] MART NEZ A, LAWSON B, DURROUGH C, et al. A Velocity-Field-Based Controller for Assisting Leg Movement During Walking With a Bilateral Hip and Knee Lower Limb Exoskeleton [J]. IEEE Transactions on Robotics, 2019, 35(2): 307-316.

[54] ASL H J, YAMASHITA M, NARIKIYO T, et al. Field-Based Assist-as-Needed Control Schemes for Rehabilitation Robots [J]. IEEE/ASME Transactions on Mechatronics, 2020, 25(4): 2100-2111.

[55] ZHOU J, PENG H, SU S, et al. Spatiotemporal Compliance Control for a Wearable Lower Limb Rehabilitation Robot [J]. IEEE Transactions on Biomedical Engineering, 2023, 70(6): 1858-1868.

[56] ZHUANG Y, YAO S, MA C, et al. Admittance Control Based on EMG-Driven Musculoskeletal Model Improves the Human-Robot Synchronization [J]. IEEE Transactions on Industrial Informatics, 2019, 15(2): 1211-1218.

[57] ZHU Y, WU Q, CHEN B, et al. Design and Voluntary Control of Variable Stiffness Exoskeleton Based on sEMG Driven Model [J]. IEEE Robotics and Automation Letters, 2022, 7(2): 5787-5794.

[58] YANG R, SHEN Z, LYU Y, et al. Voluntary Assist-as-Needed Controller for an Ankle Power-Assist Rehabilitation Robot [J]. IEEE Transactions on Biomedical Engineering, 2023, 70(6): 1795-1803.

[59] 徐剑. 一种柔性软驱动机构的传动特性研究[D]. 北京邮电大学, 2018.

[60] 莫春晖. 移动式康复机器人设计及其下肢康复运动建模研究[D]. 北京邮电大学, 2021.

[61] 张莹. 交互式肢体训练系统的研究与实现[D]. 北京邮电大学, 2021.

[62] 宋子辉. 柔性软驱动康复机械手设计与研究[D]. 北京邮电大学, 2022.

[63] 赵亮. 移动式下肢康复机器人控制方法的研究[D]. 北京邮电大学, 2022.

[64] 袁杰. 三自由度辅助站立机构建模与控制方法研究[D]. 北京邮电大学, 2023.

[65] 丁冬. 下肢康复机器人智能控制系统设计与实现[D]. 北京邮电大学, 2023.

[66] 尹治旭. 下肢康复机器人主被动控制策略研究[D]. 北京邮电大学, 2023.

［67］ Zhang Yanheng；Xu Jian；Wang Wei ；Kinematics and Force Analysis of Flexible Screw Mechanism for a Worm Robot，JOURNAL OF MECHANISMS AND ROBOTICS-TRANSACTIONS OF THE ASME,2018,10(6):061005-1-061005-7

［68］ 张延恒,莫春晖,张莹,等.移动式康复训练机器人及下肢康复运动分析[J].华中科技大学学报(自然科学版),2021,49(03):6-11.

［69］ 张延恒,张莹.基于单目相机的手部抓握状态识别方法研究[J].华中科技大学学报(自然科学版),2022,50(04):57-63

［70］ ZHANG Y,ZHAO L,MO C.Design and dynamic analysis of a multi-function movable rehabilitation robot [J].Journal of the Brazilian Society of Mechanical Sciences and Engineering,2022,

［71］ 张延恒,宋子辉,褚明.用于康复训练的柔性机械手设计与实现[J].华中科技大学学报(自然科学版),2023,51(06):36-40＋55.

［72］ ZHAO L,ZHANG Y,YIN Z.Training Path Optimization Method of a Moveable Multifunction Rehabilitation Robot [J].IEEE Robotics and Automation Letters，2023,8(3):1651-1658.

［73］ Y. Zhang， Z. Yin and R. Fu，"Impedance Control of a Traction Type Multifunctional Moveable Rehabilitation Robot," 2023 *IEEE International Conference on Robotics and Biomimetics (ROBIO)*,Koh Samui,Thailand,2023, pp.1-6

［74］ Y.Zhang,Z.Song and R.Fu,"Hand exoskeleton for rehabilitation using a flexible screw mechanism," 2023 *IEEE International Conference on Robotics and Biomimetics (ROBIO)*,Koh Samui,Thailand,2023,pp.1-6